GOUVERNEMENT GÉNÉRAL

DE

MADAGASCAR ET DÉPENDANCES

STATISTIQUES GÉNÉRALES

1905

GOUVERNEMENT GÉNÉRAL DE MADAGASCAR ET DÉPENDANCES

STATISTIQUES GÉNÉRALES

SITUATION DE LA COLONIE AU 1ER JANVIER 1906

POPULATION — ADMINISTRATION — AGRICULTURE — ÉLEVAGE

INDUSTRIE — COMMERCE

MELUN
IMPRIMERIE ADMINISTRATIVE

1906

I

POPULATION

N° 1 — ÉTAT GÉNÉRAL DE LA POPULATION DE MADAGASCAR AU 1er JANVIER 1906, MILITAIRES NON COMPRIS

NATIONALITÉS			HOMMES	FEMMES	ENFANTS GARÇONS	ENFANTS FILLES	TOTAUX PARTIELS	TOTAUX GÉNÉRAUX				
Français nés en France		Fonctionnaires non militaires	760	45	»	»	805					
		Non fonctionnaires	1.470	(1) 498	(1) 189	(1) 204	(1) 2.361		3.166			
Français nés aux colonies	A la Réunion	Fonctionnaires non militaires	127	19	»	»	146					
		Non fonctionnaires	1.658	(2) 1.056	(2) 581	(2) 534	(2) 3.829	3.975		7.606		
	A Madagascar	Fonctionnaires non militaires	4	»	»	»	4					
		Non fonctionnaires	32	(3) 16	(3) 164	(3) 177	(3) 389	493	4.440			
	Autres	Fonctionnaires non militaires	10	»	»	»	10					
		Non fonctionnaires	25	(4) 16	(4) 11	(4) 10	62	72				
Étrangers européens ou d'origine européenne	Anglais	Mauriciens	524	258	129	130	1.041					
		Autres	120	54	20	20	214	1.255			9.694	
	Allemands		54	3	1	3	61	61				
	Grecs		262	7	9	8	286	286				
	Italiens		140	13	4	5	162	162				
	Belges		14	»	»	»	14	14				
	Suisses		21	9	5	4	39	39	2.088			
	Espagnols		5	»	»	»	5	5				
	Norvégiens, Suédois		46	45	25	25	141	141				
	Turcs		51	5	6	6	68	68				
	Américains	Des États-Unis	10	6	1	1	18					2.706.661
		Autres	2	»	»	»	2	20				
	Autres nationalités		31	2	1	3	37	37				
Asiatiques	Hindous	Français	17	6	»	1	24					
		Anglais	1.616	558	488	449	3.111	3.135				
	Chinois		453	4	2	4	463	463	3.602			
	Autres		4	»	»	»	4	4				
Africains	Somalis		179	21	12	20	232	232		5.580		
	Comoriens		912	220	141	198	1.471	1.471	1.978			
	Autres		215	29	14	17	275	275				
Malgaches	Fonctionnaires et non fonctionnaires		770.340	867.298	531.376	521.367	2.690.381	2.690.381				
	Métis (fonctionnaires et non fonctionnaires)		100	60	429	417	1.006	1.006	2.691.387			
Totaux			770.202	870.248	533.608	523.603	2.706.661					

(1) Dont 119 femmes, 42 garçons et 50 filles de fonctionnaires ou agents administratifs.
(2) Dont 57 femmes, 32 garçons et 47 filles de fonctionnaires ou agents administratifs.
(3) Dont 1 femme, 12 garçons et 13 filles de fonctionnaires ou agents administratifs.
(4) Dont 2 femmes, 3 garçons et 2 filles de fonctionnaires ou agents administratifs.

N° 2 — ÉTAT PAR PROVINCES ET PAR NATIONALITÉS
DE LA POPULATION DE MADAGASCAR AU 1ER JANVIER 1906, MILITAIRES NON COMPRIS

PROVINCES	FRANÇAIS	ÉTRANGERS européens ou d'origine européenne	ASIATIQUES			AFRICAINS	MALGACHES	MÉTIS	TOTAUX PAR PROVINCE
			HINDOUS	CHINOIS	AUTRES				
Diégo-Suarez	1.527	231	197	134	»	521	15.251	10	17.871
Vohémar	114	37	119	10	»	90	40.971	»	41.341
Betsimisaraka du Nord	75	54	13	»	»	»	22.335	23	22.500
Sainte-Marie	60	4	9	»	»	»	5.650	47	5.770
Betsimisaraka du Centre	106	60	9	12	»	4	81.555	19	81.765
Tamatave-Ville	1.719	465	155	77	»	69	4.486	55	7.026
Fetraomby	261	67	26	79	4	75	17.776	53	18.341
Beforona	18	2	»	5	»	6	8.775	»	8.806
Betanimena	133	38	20	30	»	15	25.078	20	25.334
Betsimisaraka du Sud	146	100	13	25	»	5	100.942	41	101.272
Mananjary	210	109	20	23	»	1	70.365	»	70.728
Farafangana	62	33	5	1	»	»	306.520	17	306.638
Nossi-Bé	296	26	536	10	»	698	48.085	»	49.651
Analalava	57	23	149	»	»	66	41.970	21	42.286
Majunga	897	131	1.030	14	»	173	52.202	9	54.456
Maintirano	17	12	38	»	»	19	29.416	6	29.508
Maevatanàna	67	42	225	»	»	86	47.297	12	47.729
Morondava	31	42	210	»	»	96	71.684	58	72.130
Tuléar	149	39	272	1	»	12	134.532	»	135.005
Mandritsara	14	»	11	»	»	»	27.964	6	27.995
Angavo-Mangoro	186	61	3	45	»	36	140.975	85	141.361
Imerina-Nord	32	6	»	»	»	»	41.675	5	41.718
Itasy	77	18	1	»	»	»	126.300	13	126.409
Imerina-Centrale	105	35	»	»	»	»	359.328	43	359.511
Tananarive-Ville	721	200	14	4	»	»	61.723	386	63.048
Vakinankaratra	91	57	»	»	»	1	147.497	»	147.646
Ambositra	129	36	»	2	»	»	149.950	4	150.121
Fianarantsoa	176	85	7	13	»	1	292.951	47	293.280
Fort-Dauphin	122	64	27	8	»	2	178.134	18	178.375
Mahafaly	8	11	17	»	»	2	38.994	8	39.040
TOTAUX	7.606	2.088	3.135	463	4	1.978	2.690.381	1.006	2.706.661

	AFRICAINS													
	SOMALIS				COMORIENS					AUTRES				
	Femmes.	Enfants. Garçons.	Enfants. Filles.	Total.	Hommes.	Femmes.	Enfants. Garçons.	Enfants. Filles.	Total.	Hommes.	Femmes.	Enfants. Garçons.	Enfants. Filles.	Total.
Di	»	»	»	65	333	84	20	19	456	»	»	»	»	»
Vá	»	»	»	»	90	»	»	»	90	»	»	»	»	»
Be	»	»	»	»	»	»	»	»	»	»	»	»	»	»
Sa	»	»	»	»	»	»	»	»	»	»	»	»	»	»
Be	»	»	»	»	4	»	»	»	4	»	»	»	»	»
Ta	»	»	»	»	32	»	»	»	32	29	6	»	2	37
Fe	»	»	»	9	8	»	»	»	8	56	2	»	»	58
Be	»	»	»	»	»	»	»	»	»	6	»	»	»	6
Be	»	»	»	1	2	»	»	»	2	12	»	»	»	12
Be	»	»	»	»	»	»	»	»	»	5	»	»	»	5
Mi	»	»	»	»	1	»	»	»	1	»	»	»	»	»
Fa	»	»	»	»	»	»	»	»	»	»	»	»	»	»
No	1	2	»	6	303	120	107	161	691	»	1	»	»	1
Ar	»	»	»	»	»	»	»	»	»	21	17	13	15	66
Mi	.0	10	20	149	»	»	»	»	»	24	»	»	»	24
Mi	»	»	»	»	»	»	»	»	»	19	»	»	»	19
Ma	»	»	»	»	68	»	7	10	85	1	»	»	»	1
Mo	»	»	»	»	57	16	7	8	88	7	1	»	»	8
Ti	»	»	»	»	12	»	»	»	12	»	»	»	»	»
M	»	»	»	»	»	»	»	»	»	»	»	»	»	»
Ar	»	»	»	»	»	»	»	»	»	33	2	1	»	36
In	»	»	»	»	»	»	»	»	»	»	»	»	»	»
Ita	»	»	»	»	»	»	»	»	»	»	»	»	»	»
In	»	»	»	»	»	»	»	»	»	»	»	»	»	»
Ta	»	»	»	»	»	»	»	»	»	»	»	»	»	»
Va	»	»	»	»	»	»	»	»	»	1	»	»	»	1
Ai	»	»	»	»	»	»	»	»	»	»	»	»	»	»
Fi	»	»	»	»	»	»	»	»	»	1	»	»	»	1
Fo	»	»	»	2	»	»	»	»	»	»	»	»	»	»
M	»	»	»	»	2	»	»	»	2	»	»	»	»	»
	1	12	20	232	912	220	141	198	1.471	215	29	14	17	275

1.978

	MALGACHES									
	FONCTIONNAIRES ET NON FONCTIONNAIRES					MÉTIS (fonctionnaires et non fonctionnaires).				
	Hommes.	Femmes.	Enfants. Garçons.	Enfants. Filles.	Total.	Hommes.	Femmes.	Enfants. Garçons.	Enfants. Filles.	Total.
Di	7.377	4.880	1.527	1.467	15.251	»	»	4	6	10
Vá	14.368	12.586	7 269	6.748	40.971	»	»	»	»	»
Be	6.733	7.041	4.373	4.188	22.335	3	2	9	9	23
Sa	1.497	1.439	1.447	1.267	5.650	5	7	22	13	47
Be	24.410	28.083	12.998	16.064	81.555	8	3	2	6	19
Ta	2.002	1.640	477	367	4.486	25	30	»	»	55
Fe	6.592	5.959	2.640	2.575	17.776	30	»	13	10	53
Be	1.966	2.498	2.103	2.208	8.775	»	»	»	»	»
Be	7.845	9.301	3 550	4.382	25.078	5	3	3	9	20
Be	30.856	30.646	18.834	20.606	100.942	10	3	14	14	41
Mi	20.898	22.196	13.683	13.588	70.365	»	»	»	»	»
Fa	91.391	102.719	55.590	56.820	306.520	4	»	7	6	17
No	16.887	18.205	7.164	5.829	48.085	»	»	»	»	»
Ar	12.273	12.669	8.824	8.204	41.970	2	»	8	11	21
Mi	18.938	16.170	9.553	7.541	52.202	»	»	4	5	9
Mi	12.070	10.322	3.654	3.370	29.416	»	»	3	3	6
Ma	17.451	16.742	7.087	6.017	47.297	»	»	8	4	12
Mo	23.278	24.227	11.803	12.376	71.684	5	12	27	14	58
Ti	41.440	41.053	28.321	23.718	134.532	»	»	»	»	»
M	8.265	9.070	5.728	4.901	27.964	»	»	3	3	6
Ar	37.012	46.565	30.025	27.373	140.975	»	»	51	34	85
In	12.437	15.945	7.342	5.951	41.675	»	»	3	2	5
Ita	34.006	42.876	26.136	23.282	126.300	»	»	5	8	13
In	88.195	117.865	78.662	74.605	359.328	2	»	24	17	43
Ta	15.263	17.720	13.452	15.288	61.725	»	»	109	197	386
Va	40.341	47.082	30.091	29.983	147.497	»	»	»	»	»
Ai	36.589	46.392	33.873	33.096	149.950	»	»	2	2	4
Fi	78.244	89.319	62.761	62.627	292.951	»	»	17	30	47
Fo	51.112	55.716	34.107	37.199	178.134	»	»	7	11	18
M	10.604	10.362	8.302	9.726	38.994	1	»	4	3	8
	770.840	867.298	531.376	521.367	2.690.381	100	60	429	417	1.006

TABLEAU DÉTAILLÉ DE LA POPULATION PAR PROVINCES ET PAR NATIONALITÉS AU 1er JANVIER [illegible], MILITAIRES NON COMPRIS

[illegible]

ÉTAT DE LA POPULATION EUROPÉENNE

N° 4 — ÉTAT PAR PROVINCES DE LA POPULATION EUROPÉENNE DE MADAGASCAR CLASSÉE D'APRÈS L'AGE AU 1er JANVIER 1906, MILITAIRES NON COMPRIS

PROVINCES	FRANÇAIS [illegible]		[illegible]		[illegible]		20 à 39 ans		40 à 59 ans		Plus de 60 ans	
	Masculin	Féminin	Masculin	Féminin	Masculin	Féminin	Masculin	Féminin	Masculin	Féminin	Masculin	Féminin
Diégo-Suarez	1	7	262	256	92	55	488	138	155	37	28	9
Vohémar	5	»	5	9	5	»	67	18	13	5	»	»
Betsimisaraka du Nord	3	»	5	8	2	1	38	10	6	2	»	»
Sainte-Marie	»	1	8	4	3	»	15	17	10	5	2	2
Betsimisaraka du Centre	1	»	6	»	»	1	50	22	13	5	1	4
Tamatave	53	30	285	178	96	82	412	335	113	107	40	44
Vatomandry	2	7	30	21	20	17	103	27	25	»	2	»
Beforona	»	»	»	»	»	»	16	»	3	»	»	»
[illegible]	»	1	3	11	»	2	86	15	10	6	»	»
Betsimisaraka du Sud	4	5	6	19	»	1	81	18	9	1	2	1
Mananjary	2	3	15	15	1	»	60	48	36	9	2	»
Farafangana	»	»	2	5	2	1	38	8	7	»	»	»
Nossi-Bé	5	15	30	26	6	11	79	50	35	22	5	5
Analalava	»	»	1	2	»	»	32	10	12	»	»	»
Majunga	9	12	103	124	50	40	251	114	93	51	20	18
Maintirano	»	»	1	»	»	»	12	3	1	»	»	»
Maevatanana	1	»	1	»	»	1	50	1	7	3	»	1
Morondava	1	»	5	3	»	»	12	4	7	»	»	»
Tuléar	»	»	20	12	1	»	73	16	23	2	2	»
Mandritsara	»	»	»	4	»	»	10	1	2	»	»	»
Angavo-Mangoro	2	3	10	4	»	»	120	19	24	2	1	1
Imerina-Nord	»	1	»	»	»	»	18	3	8	2	»	»
Itasy	»	2	9	10	»	»	54	12	2	»	»	»
Imerina-Centrale	3	»	5	9	»	»	42	10	20	2	5	»
Tananarive-Ville	15	11	34	31	18	15	325	68	201	4	»	1
Vakinankaratra	1	»	3	7	»	»	61	23	14	1	1	»
Ambositra	3	1	11	11	1	2	51	19	25	4	»	2
Fianarantsoa	1	2	13	15	4	1	67	34	35	2	3	»
Fort-Dauphin	»	1	16	18	30	5	53	15	1	»	2	1
Mahafaly	»	»	1	2	»	»	3	»	2	»	»	»
TOTAUX	101	108	830	819	335	244	2.729	1.050	909	272	115	83

PROVINCES	ÉTRANGERS [illegible]		[illegible]		[illegible]		20 à 39 ans		40 à 59 ans		Plus de 60 ans		TOTAUX GÉNÉRAUX			
	Masculin	Féminin	Masculin	Féminin	Masculin	Féminin	Masculin	Féminin	Masculin	Féminin	Masculin	Féminin	Hommes	Femmes	Enfants au-dessous de 15 ans	Totaux
Diégo-Suarez	1	1	11	14	3	4	136	14	29	4	5	»	982	262	514	1.758
Vohémar	»	1	»	»	3	»	20	4	10	»	»	»	106	26	19	151
Betsimisaraka du Nord	1	»	3	8	»	»	30	3	5	2	»	»	81	20	28	129
Sainte-Marie	»	»	»	»	»	1	»	1	2	»	»	»	31	20	11	65
Betsimisaraka du Centre	»	»	3	5	2	2	25	11	6	5	1	1	94	48	20	165
Tamatave	21	17	54	50	38	21	97	103	41	17	28	9	853	718	611	2.182
Vatomandry	4	»	5	2	3	1	59	3	»	»	4	»	207	58	73	338
Beforona	»	»	»	»	»	»	2	»	»	»	»	»	20	»	»	20
[illegible]	»	»	»	»	»	»	25	4	6	4	»	»	127	29	15	171
Betsimisaraka du Sud	1	2	8	12	2	10	51	5	5	4	»	»	158	56	36	250
Mananjary	1	2	17	18	»	»	29	17	20	5	»	»	177	69	73	319
Farafangana	»	1	1	3	1	5	11	5	6	2	»	»	65	19	11	95
Nossi-Bé	5	1	»	4	1	»	14	2	4	»	»	»	153	80	89	322
Analalava	»	»	»	»	»	»	21	»	1	1	»	»	66	11	4	80
Majunga	1	2	11	13	8	3	72	5	13	1	5	»	585	250	263	1.098
Maintirano	»	»	»	»	1	»	10	»	1	»	»	»	25	3	1	29
Maevatanana	»	»	»	»	4	»	29	1	1	»	1	»	98	»	2	100
Morondava	»	»	2	»	1	»	26	2	7	1	2	»	55	8	10	73
Tuléar	»	»	»	4	»	»	25	1	7	»	2	»	133	10	36	179
Mandritsara	»	»	»	»	»	»	»	»	»	»	»	»	12	1	1	14
Angavo-Mangoro	»	»	»	»	1	»	58	»	9	»	3	»	206	22	19	247
Imerina-Nord	»	»	»	»	»	»	6	»	»	»	»	»	32	5	1	38
Itasy	»	1	»	1	»	»	13	5	»	»	»	»	58	16	21	95
Imerina-Centrale	»	»	2	5	»	1	13	8	4	1	1	1	85	32	23	140
Tananarive-Ville	12	11	20	8	»	16	92	23	20	»	»	»	656	125	140	921
Vakinankaratra	»	1	4	7	»	»	26	13	3	4	1	»	84	41	23	148
Ambositra	1	»	6	1	»	»	12	6	8	2	»	»	97	34	34	165
Fianarantsoa	1	1	8	8	»	»	35	16	5	7	5	»	155	60	58	261
Fort-Dauphin	»	3	1	6	5	2	4	2	20	10	»	1	94	36	56	186
Mahafaly	»	»	1	3	»	»	5	1	1	»	»	»	11	1	7	19
TOTAUX	48	45	142	160	73	62	922	255	212	71	57	12	5.372	2.051	2.271	9.694

N° 5 — TABLEAU PAR RÉGIONS DE LA POPULATION NON INDIGÈNE DE MADAGASCAR AU 1er JANVIER 1906, MILITAIRES NON COMPRIS

RÉGIONS	POPULATION EUROPÉENNE OU D'ORIGINE EUROPÉENNE													POPULATION ASIATIQUE					POPULATION AFRICAINE				TOTAL GÉNÉRAL
	[illegible]	[illegible]	[illegible]	[illegible]	[illegible]	[illegible]	[illegible]	[illegible]	[illegible]	[illegible]	[illegible]	[illegible]	[illegible]	[illegible]	[illegible]	[illegible]	[illegible]	[illegible]	[illegible]	[illegible]	[illegible]	[illegible]	
Région Septentrionale	1.327	48	3	60	98	1	»	1	»	9	»	2	1.758	»	197	134	»	331	85	456	»	325	2.610
Versant Est	2.005	845	22	15	15	2	18	»	25	19	4	5	3.873	15	375	262	5	655	10	137	118	265	4.793
Versant Ouest	1.514	76	22	120	11	8	1	»	15	34	3	23	1.829	9	2.500	23	»	2.496	143	870	119	1.150	5.473
Région Centrale	1.331	237	12	72	38	0	15	4	96	6	5	6	2.020	1	35	35		70	»	»	38	38	2.137
Région Méridionale	130	40	2	1	1	»	5	»	7	»	9	1	205	»	45	8	»	52	2	2	»	5	261
Totaux généraux	7.006	1.255	61	280	162	15	39	5	151	68	20	37	8.694	34	3.111	403	4	3.602	282	1.571	275	1.928	15.274

N° 6 — TABLEAU PAR RÉGIONS DE LA POPULATION INDIGÈNE DE MADAGASCAR AU 1er JANVIER 1906, MÉTIS COMPRIS

RÉGIONS	HOMMES	FEMMES	ENFANTS	TOTAL
Région Septentrionale	7.377	4.880	3.004	15.261
Versant Est	208.648	224.166	251.914	684.728
Versant Ouest	142.344	139.400	143.548	425.292
Région Centrale	350.354	432.834	565.764	1.348.952
Région Méridionale	61.717	66.078	89.359	217.154
TOTAL	770.440	867.358	1.053.589	2.691.387

ÉTAT DE LA POPULATION INDIGÈNE

N° 7 — ÉTAT PAR PROVINCES DE LA POPULATION INDIGÈNE AU 1er JANVIER 1906, MÉTIS NON COMPRIS

(La suite p. 18.)

PROVINCES	ANTAIFASY				ANTAIMORO				ANTAISAKA				ANTAIVONGO				ANTAMBAHOAKA			
	Hommes	Femmes	Enfants au-dessous de 15 ans	Total	Hommes	Femmes	Enfants au-dessous de 15 ans	Total	Hommes	Femmes	Enfants au-dessous de 15 ans	Total	Hommes	Femmes	Enfants au-dessous de 15 ans	Total	Hommes	Femmes	Enfants au-dessous de 15 ans	Total
Diégo-Suarez	»	»	»	»	3.856	941	286	5.083	»	»	»	»	»	»	»	»	»	»	»	»
Vohémar	»	»	»	»	»	»	»	»	»	»	»	»	»	»	»	»	»	»	»	»
Betsimisaraka du Nord	»	»	»	»	»	»	»	»	»	»	»	»	269	150	218	637	»	»	»	»
Sainte-Marie	8	4	3	15	15	5	4	24	2	2	»	4	»	»	»	»	»	»	»	»
Betsimisaraka du Centre	»	»	»	»	331	303	157	791	»	»	»	»	»	»	»	»	»	»	»	»
Tamatave-Ville	»	»	»	»	705	90	36	831	»	»	»	»	»	»	»	»	»	»	»	»
Fetraomby	»	»	»	»	»	»	»	»	»	»	»	»	»	»	»	»	»	»	»	»
Beforona	»	»	»	»	39	27	36	102	»	»	»	»	»	»	»	»	»	»	»	»
Betanimena	»	»	»	»	»	»	»	»	»	»	»	»	»	»	»	»	»	»	»	»
Betsimisaraka du Sud	»	»	»	»	363	42	50	455	»	»	»	»	»	»	»	»	»	»	»	»
Mananjary	»	»	»	»	3.751	4.537	5.044	13.332	»	»	»	»	»	»	»	»	1.275	1.385	1.092	3.752
Farafangana	11.458	13.124	8.050	32.634	7.687	6.212	9.392	23.291	32.749	39.515	48.333	120.597	»	»	»	»	»	»	»	»
Nossi-Bé	5	»	5	»	»	»	»	»	»	»	»	»	»	»	»	»	»	»	»	»
Analalava	»	»	»	»	»	»	»	»	»	»	»	»	»	»	»	»	»	»	»	»
Majunga	»	»	»	»	»	»	»	»	»	»	»	»	»	»	»	»	»	»	»	»
Maintirano	»	»	»	»	»	»	»	»	»	»	»	»	»	»	»	»	»	»	»	»
Maevatanana	»	»	»	»	»	»	»	»	»	»	»	»	»	»	»	»	»	»	»	»
Morondava	»	»	»	»	»	»	»	»	»	»	»	»	»	»	»	»	»	»	»	»
Tuléar	»	»	»	»	»	»	»	»	»	»	»	»	»	»	»	»	»	»	»	»
Mandritsara	»	»	»	»	6	»	»	6	»	»	»	»	1.115	1.204	1.412	3.731	»	»	»	»
Angavo-Mangoro	»	»	»	»	»	»	»	»	»	»	»	»	»	»	»	»	»	»	»	»
Imerina-Nord	»	»	»	»	»	»	»	»	»	»	»	»	»	»	»	»	»	»	»	»
Itasy	»	»	»	»	»	»	»	»	»	»	»	»	»	»	»	»	»	»	»	»
Imerina-Centrale	»	»	»	»	»	»	»	»	»	»	»	»	»	»	»	»	»	»	»	»
Tananarive-Ville	»	»	»	»	»	»	»	»	»	»	»	»	»	»	»	»	»	»	»	»
Vakinankaratra	»	»	»	»	»	»	»	»	»	»	»	»	»	»	»	»	»	»	»	»
Ambositra	»	»	»	»	»	»	»	»	»	»	»	»	»	»	»	»	»	»	»	»
Fianarantsoa	3	2	6	11	»	»	»	»	»	»	»	»	»	»	»	»	»	»	»	»
Fort-Dauphin	»	»	»	»	»	»	»	»	21	10	16	47	»	»	»	»	»	»	»	»
Mahafaly	»	»	»	»	»	»	»	»	»	»	»	»	»	»	»	»	»	»	»	»
TOTAL GÉNÉRAL	11.466	13.126	8.052	32.644	16.810	12.170	15.001	43.996	32.777	39.536	48.359	120.762	1.384	1.354	1.630	4.368	1.275	1.385	1.092	3.752

N° 7 — ÉTAT PAR PROVINCES DE LA POPULATION INDIGÈNE AU 1er JANVIER 1906, MÉTIS NON COMPRIS (Suite.)

PROVINCES	ANTANDROY				ANTANKARANA				ANTANOSY				BARA				BETSILEO			
	Hommes	Femmes	Enfants au-dessous de 15 ans	Total	Hommes	Femmes	Enfants au-dessous de 15 ans	Total	Hommes	Femmes	Enfants au-dessous de 15 ans	Total	Hommes	Femmes	Enfants au-dessous de 15 ans	Total	Hommes	Femmes	Enfants au-dessous de 15 ans	Total
Diégo-Suarez	»	»	»	»	1.314	1.409	1.106	3.829	»	»	»	»	»	»	»	»	»	»	»	»
Vohémar	»	»	»	»	»	»	»	»	»	»	»	»	»	»	»	»	»	»	»	»
Betsimisaraka du Nord	»	»	»	»	»	»	»	»	»	»	»	»	»	»	»	»	»	»	»	»
Sainte-Marie	2	»	»	2	12	6	3	21	2	1	1	4	8	1	»	9	60	4	»	64
Betsimisaraka du Centre	»	»	»	»	»	»	»	»	»	»	»	»	»	»	»	»	»	»	»	»
Tamatave-Ville	»	»	»	»	»	»	»	»	»	»	»	»	»	»	»	»	»	»	»	»
Vatomandry	»	»	»	»	»	»	»	»	»	»	»	»	»	»	»	»	»	»	»	»
Beforona	»	»	»	»	»	»	»	»	»	»	»	»	»	»	»	»	»	»	»	»
[illegible]	»	»	»	»	»	»	»	»	»	»	»	»	»	»	»	»	»	»	»	»
Betsimisaraka du Sud	»	»	»	»	»	»	»	»	»	»	»	»	»	»	»	»	250	25	23	298
Mananjary	»	»	»	»	»	»	»	»	»	»	»	»	»	»	»	»	1.734	1.235	892	3.861
Farafangana	»	»	»	»	»	»	»	»	»	»	»	»	15.617	17.525	15.840	48.981	»	»	»	»
Nossi-Bé	»	»	»	»	7.699	7.795	6.072	21.566	»	»	»	»	»	»	»	»	»	»	»	»
Analalava	»	»	»	»	»	»	»	»	»	»	»	»	»	»	»	»	»	»	»	»
Majunga	»	»	»	»	»	»	»	»	»	»	»	»	»	»	»	»	3.177	2.746	3.896	9.819
Maintirano	»	»	»	»	»	»	»	»	»	»	»	»	»	»	»	»	»	»	»	»
Maevatanana	»	»	»	»	»	»	»	»	»	»	»	»	»	»	»	»	5.882	6.301	4.202	16.385
Morondava	»	»	»	»	»	»	»	»	»	»	»	»	1.762	1.723	1.845	5.330	1.579	1.580	1.476	4.635
Tuléar	»	»	»	»	»	»	»	»	14.990	15.702	25.773	56.465	20.625	20.047	20.733	61.405	192	815	473	1.480
[illegible]	»	»	»	»	»	»	»	»	»	»	»	»	»	»	»	»	»	»	»	»
Angavo-Mangoro	»	»	»	»	»	»	»	»	»	»	»	»	»	»	»	»	8	1	»	9
Imerina-Nord	»	»	»	»	»	»	»	»	»	»	»	»	»	»	»	»	»	»	»	»
Itasy	»	»	»	»	»	»	»	»	»	»	»	»	»	»	»	»	31	19	11	61
Imerina-Centrale	»	»	»	»	»	»	»	»	»	»	»	»	»	»	»	»	2.587	4.237	5.307	12.131
Tananarive-Ville	»	»	»	»	»	»	»	»	»	»	»	»	»	»	»	»	155	160	30	345
Vakinankaratra	»	»	»	»	»	»	»	»	»	»	»	»	26	30	34	90	70	150	105	325
Ambositra	»	»	»	»	»	»	»	»	»	»	»	»	55	49	30	134	26.873	[illegible]	58.680	113.406
Fianarantsoa	»	»	»	»	»	»	»	»	»	»	»	»	5.057	5.234	6.023	16.308	63.290	74.372	105.683	243.345
Fort-Dauphin	27.308	30.183	42.417	99.908	»	»	»	»	12.285	12.390	13.138	37.813	2.656	2.787	2.890	8.333	295	207	131	633
Mahafaly	788	750	1.185	2.723	»	»	»	»	602	615	814	2.031	515	520	405	1.440	66	19	5	90
Totaux généraux	28.196	30.938	43.502	102.726	9.025	9.210	7.181	25.420	27.800	28.708	39.726	96.313	53.660	57.715	57.755	169.550	104.803	123.018	171.308	408.025

N° 7 — ÉTAT PAR PROVINCES DE LA POPULATION INDIGÈNE AU 1er JANVIER 1906, MÉTIS NON COMPRIS (Suite.)

PROVINCES	BETSIMISARAKA				BEZANOZANO				HOVA				MAHAFALY				MAKOA			
	Hommes	Femmes	Enfants	Total	Hommes	Femmes	Enfants	Total	Hommes	Femmes	Enfants	Total	Hommes	Femmes	Enfants	Total	Hommes	Femmes	Enfants	Total
Diégo-Suarez	820	713	376	1.915	»	»	»	»	379	368	278	1.025	»	»	»	»	435	508	366	1.115
Vohémar	5.281	5.326	7.508	18.115	»	»	»	»	1.218	905	577	2.700	»	»	»	»	6	»	»	»
Betsimisaraka du Nord	4.754	5.345	5.953	16.052	»	»	»	»	61	41	50	152	»	»	»	»	»	»	»	»
Sainte-Marie	60	1	»	61	»	»	»	»	134	15	9	158	5	»	»	5	9	5	2	16
Betsimisaraka du Centre	23.018	26.735	27.985	77.738	»	»	»	»	617	690	569	1.876	»	»	»	»	»	»	»	»
Tamatave-Ville	648	1.030	482	2.160	»	»	»	»	426	409	248	1.083	»	»	»	»	»	»	»	»
Vatomandry	5.743	5.200	4.808	15.751	»	»	»	»	850	768	387	2.005	»	»	»	»	»	»	»	»
Beforona	1.566	2.146	3.636	7.348	175	185	305	665	165	185	276	626	»	»	»	»	5	5	»	10
[illegible]	7.345	8.772	7.092	23.209	»	»	»	»	700	529	290	1.519	»	»	»	»	»	»	»	»
Betsimisaraka du Sud	29.991	30.473	39.262	99.726	»	»	»	»	252	86	105	443	»	»	»	»	»	»	»	»
Mananjary	3.851	4.550	5.489	13.890	»	»	»	»	1.065	957	523	2.545	»	»	»	»	»	»	»	»
Farafangana	»	»	»	»	»	»	»	»	»	»	»	»	»	»	»	»	»	»	»	»
Nossi-Bé	»	»	»	»	»	»	»	»	72	21	8	101	»	»	»	»	1.191	260	127	1.578
Analalava	2.061	1.932	2.917	6.910	»	»	»	»	799	687	731	2.217	»	»	»	»	2.297	2.243	3.350	7.890
Majunga	»	»	»	»	»	»	»	»	979	853	1.079	2.911	»	»	»	»	2.723	2.029	1.253	6.005
Maintirano	»	»	»	»	»	»	»	»	393	438	150	981	»	»	»	»	4.595	3.598	1.375	9.568
Maevatanana	»	»	»	»	»	»	»	»	4.012	3.150	2.221	9.383	»	»	»	»	1.487	1.357	1.197	4.041
Morondava	»	»	»	»	»	»	»	»	1.535	1.596	1.558	4.689	»	»	»	»	599	551	609	1.759
Tuléar	»	»	»	»	»	»	»	»	»	»	»	»	531	574	448	1.553	»	»	»	»
Mandritsara	296	230	292	818	»	»	»	»	502	645	453	1.600	»	»	»	»	109	180	229	614
[illegible]-Mangoro	1.026	961	1.272	3.259	5.180	6.192	6.455	17.827	21.550	28.091	37.412	87.053	»	»	»	»	4	5	2	11
Imerina-Nord	»	»	»	»	»	»	»	»	4.711	6.134	5.442	16.287	»	»	»	»	»	»	»	»
Itasy	3	»	3	6	706	788	563	2.057	32.756	41.479	48.412	122.647	»	»	»	»	»	»	»	»
Imerina-Centrale	22	71	»	93	»	»	»	»	35.569	113.403	198.052	347.024	»	»	»	»	76	93	109	278
Tananarive-Ville	»	14	6	20	»	»	»	»	15.065	17.516	28.685	61.266	»	»	»	»	»	»	»	»
Vakinankaratra	»	»	»	»	»	»	»	»	40.244	46.930	49.929	137.103	»	»	»	»	»	»	»	»
Ambositra	»	»	»	»	»	»	»	»	1.967	2.520	2.928	7.415	»	»	»	»	»	»	»	»
Fianarantsoa	10	43	1	54	»	»	»	»	5.516	6.501	9.866	21.883	»	»	»	»	»	»	»	»
Fort-Dauphin	205	150	105	460	»	»	»	»	81	74	54	209	»	»	»	»	»	»	»	»
Mahafaly	»	»	»	»	»	»	»	»	»	»	»	»	8.563	8.377	15.210	32.150	»	»	»	»
Totaux généraux	86.719	93.635	107.815	288.169	6.021	7.185	7.304	20.510	221.740	275.572	350.172	847.484	9.099	8.951	15.658	33.708	13.498	10.745	8.629	32.738

N° 7 — ÉTAT PAR PROVINCES DE LA POPULATION INDIGÈNE AU 1er JANVIER 1906, MÉTIS NON COMPRIS (Suite.)

(La suite p. 25.)

PROVINCES	SAINTE-MARIENS				SAKALAVA				SIHANAKA				TANALA				TSIMIHETY			
	Hommes	Femmes	Enfants au-dessous de 15 ans	Total	Hommes	Femmes	Enfants au-dessous de 15 ans	Total	Hommes	Femmes	Enfants au-dessous de 15 ans	Total	Hommes	Femmes	Enfants au-dessous de 15 ans	Total	Hommes	Femmes	Enfants au-dessous de 15 ans	Total
Diégo-Suarez	»	»	»	»	»	»	»	»	»	»	»	»	»	»	»	»	61	206	78	345
Vohémar	»	»	»	»	3.274	4.330	3.230	10.834	»	»	»	»	»	»	»	»	3.591	3.129	2.612	9.332
Betsimisaraka du Nord	80	80	101	261	»	»	»	»	»	»	»	»	253	153	185	560	1.316	1.272	2.059	4.647
Sainte-Marie	1.113	1.377	2.688	5.178	16	10	4	30	2	1	»	3	19	»	»	19	12	6	»	18
Betsimisaraka du Centre	298	338	375	1.011	»	»	»	»	25	18	10	53	»	»	»	»	»	»	»	»
Tamatave-Ville	124	76	75	275	»	»	»	»	»	»	»	»	»	»	»	»	»	»	»	»
Fetrasamby	»	»	»	»	»	»	»	»	»	»	»	»	»	»	»	»	»	»	»	»
Belanana	4	»	»	4	»	»	»	»	»	»	»	»	»	»	»	»	»	»	»	»
Betanimena	»	»	»	»	»	»	»	»	»	»	»	»	»	»	»	»	»	»	»	»
Betsimisaraka du Sud	»	»	»	»	»	»	»	»	»	»	»	»	»	»	»	»	»	»	»	»
Mananjary	»	»	»	»	»	»	»	»	»	»	»	»	9.200	9.529	14.231	32.960	»	»	»	»
Farafangana	»	»	»	»	»	»	»	»	»	»	»	»	24.221	25.800	31.181	81.208	»	»	»	»
Nossi-Bé	»	»	»	»	7.925	10.130	6.896	24.951	»	»	»	»	»	»	»	»	»	»	»	»
Analalava	»	»	»	»	3.018	3.336	3.772	10.126	»	»	»	»	»	»	»	»	3.010	3.993	5.966	13.069
Majunga	»	»	»	»	7.490	7.059	6.307	20.856	»	»	»	»	»	»	»	»	»	»	»	»
Maintirano	»	»	»	»	5.106	6.257	5.445	16.808	»	»	»	»	»	»	»	»	»	»	»	»
Maevatanana	»	»	»	»	4.981	5.084	5.003	15.068	1.135	1.012	1.280	3.427	»	»	»	»	»	»	»	»
Morondava	»	»	»	»	16.965	17.920	17.473	52.358	»	»	»	»	»	»	»	»	»	»	»	»
Tuléar	»	»	»	»	»	»	»	»	»	»	»	»	»	»	»	»	»	»	»	»
Mandritsara	»	»	»	»	»	»	»	»	525	504	124	1.153	»	»	»	»	5.083	5.830	6.885	17.798
Angavo-Mangoro	»	»	»	»	15	4	2	20	9.121	10.821	12.164	32.106	»	»	»	»	»	»	»	»
Imerina-Nord	»	»	»	»	487	517	373	1.377	»	»	»	»	»	»	»	»	»	»	»	»
Itasy	»	»	»	»	306	567	598	1.471	»	»	»	»	»	»	»	»	»	»	»	»
Imerina-Centrale	»	»	»	»	1	1	»	2	»	»	»	»	»	»	»	»	»	»	»	»
Tananarive-Ville	»	»	»	»	10	17	15	42	1	»	»	1	»	»	»	»	»	»	»	»
Vakinankaratra	»	»	»	»	1	2	»	3	»	»	»	»	»	»	»	»	»	»	»	»
Analasitra	»	»	»	»	»	»	»	»	»	»	»	»	6.195	6.026	9.725	21.946	»	»	»	»
Fianarantsoa	»	»	»	»	»	»	»	»	»	»	»	»	»	»	»	»	»	»	»	»
Fort-Dauphin	»	»	»	»	»	»	»	»	»	»	»	»	»	»	»	»	»	»	»	»
Mahafaly	»	»	»	»	»	»	»	»	»	»	»	»	»	»	»	»	»	»	»	»
Total général	1.536	1.930	3.262	6.728	52.066	54.061	48.993	155.120	10.809	12.356	14.268	37.433	39.864	47.725	63.031	150.720	13.673	14.436	17.100	45.209

N° 7 — ÉTAT PAR PROVINCES DE LA POPULATION INDIGÈNE AU 1er JANVIER 1906, MÉTIS NON COMPRIS (Suite et fin.)

PROVINCES	VEZO Hommes	VEZO Femmes	VEZO Enfants moins de 15 ans	VEZO Total	ZAFIMANIRY Hommes	ZAFIMANIRY Femmes	ZAFIMANIRY Enfants moins de 15 ans	ZAFIMANIRY Total	ZAZAMANGA Hommes	ZAZAMANGA Femmes	ZAZAMANGA Enfants moins de 15 ans	ZAZAMANGA Total	DIVERS Hommes	DIVERS Femmes	DIVERS Enfants moins de 15 ans	DIVERS Total	TOTAL GÉNÉRAL Hommes	TOTAL GÉNÉRAL Femmes	TOTAL GÉNÉRAL Enfants moins de 15 ans	TOTAL GÉNÉRAL Total
Diégo-Suarez	»	»	»	»	»	»	»	»	»	»	»	»	546	760	423	1.729	7.377	4.880	2.994	15.251
Vohémar	»	»	»	»	»	»	»	»	»	»	»	»	»	»	»	»	14.348	12.506	15.017	41.871
Betsimisaraka du Nord	»	»	»	»	»	»	»	»	»	»	»	»	»	»	»	»	6.733	7.061	8.561	22.355
Sainte-Marie	30	2	»	32	»	»	»	»	»	»	»	»	»	»	»	»	1.497	1.439	2.714	5.650
Betsimisaraka du Centre	»	»	»	»	»	»	»	»	»	»	»	»	56	29	16	101	24.410	28.083	29.062	81.555
Tamatave-Ville	»	»	»	»	»	»	»	»	»	»	»	»	20	6	4	30	2.002	1.660	834	4.496
Vatomandry	»	»	»	»	»	»	»	»	»	»	»	»	»	»	»	»	6.592	5.969	5.215	17.776
Beforona	»	»	»	»	»	»	»	»	»	»	»	»	»	»	»	»	1.966	2.498	4.311	8.775
Mahanoro	»	»	»	»	»	»	»	»	»	»	»	»	»	»	»	»	7.845	9.301	7.932	25.078
Betsimisaraka du Sud	»	»	»	»	»	»	»	»	»	»	»	»	»	»	»	»	30.856	30.056	39.540	100.452
Mananjary	»	»	»	»	»	»	»	»	»	»	»	»	»	»	»	»	20.898	22.196	27.271	70.365
Farafangana	»	»	»	»	»	»	»	»	»	»	»	»	650	348	[illegible]	1.022	91.301	102.719	112.510	306.530
Nossi-Bé	»	»	»	»	»	»	»	»	»	»	»	»	»	»	»	»	16.087	18.205	13.793	48.085
Analalava	»	»	»	»	»	»	»	»	»	»	»	»	588	478	702	1.738	12.278	12.609	17.028	41.915
Majunga	»	»	»	»	»	»	»	»	»	»	»	»	4.470	3.543	4.659	12.672	18.938	16.170	17.095	52.203
Maintirano	»	»	»	»	»	»	»	»	»	»	»	»	46	28	35	109	12.070	10.322	7.024	29.416
Maevatanana	»	»	»	»	»	»	»	»	»	»	»	»	»	»	»	»	17.554	16.742	13.101	47.397
Morondava	»	»	»	»	»	»	»	»	»	»	»	»	»	»	»	»	23.278	24.227	24.179	71.684
Tuléar	4.203	5.014	3.613	12.820	»	»	»	»	»	»	»	»	»	»	»	»	41.440	41.103	52.039	134.582
Mandritsara	»	»	»	»	»	»	»	»	299	411	635	1.345	»	»	»	»	8.265	9.070	10.620	27.955
Angavo-Mangoro	»	»	»	»	»	»	»	»	»	»	»	»	»	»	»	»	37.012	46.563	57.398	140.973
Imerina-Nord	»	»	»	»	»	»	»	»	76	90	34	200	7.163	9.204	7.444	23.811	12.437	15.955	13.283	41.675
Itasy	»	»	»	»	»	»	»	»	24	23	11	58	»	»	»	»	38.006	42.876	39.418	120.300
Imerina-Centrale	»	»	»	»	»	»	»	»	»	»	»	»	»	»	»	»	88.165	137.895	153.268	379.328
Tananarive-Ville	»	»	»	»	»	»	»	»	4	6	9	19	»	»	»	»	15.263	17.720	28.740	61.723
Vakinankaratra	»	»	»	»	»	»	»	»	»	»	»	»	»	»	»	»	40.341	57.082	60.074	157.497
Ambositra	»	»	»	»	1.609	1.752	3.390	6.751	»	»	»	»	»	»	»	»	36.589	46.402	66.069	149.060
Fianarantsoa	»	»	»	»	»	»	»	»	»	»	»	»	»	»	»	»	78.244	89.319	125.488	293.051
Fort-Dauphin	»	»	»	»	»	»	»	»	»	»	»	»	6.347	7.710	10.283	24.250	51.112	55.716	71.306	178.134
Mahafaly	180	175	212	567	»	»	»	»	»	»	»	»	»	»	»	»	10.604	10.302	16.028	36.934
Totaux généraux	4.413	5.191	3.825	13.419	1.609	1.752	3.390	6.751	403	533	685	1.711	20.014	22.344	23.803	66.231	770.340	867.298	1.052.743	2.690.381

N° 8 — TABLEAU INDIQUANT PAR PROVINCE LE NOMBRE DE NAISSANCES POUR L'ANNÉE 1905 (POPULATION EUROPÉENNE)

PÈRE ET MÈRE EUROPÉENS

PROVINCES	Français – Enfants légitimes – Garçons	Filles	Enfants illégitimes – Reconnus – Garçons	Filles	Non reconnus – Garçons	Filles	Mort-nés – Garçons	Filles	Totaux	Étrangers – Enfants légitimes – Garçons	Filles	Enfants illégitimes – Reconnus – Garçons	Filles	Non reconnus – Garçons	Filles	Mort-nés – Garçons	Filles	Totaux
Diégo-Suarez	31	21	3	4	5	9	2	4	79	5	6	11	1	»	1	»	»	25
Vohémar	1	1	1	»	»	»	»	»	3	»	»	»	»	»	»	»	»	»
Betsimisaraka du Nord	1	»	»	»	»	»	»	»	1	»	»	»	»	»	»	»	»	»
Sainte-Marie	»	1	»	»	»	»	»	»	1	2	»	»	»	»	»	»	»	2
Betsimisaraka du Centre	1	2	»	»	»	»	»	»	3	»	»	»	»	»	»	»	»	»
Tamatave-Ville	29	27	8	8	6	8	5	5	91	12	11	5	5	5	1	2	4	42
Fetraomby	3	»	1	2	2	»	»	»	8	»	»	»	»	»	»	»	»	»
Béforona	»	»	»	»	»	»	»	»	»	»	»	»	»	»	»	»	»	»
Betanimena	2	1	1	»	»	»	»	»	4	»	1	»	»	»	»	»	»	1
Betsimisaraka du Sud	1	5	»	»	»	»	»	»	6	»	»	»	1	»	»	»	»	1
Mananjary	2	3	»	»	»	»	»	»	5	1	2	»	»	»	»	»	»	3
Farafangana	1	»	»	»	»	»	»	»	1	»	1	»	»	»	»	»	»	1
Nossi-Bé	4	13	1	1	»	»	»	1	20	»	2	»	»	»	»	»	»	2
Analalava	1	»	»	»	»	»	»	»	1	»	»	»	»	»	»	»	»	»
Majunga	11	11	1	2	1	1	»	»	27	»	»	»	»	»	»	»	»	4
Maintirano	»	»	»	»	»	»	»	»	»	»	»	»	»	»	»	»	»	»
Maevatanana	1	»	»	»	»	»	»	»	1	»	»	3	1	»	»	»	»	1
Morondava	2	»	»	»	»	»	»	»	2	»	»	»	»	»	»	»	»	»
Tuléar	»	2	»	»	»	»	»	»	2	»	1	»	»	»	»	»	»	»
Moutitsara	»	»	»	»	»	»	»	»	»	»	»	»	»	»	»	»	»	»
Angavo-Mangoro	»	1	»	»	»	»	»	1	2	»	»	»	»	»	»	»	»	»
Imerina-Nord	»	»	»	»	»	»	»	»	»	»	»	»	»	»	»	»	»	»
Itasy	»	»	»	»	»	»	»	»	»	»	»	»	»	»	»	»	»	»
Imerina-Centrale	»	»	»	»	»	»	»	»	»	»	1	»	»	»	»	»	»	1
Tananarive-Ville	22	9	2	»	1	1	1	3	39	1	1	»	»	»	»	»	»	2
Vakinankaratra	1	»	»	»	»	»	»	»	1	1	»	»	»	»	»	»	»	1
Ambositra	2	2	1	1	»	»	»	»	6	1	1	»	»	»	»	»	»	2
Fianarantsoa	6	1	»	»	»	»	»	»	6	3	»	4	»	»	»	»	»	3
Fort-Dauphin	3	»	»	»	»	»	»	»	3	1	3	»	»	»	»	»	»	4
Mahafaly	»	»	»	»	»	»	»	»	»	»	»	»	»	»	»	»	»	»
Total général	125	100	19	15	15	19	8	13	314	27	30	18	8	5	3	2	4	95

PÈRE EUROPÉEN, MÈRE MÉTISSE — MÈRE EUROPÉENNE, PÈRE MÉTIS

PROVINCES	Père européen, mère métisse – Enfants légitimes – Garçons	Filles	Enfants illégitimes – Reconnus – Garçons	Filles	Non reconnus – Garçons	Filles	Mort-nés – Garçons	Filles	Totaux	Mère européenne, père métis – Enfants légitimes – Garçons	Filles	Enfants illégitimes – Reconnus – Garçons	Filles	Non reconnus – Garçons	Filles	Mort-nés – Garçons	Filles	Totaux
Diégo-Suarez	»	»	»	»	»	»	»	»	»	»	»	»	»	»	»	»	»	»
Vohémar	»	»	»	»	»	»	»	»	»	»	»	»	»	»	»	»	»	»
Betsimisaraka du Nord	»	»	»	»	»	»	»	»	»	»	»	»	»	»	»	»	»	»
Sainte-Marie	»	»	»	»	»	»	»	»	»	»	»	»	»	»	»	»	»	»
Betsimisaraka du Centre	»	»	»	»	»	»	»	»	»	»	»	»	»	»	»	»	»	»
Tamatave-Ville	»	»	»	»	»	»	»	»	»	1	»	»	»	»	»	»	»	1
Fetraomby	»	»	»	»	»	»	»	»	»	»	»	»	»	»	»	»	»	»
Béforona	»	»	»	»	»	»	»	»	»	»	»	»	»	»	»	»	»	»
Betanimena	»	»	»	»	»	»	»	»	»	»	»	»	»	»	»	»	»	»
Betsimisaraka du Sud	»	2	»	»	»	»	»	»	2	»	»	»	»	»	»	»	»	»
Mananjary	»	»	»	»	»	»	»	»	»	»	»	»	»	»	»	»	»	»
Farafangana	»	»	»	»	»	»	»	»	»	»	»	»	»	»	»	»	»	»
Nossi-Bé	»	»	»	»	1	»	»	»	1	»	»	»	»	»	»	»	»	»
Analalava	»	»	»	»	»	»	»	»	»	»	»	»	»	»	»	»	»	»
Majunga	»	»	»	»	»	»	»	»	»	»	»	»	»	»	»	»	»	»
Maintirano	»	»	»	»	»	»	»	»	»	»	»	»	»	»	»	»	»	»
Maevatanana	»	»	»	»	»	»	»	»	»	»	»	»	»	»	»	»	»	»
Morondava	»	»	»	»	»	»	»	»	»	»	»	»	»	»	»	»	»	»
Tuléar	»	»	»	»	1	»	»	»	1	»	»	»	»	»	»	»	»	»
Moutitsara	»	»	»	»	»	»	»	»	»	»	»	»	»	»	»	»	»	»
Angavo-Mangoro	»	»	»	»	»	»	»	»	»	»	»	»	»	»	»	»	»	»
Imerina-Nord	»	»	»	»	»	»	»	»	»	»	»	»	»	»	»	»	»	»
Itasy	»	»	»	»	»	»	»	»	»	»	»	»	»	»	»	»	»	1
Imerina-Centrale	»	»	»	»	»	»	»	»	»	»	»	»	»	»	»	»	»	»
Tananarive-Ville	»	»	»	»	»	»	»	»	»	»	»	»	»	»	»	»	»	»
Vakinankaratra	»	»	»	»	»	»	»	»	»	»	»	»	»	»	»	»	»	»
Ambositra	»	»	»	»	»	»	»	»	»	»	»	»	»	»	»	»	»	»
Fianarantsoa	»	»	»	»	»	»	»	»	»	»	»	»	»	»	»	»	»	»
Fort-Dauphin	»	»	»	»	»	»	»	»	»	»	»	»	1	»	»	»	»	1
Mahafaly	»	»	»	»	»	»	»	»	»	»	»	»	»	»	»	»	»	»
Total général	»	2	»	»	2	»	»	»	5	1	»	»	1	1	»	»	»	3

PÈRE EUROPÉEN, MÈRE INDIGÈNE — TOTAUX

PROVINCES	Père européen, mère indigène – Enfants légitimes – Garçons	Filles	Enfants illégitimes – Reconnus – Garçons	Filles	Non reconnus – Garçons	Filles	Mort-nés – Garçons	Filles	Totaux	Totaux – Garçons	Filles	Totaux
Diégo-Suarez	»	»	»	»	»	»	»	»	»	57	42	[illegible]
Vohémar	»	»	»	»	»	1	»	»	1	3	2	4
Betsimisaraka du Nord	»	»	2	»	1	»	»	»	3	4	»	4
Sainte-Marie	»	»	»	»	»	»	»	»	»	2	1	3
Betsimisaraka du Centre	»	»	»	»	»	»	»	»	»	1	2	3
Tamatave-Ville	1	2	1	1	»	»	»	»	5	74	65	139
Fetraomby	»	»	1	»	»	»	»	»	1	7	2	9
Béforona	»	»	»	»	»	»	»	»	»	»	»	»
Betanimena	»	»	1	1	»	»	»	»	2	4	3	7
Betsimisaraka du Sud	»	»	»	»	2	1	»	»	3	9	»	12
Mananjary	»	»	15	11	»	»	»	»	26	18	16	34
Farafangana	»	»	»	1	»	»	»	»	1	1	2	3
Nossi-Bé	»	»	1	3	»	»	»	»	4	6	21	27
Analalava	»	»	»	»	»	»	»	»	»	1	»	1
Majunga	»	»	2	2	1	»	»	»	5	16	16	32
Maintirano	»	»	»	»	»	»	»	»	»	»	»	»
Maevatanana	»	»	»	»	1	»	1	»	2	6	1	7
Morondava	»	»	»	»	6	5	»	»	11	8	5	13
Tuléar	»	»	»	2	2	1	»	»	5	2	7	9
Moutitsara	»	»	»	»	»	1	»	»	1	»	1	1
Angavo-Mangoro	1	»	»	»	»	»	»	»	1	1	2	3
Imerina-Nord	»	»	»	»	»	»	»	»	»	»	»	»
Itasy	»	»	»	»	»	»	»	»	»	1	»	1
Imerina-Centrale	»	»	2	»	9	7	»	»	18	11	8	19
Tananarive-Ville	»	»	7	6	»	»	»	»	13	35	20	54
Vakinankaratra	»	»	»	»	»	»	»	»	»	2	»	2
Ambositra	»	»	»	»	»	»	»	»	»	5	3	8
Fianarantsoa	3	»	»	»	»	»	»	»	3	11	1	12
Fort-Dauphin	»	»	»	1	1	»	»	»	2	5	5	10
Mahafaly	»	»	1	1	4	2	»	»	8	5	3	8
Total général	5	2	33	29	27	18	1	»	115	290	258	529

N° 9 — ÉTAT DES MARIAGES DES EUROPÉENS A MADAGASCAR, PENDANT L'ANNÉE 1905

	AGE DU MARI						AGE DE LA FEMME						TOTAUX
	18 à 19 ans.	20 à 24 ans.	25 à 29 ans.	30 à 39 ans.	40 à 59 ans.	plus de 60 ans.	15 à 19 ans.	20 à 24 ans.	25 à 29 ans.	30 à 39 ans.	40 à 59 ans.	plus de 60 ans.	
Européen et européenne — Français	»	15	23	22	6	»	17	17	15	14	2	»	66
Européen et européenne — Étrangers	»	»	8	8	»	»	3	6	6	2	»	»	16
Totaux	»	15	31	30	6	»	20	23	21	16	2	»	82
Européen et métis	»	»	1	»	1	»	»	1	1	»	»	»	2
Européenne et métis	»	»	»	»	»	»	»	»	»	»	»	»	»
Totaux	»	»	1	»	1	»	»	1	1	»	»	»	2
Européen et indigène	»	»	»	1	»	»	»	1	»	»	»	»	1
Européenne et indigène	»	»	»	»	»	»	»	»	»	»	»	»	»
Totaux	»	»	»	1	»	»	»	1	»	»	»	»	1
Totaux généraux	»	15	32	31	7	»	20	25	22	91	2	»	85

N° 10 — ÉTAT DES DIVORCES DES EUROPÉENS A MADAGASCAR, PENDANT L'ANNÉE 1905

DURÉE DU MARIAGE	AGE DU MARI						AGE DE LA FEMME						TOTAUX
	18 à 19 ans.	20 à 24 ans.	25 à 29 ans.	30 à 39 ans.	40 à 59 ans.	plus de 60 ans.	15 à 19 ans.	20 à 24 ans.	25 à 29 ans.	30 à 39 ans.	40 à 59 ans.	plus de 60 ans.	
Moins de 2 ans	»	»	»	1	»	»	»	»	»	1	»	»	1
— de 2 à 4 ans	»	»	»	»	»	»	»	»	»	»	»	»	»
— de 5 à 9 ans	»	»	»	»	»	»	»	»	»	»	»	»	»
— de 10 à 14 ans	»	»	»	»	»	»	»	»	»	»	»	»	»
— de 15 à 19 ans	»	»	»	»	»	»	»	»	»	»	»	»	»
— de 20 à 24 ans	»	»	»	»	»	»	»	»	»	»	»	»	»
— de 25 ans et au-dessus	»	»	»	»	»	»	»	»	»	»	»	»	»
Totaux	»	»	»	1	»	»	»	»	»	1	»	»	1

N° 11 — ÉTAT PAR PROVINCES, DES DÉCÈS DE LA POPULATION EUROPÉENNE AU 1ER JANVIER 1906, MILITAIRES NON COMPRIS

PROVINCES	HOMMES							FEMMES							TOTAUX GÉNÉRAUX	POURCENTAGE sur la POPULATION TOTALE
	0 à 1 an.	1 à 15 ans.	16 à 19 ans.	20 à 39 ans.	40 à 59 ans.	Plus de 60 ans.	TOTAUX	0 à 1 an.	1 à 15 ans.	16 à 19 ans.	20 à 39 ans.	40 à 59 ans.	Plus de 60 ans.	TOTAUX		p. 100
Diégo-Suarez	7	11	4	89	22	2	135	12	4	»	9	6	»	31	166	4
Vohémar	»	»	»	2	1	1	4	»	»	»	»	1	»	1	5	1
Betsimisaraka du Nord	»	1	»	1	2	»	4	»	»	»	»	»	»	»	4	3
Sainte-Marie	1	»	»	1	1	»	3	»	»	»	1	»	»	1	4	6
Betsimisaraka du Centre	»	»	»	3	»	»	3	»	»	»	1	»	»	1	4	2
Tamatave-Ville	10	9	»	26	15	4	64	14	8	1	9	7	5	44	108	4,12
Fetraomby	3	»	»	17	3	»	23	1	»	»	2	»	»	3	26	7
Beforona	»	»	»	2	1	»	3	»	»	»	»	»	»	»	3	15
Betanimena	»	1	1	10	3	»	15	2	1	»	1	1	1	6	21	11,50
Betsimisaraka du Sud	»	1	»	3	4	1	9	1	»	»	»	»	»	1	10	2
Mananjary	2	2	»	3	4	»	11	1	2	1	»	»	»	4	15	8
Farafangana	»	»	»	3	1	»	4	»	»	»	»	»	»	»	4	4
Nossi-Bé	»	»	1	3	2	2	8	1	1	»	2	3	3	10	18	5
Analalava	1	»	»	2	»	»	3	1	»	»	»	»	»	1	4	5
Majunga	5	2	»	17	4	»	28	9	2	»	5	1	»	17	45	4,50
Maintirano	»	»	»	»	»	»	»	»	»	»	»	»	»	»	»	»
Maevatanàna	»	»	»	»	5	»	5	»	»	»	»	»	»	»	5	4
Morondava	1	2	»	2	»	»	5	»	2	»	1	»	»	3	8	6
Tuléar	1	»	»	1	1	»	3	»	»	»	»	»	»	»	3	1
Mandritsara	»	»	»	»	»	»	»	»	»	»	»	»	»	»	»	»
Angavo-Mangoro	»	»	»	1	2	»	3	»	»	»	2	»	»	2	5	2
Imerina-Nord	»	»	»	»	»	»	»	»	»	»	1	»	»	1	1	3
Itasy	»	»	»	2	1	»	3	»	»	»	»	»	»	»	3	3
Imerina-Centrale	»	»	»	2	»	»	2	»	»	»	»	»	»	»	2	1,50
Tananarive-Ville	3	2	»	11	5	»	21	»	1	»	7	»	1	9	30	3,50
Vakinankaratra	»	»	»	1	»	»	1	»	»	»	»	»	»	»	1	50
Ambositra	»	1	»	»	2	»	3	»	»	»	»	»	»	»	3	1,83
Fianarantsoa	3	»	»	3	»	3	9	1	1	»	»	»	»	2	11	8
Fort-Dauphin	3	1	»	10	»	2	16	»	2	»	1	»	»	3	19	10
Mahafaly	1	»	»	»	»	»	1	»	»	»	»	»	»	»	1	5
TOTAL GÉNÉRAL	41	33	6	215	79	15	389	43	24	2	42	19	10	140	529	5,30

ÉTAT DES NAISSANCES (INDIGÈNES)

N° 12 — TABLEAU INDIQUANT PAR PROVINCE LE NOMBRE DES NAISSANCES PENDANT L'ANNÉE 1905 (POPULATION INDIGÈNE)

PROVINCES	ANTAIFASY			ANTAIMORO			ANTAISAKA			ANTSIHANAKA			ANTAMBAHOAKA		
	Garçons	Filles	Total	Garçons	Filles	Total	Garçons	Filles	Total	Garçons	Filles	Total	Garçons	Filles	Total
Diégo-Suarez	»	»	»	14	17	31	»	»	»	»	»	»	»	»	»
Vohémar	»	»	»	»	»	»	»	»	»	»	»	»	»	»	»
Betsimisaraka du Nord	»	»	»	2	3	5	»	»	»	82	123	205	»	»	»
Sainte-Marie	»	»	»	»	»	»	»	»	»	»	»	»	»	»	»
Betsimisaraka du Centre	»	»	»	10	13	23	»	»	»	»	»	»	»	»	»
Tamatave-Ville	»	»	»	2	1	3	»	»	»	»	»	»	»	»	»
Fetraomby	»	»	»	»	»	»	»	»	»	»	»	»	»	»	»
Beforona	»	»	»	»	»	»	»	»	»	»	»	»	»	»	»
Betanimena	»	»	»	»	»	»	»	»	»	»	»	»	»	»	»
Betsimisaraka du Sud	»	»	»	40	38	78	»	»	»	»	»	»	»	»	»
Mananjary	»	»	»	204	244	448	»	»	»	»	»	»	286	242	528
Farafangana	442	413	855	401	438	839	1.914	1.964	3.878	»	»	»	»	»	»
Nossi-Bé	»	»	»	»	»	»	»	»	»	»	»	»	»	»	»
Analalava	»	»	»	»	»	»	»	»	»	»	»	»	»	»	»
Majunga	»	»	»	»	»	»	»	»	»	»	»	»	»	»	»
Maintirano	»	»	»	»	»	»	»	»	»	»	»	»	»	»	»
Maevatanana	»	»	»	»	»	»	»	»	»	»	»	»	»	»	»
Morondava	»	»	»	»	»	»	»	»	»	»	»	»	»	»	»
Tuléar	»	»	»	»	»	»	»	»	»	»	»	»	»	»	»
Mandritsara	»	»	»	»	»	»	»	»	»	1	4	5	»	»	»
Angavo-Mangoro	»	»	»	»	»	»	»	»	»	»	»	»	»	»	»
Imerina-Nord	»	»	»	»	»	»	»	»	»	»	»	»	»	»	»
Itasy	»	»	»	»	»	»	»	»	»	»	»	»	»	»	»
Imerina-Centrale	»	»	»	»	»	»	»	»	»	»	»	»	»	»	»
Tananarive-Ville	»	»	»	»	»	»	»	»	»	»	»	»	»	»	»
Vakinankaratra	»	»	»	»	»	»	»	»	»	»	»	»	»	»	»
Ambositra	»	»	»	»	»	»	»	»	»	»	»	»	»	»	»
Fianarantsoa	»	»	»	»	»	»	»	»	»	»	»	»	»	»	»
Fort-Dauphin	»	»	»	»	»	»	1	1	2	»	»	»	»	»	»
Mahafaly	»	»	»	»	»	»	»	»	»	»	»	»	»	»	»
Total général	442	413	855	673	734	1.447	1.915	1.965	3.880	83	127	210	286	242	528

PROVINCES	ANTANDROY			ANTANKARANA			ANTANOSY			BARA			BETSILEO			BETSIMISARAKA			BEZANOZANO			HOVA		
	Garçons	Filles	Total	Garçons	Filles	Total	Garçons	Filles	Total	Garçons	Filles	Total	Garçons	Filles	Total	Garçons	Filles	Total	Garçons	Filles	Total	Garçons	Filles	Total
Diégo-Suarez	»	»	»	32	35	67	»	»	»	»	»	»	»	»	»	15	18	33	»	»	»	15	17	32
Vohémar	»	»	»	»	»	»	»	»	»	»	»	»	»	»	»	488	447	935	»	»	»	68	52	120
Betsimisaraka du Nord	»	»	»	»	»	»	»	»	»	»	»	»	»	»	»	130	118	248	»	»	»	1	5	6
Sainte-Marie	»	»	»	»	»	»	»	»	»	»	»	»	»	»	»	»	»	»	»	»	»	»	»	»
Betsimisaraka du Centre	»	»	»	»	»	»	»	»	»	»	»	»	»	»	»	1.044	1.113	2.157	»	»	»	63	67	130
Tamatave-Ville	»	»	»	»	»	»	»	»	»	»	»	»	»	»	»	8	10	18	»	»	»	11	6	17
Fetraomby	»	»	»	»	»	»	»	»	»	»	»	»	»	»	»	364	378	742	»	»	»	31	20	51
Beforona	»	»	»	»	»	»	»	»	»	»	»	»	»	»	»	6	6	12	2	»	2	4	3	7
Betanimena	»	»	»	»	»	»	»	»	»	»	»	»	»	»	»	95	75	170	»	»	»	11	4	15
Betsimisaraka du Sud	»	»	»	»	»	»	»	»	»	»	»	»	»	»	»	1.127	1.106	2.233	»	»	»	9	9	18
Mananjary	»	»	»	»	»	»	»	»	»	»	»	»	147	121	268	900	990	1.890	»	»	»	80	53	133
Farafangana	»	»	»	»	»	»	»	»	»	688	845	1.533	»	»	»	»	»	»	»	»	»	»	»	»
Nossi-Bé	»	»	»	168	73	241	»	»	»	»	»	»	»	»	»	»	»	»	»	»	»	3	2	5
Analalava	»	»	»	»	»	»	»	»	»	»	»	»	»	»	»	78	69	147	»	»	»	43	43	86
Majunga	»	»	»	»	»	»	»	»	»	»	»	»	80	70	150	»	»	»	»	»	»	22	18	40
Maintirano	»	»	»	»	»	»	»	»	»	»	»	»	»	»	»	»	»	»	»	»	»	3	2	5
Maevatanana	»	»	»	»	»	»	»	»	»	»	»	»	114	127	241	»	»	»	»	»	»	55	62	117
Morondava	»	»	»	»	»	»	»	»	»	82	95	177	50	36	86	»	»	»	»	»	»	39	46	85
Tuléar	»	»	»	»	»	»	560	612	1.172	1.032	1.159	2.191	35	38	73	»	»	»	»	»	»	»	»	»
Mandritsara	»	»	»	»	»	»	»	»	»	»	»	»	»	»	»	7	8	15	»	»	»	24	21	45
Angavo-Mangoro	»	»	»	»	»	»	»	»	»	»	»	»	»	»	»	12	22	34	131	134	265	1.375	1.342	2.717
Imerina-Nord	»	»	»	»	»	»	»	»	»	»	»	»	»	»	»	5	6	11	»	»	»	224	201	425
Itasy	»	»	»	»	»	»	»	»	»	»	»	»	»	»	»	»	»	»	27	29	56	1.587	1.412	2.999
Imerina-Centrale	»	»	»	»	»	»	»	»	»	»	»	»	155	134	289	4	7	11	»	»	»	4.379	4.226	8.605
Tananarive-Ville	»	»	»	»	»	»	»	»	»	»	»	»	»	»	»	1	»	1	»	»	»	1.383	1.380	2.763
Vakinankaratra	»	»	»	»	»	»	»	»	»	20	30	50	72	57	113	»	»	»	»	»	»	1.942	1.821	3.763
Ambositra	»	»	»	»	»	»	»	»	»	3	»	3	850	844	1.694	»	»	»	»	»	»	157	133	290
Fianarantsoa	»	»	»	»	»	»	»	»	»	125	125	250	1.644	1.781	3.425	27	24	51	»	»	»	282	258	540
Fort-Dauphin	1.747	1.566	3.313	»	»	»	612	817	1.429	316	292	608	35	39	74	15	40	55	»	»	»	6	3	9
Mahafaly	70	60	130	»	»	»	40	60	100	50	30	80	10	7	17	»	»	»	»	»	»	»	»	»
Total général	1.817	1.626	3.443	200	108	308	1.212	1.489	2.701	2.316	2.506	4.822	3.177	3.250	6.427	4.255	4.222	8.477	160	163	323	14.812	13.219	28.031

N° 12 — TABLEAU INDIQUANT PAR PROVINCES LE NOMBRE DE NAISSANCES PENDANT L'ANNÉE 1905 (POPULATION INDIGÈNE) (SUITE)

PROVINCES	MAHAFALY			MAKOA			SAINTES-MARIENS			SAKALAVA			SIHANAKA		
	Garçons	Filles	Total	Garçons	Filles	Total	Garçons	Filles	Total	Garçons	Filles	Total	Garçons	Filles	Total
Diégo-Suarez	»	»	»	4	3	7	28	16	44	»	»	»	»	»	»
Vohémar	»	»	»	»	»	»	»	»	»	430	390	820	»	»	»
Betsimisaraka du Nord	»	»	»	»	»	»	8	7	15	»	»	»	»	»	»
Sainte-Marie	»	»	»	»	»	»	91	88	179	»	»	»	»	»	»
Betsimisaraka du Centre	»	»	»	9	12	21	»	»	»	»	»	»	7	4	11
Tamatave-Ville	»	»	»	»	»	»	3	»	3	»	»	»	»	»	»
Fetraomby	»	»	»	»	»	»	»	»	»	»	»	»	»	»	»
Beforona	»	»	»	»	»	»	»	»	»	»	»	»	»	»	»
Betanimena	»	»	»	»	»	»	»	»	»	»	»	»	»	»	»
Betsimisaraka du Sud	»	»	»	»	»	»	»	»	»	»	»	»	»	»	»
Mananjary	»	»	»	»	»	»	»	»	»	»	»	»	»	»	»
Farafangana	»	»	»	»	»	»	»	»	»	»	»	»	»	»	»
Nossi-Bé	»	»	»	33	19	52	»	»	»	197	133	330	»	»	»
Analalava	»	»	»	78	82	160	»	»	»	121	110	231	»	»	»
Majunga	»	»	»	8	10	18	»	»	»	144	137	281	»	»	»
Maintirano	»	»	»	58	32	90	»	»	»	80	59	139	»	»	»
Maevatanana	»	»	»	42	53	95	»	»	»	111	116	227	28	34	62
Morondava	»	»	»	9	3	12	»	»	»	599	724	1.323	»	»	»
Tuléar	23	25	48	5	3	8	»	»	»	»	»	»	»	»	»
Mandritsara	»	»	»	13	16	29	»	»	»	»	»	»	41	47	88
Angavo-Mangoro	»	»	»	»	»	»	»	»	»	»	»	»	330	294	624
Imerina-Nord	»	»	»	»	»	»	»	»	»	6	3	9	»	»	»
Itasy	»	»	»	»	»	»	»	»	»	9	10	19	»	»	»
Imerina-Centrale	»	»	»	12	10	22	»	»	»	»	»	»	»	»	»
Tananarive-Ville	»	»	»	»	»	»	»	»	»	»	»	»	»	»	»
Vakinankaratra	»	»	»	»	»	»	»	»	»	1	2	3	»	»	»
Ambositra	»	»	»	»	»	»	»	»	»	»	»	»	»	»	»
Fianarantsoa	»	»	»	»	»	»	»	»	»	»	»	»	»	»	»
Fort-Dauphin	»	»	»	»	»	»	»	»	»	»	»	»	»	»	»
Mahafaly	800	712	1.512	»	»	»	»	»	»	»	»	»	»	»	»
TOTAL GÉNÉRAL	823	737	1.560	271	253	524	130	111	241	1.700	1.682	3.382	406	379	785

PROVINCES	TANALA			TSIMIHETY			VEZO			ZAFIMANIRY			ZAZAMANGA			DIVERS			TOTAL GÉNÉRAL		
	Garçons	Filles	Total	Garçons	Filles	Total	Garçons	Filles	Total	Garçons	Filles	Total	Garçons	Filles	Total	Garçons	Filles	Total	Garçons	Filles	Total
Diégo-Suarez	»	»	»	3	3	6	»	»	»	»	»	»	»	»	»	21	13	34	132	122	254
Vohémar	»	»	»	289	264	553	»	»	»	»	»	»	»	»	»	3	5	8	1.360	1.281	2.641
Betsimisaraka du Nord	15	13	28	69	57	126	»	»	»	»	»	»	6	9	15	1	1	2	232	213	445
Sainte-Marie	»	»	»	»	»	»	»	»	»	»	»	»	»	»	»	2	»	2	93	88	181
Betsimisaraka du Centre	»	»	»	»	»	»	»	»	»	»	»	»	»	»	»	»	»	»	1.132	1.209	2.341
Tamatave-Ville	»	»	»	»	»	»	»	»	»	»	»	»	»	»	»	4	1	5	27	18	45
Fetraomby	»	»	»	»	»	»	»	»	»	»	»	»	»	»	»	5	7	12	400	405	805
Beforona	»	»	»	»	»	»	»	»	»	»	»	»	»	»	»	»	»	»	12	9	21
Betanimena	»	»	»	»	»	»	»	»	»	»	»	»	»	»	»	3	4	7	110	82	192
Betsimisaraka du Sud	»	»	»	»	»	»	»	»	»	»	»	»	»	»	»	2	4	6	1.178	1.157	2.335
Mananjary	1.477	1.250	2.730	»	»	»	»	»	»	»	»	»	»	»	»	»	»	»	3.184	2.819	6.003
Farafangana	2.454	3.112	5.566	»	»	»	»	»	»	»	»	»	»	»	»	23	29	52	5.922	6.801	12.723
Nossi-Bé	»	»	»	»	»	»	»	»	»	»	»	»	»	»	»	»	»	»	399	229	628
Analalava	»	»	»	200	208	408	»	»	»	»	»	»	»	»	»	47	53	100	567	565	1.132
Majunga	»	»	»	»	»	»	»	»	»	»	»	»	»	»	»	18	22	40	272	257	529
Maintirano	»	»	»	»	»	»	»	»	»	»	»	»	»	»	»	»	1	1	151	94	245
Maevatanana	»	»	»	»	»	»	»	»	»	»	»	»	»	»	»	»	»	»	342	400	742
Morondava	30	53	82	»	»	»	»	»	»	»	»	»	»	»	»	»	»	»	817	887	1.704
Tuléar	»	»	»	»	»	»	124	130	254	»	»	»	»	»	»	»	»	»	1.779	1.957	3.736
Mandritsara	»	»	»	135	152	287	»	»	»	»	»	»	12	16	28	»	»	»	232	265	497
Angavo-Mangoro	»	»	»	»	»	»	»	»	»	»	»	»	»	»	»	16	15	31	1.862	1.809	3.671
Imerina-Nord	»	»	»	»	»	»	»	»	»	»	»	»	4	7	11	302	312	614	550	519	1.069
Itasy	»	»	»	»	»	»	»	»	»	»	»	»	»	»	»	»	»	»	1.623	1.451	3.074
Imerina-Centrale	»	»	»	»	»	»	»	»	»	»	»	»	»	»	»	3	1	4	4.535	4.385	8.920
Tananarive-Ville	»	»	»	»	»	»	»	»	»	»	»	»	»	»	»	»	»	»	1.384	1.380	2.764
Vakinankaratra	»	»	»	»	»	»	»	»	»	»	»	»	»	»	»	»	»	»	2.035	1.900	3.935
Ambositra	27	14	41	»	»	»	»	»	»	11	15	26	»	»	»	»	»	»	1.044	1.006	2.050
Fianarantsoa	86	87	173	»	»	»	»	»	»	»	»	»	»	»	»	»	»	»	2.164	2.270	4.434
Fort-Dauphin	227	207	434	»	»	»	»	»	»	»	»	»	»	»	»	346	357	703	3.305	3.332	6.637
Mahafaly	»	»	»	»	»	»	20	10	30	»	»	»	»	»	»	5	3	8	985	892	1.877
TOTAL GÉNÉRAL	4.325	4.795	9.120	696	684	1.380	144	140	284	11	15	26	22	32	54	800	828	1.628	37.835	37.851	75.686

N° 13 — TABLEAU INDIQUANT PAR PROVINCES LE NOMBRE DES DÉCÈS PENDANT L'ANNÉE 1905 (POPULATION INDIGÈNE)

PROVINCES	ANTAIFASY				ANTAIMORO				ANTAISAKA				ANTAIVONGO				ANTAMBAHOAKA			
	HOMMES	FEMMES	ENFANTS moins de 15 ans	TOTAL	HOMMES	FEMMES	ENFANTS moins de 15 ans	TOTAL	HOMMES	FEMMES	ENFANTS moins de 15 ans	TOTAL	HOMMES	FEMMES	ENFANTS moins de 15 ans	TOTAL	HOMMES	FEMMES	ENFANTS moins de 15 ans	TOTAL
Diégo-Suarez	»	»	»	»	75	18	9	102	»	»	»	»	»	»	»	»	»	»	»	»
Vohémar	»	»	»	»	»	»	»	»	»	»	»	»	54	45	76	175	»	»	»	»
Betsimisaraka du Nord	»	»	»	»	7	5	4	16	»	»	»	»	»	»	»	»	»	»	»	»
Sainte-Marie	»	»	»	»	5	»	»	5	»	»	»	»	»	»	»	»	»	»	»	»
Betsimisaraka du Centre	»	»	»	»	27	8	3	38	»	»	»	»	»	»	»	»	»	»	»	»
Tamatave-Ville	»	»	»	»	3	1	2	6	»	»	»	»	»	»	»	»	»	»	»	»
Fetraomby	»	»	»	»	»	»	»	»	»	»	»	»	»	»	»	»	»	»	»	»
Befanona	»	»	»	»	1	»	»	1	»	»	»	»	»	»	»	»	»	»	»	»
Betsiriry	»	»	»	»	»	»	»	»	»	»	»	»	»	»	»	»	»	»	»	»
Betsimisaraka du Sud	»	»	»	»	25	13	21	59	»	»	»	»	»	»	»	»	31	47	62	140
Mananjary	»	»	»	»	89	113	233	435	»	»	»	»	»	»	»	»	»	»	»	»
Farafangana	271	238	317	826	305	201	521	1.027	1.372	2.390	2.509	6.271	»	»	»	»	»	»	»	»
Nossi-Bé	»	»	»	»	»	»	»	»	»	»	»	»	»	»	»	»	»	»	»	»
Analalava	»	»	»	»	»	»	»	»	»	»	»	»	»	»	»	»	»	»	»	»
Majunga	»	»	»	»	»	»	»	»	»	»	»	»	»	»	»	»	»	»	»	»
Maintirano	»	»	»	»	»	»	»	»	»	»	»	»	»	»	»	»	»	»	»	»
Mevatanana	»	»	»	»	»	»	»	»	»	»	»	»	»	»	»	»	»	»	»	»
Morondava	»	»	»	»	»	»	»	»	»	»	»	»	»	»	»	»	»	»	»	»
Tuléar	»	»	»	»	»	»	»	»	»	»	»	»	»	»	»	»	»	»	»	»
Mandritsara	»	»	»	»	»	»	»	»	»	»	»	»	22	15	8	45	»	»	»	»
Anjozorobe-Mangoro	»	»	»	»	3	»	»	3	»	»	»	»	»	»	»	»	»	»	»	»
Imerina Nord	»	»	»	»	»	»	»	»	»	»	»	»	»	»	»	»	»	»	»	»
Bara	»	»	»	»	»	»	»	»	»	»	»	»	»	»	»	»	»	»	»	»
Imerina Centrale	»	»	»	»	»	»	»	»	»	»	»	»	»	»	»	»	»	»	»	»
Tananarive-Ville	»	»	»	»	»	»	»	»	»	»	»	»	»	»	»	»	»	»	»	»
Vakinankaratra	»	»	»	»	»	»	»	»	»	»	»	»	»	»	»	»	»	»	»	»
Ambositra	»	»	»	»	»	»	»	»	»	»	»	»	»	»	»	»	»	»	»	»
Fianarantsoa	»	»	»	»	»	»	»	»	»	»	»	»	»	»	»	»	»	»	»	»
Fort-Dauphin	»	»	»	»	»	»	»	»	»	»	»	»	»	»	»	»	»	»	»	»
Mahafaly	»	»	»	»	»	»	»	»	»	»	»	»	»	»	»	»	»	»	»	»
Totaux généraux	271	238	317	826	539	359	793	1.691	1.372	2.390	2.509	6.272	76	60	84	220	31	47	62	140

N° 13 — TABLEAU INDIQUANT PAR PROVINCES LE NOMBRE DES DÉCÈS PENDANT L'ANNÉE 1905 (POPULATION INDIGÈNE) (Suite.)

PROVINCES	ANTANDROY				ANTANKARANA				ANTANOSY				BARA				BETSILEO			
	Hommes	Femmes	Enfants moins de 15 ans	Total	Hommes	Femmes	Enfants moins de 15 ans	Total	Hommes	Femmes	Enfants moins de 15 ans	Total	Hommes	Femmes	Enfants moins de 15 ans	Total	Hommes	Femmes	Enfants moins de 15 ans	Total
Diégo-Suarez	»	»	»	»	87	45	25	157	»	»	»	»	»	»	»	»	»	»	»	»
Vohémar	»	»	»	»	»	»	»	»	»	»	»	»	»	»	»	»	»	»	»	»
Betsimisaraka du Nord	»	»	»	»	»	»	»	»	»	»	»	»	»	»	»	»	»	»	»	»
Sainte-Marie	»	»	»	»	2	»	»	2	6	»	»	6	»	»	»	»	»	»	»	»
Betsimisaraka du Centre	»	»	»	»	»	»	»	»	»	»	»	»	»	»	»	»	»	»	»	»
Tamatave-Ville	»	»	»	»	»	»	»	»	»	»	»	»	»	»	»	»	»	»	»	»
Vatomandry	»	»	»	»	»	»	»	»	»	»	»	»	»	»	»	»	»	»	»	»
Mahanoro	»	»	»	»	»	»	»	»	»	»	»	»	»	»	»	»	»	»	»	»
Betafo	»	»	»	»	»	»	»	»	»	»	»	»	»	»	»	»	»	»	»	»
Betsimisaraka du Sud	»	»	»	»	»	»	»	»	»	»	»	»	»	»	»	»	6	2	5	13
Mananjary	»	»	»	»	»	»	»	»	»	»	»	»	»	»	»	»	85	66	47	198
Farafangana	»	»	»	»	»	»	»	»	»	»	»	»	575	656	821	2.052	»	»	»	»
Nossi-Bé	»	»	»	»	9	9	1	19	»	»	»	»	»	»	»	»	»	»	»	»
Analalava	»	»	»	»	»	»	»	»	»	»	»	»	»	»	»	»	»	»	»	»
Majunga	»	»	»	»	»	»	»	»	»	»	»	»	»	»	»	»	49	49	47	145
Maintirano	»	»	»	»	»	»	»	»	»	»	»	»	»	»	»	»	»	»	»	»
Maevatanana	»	»	»	»	»	»	»	»	»	»	»	»	»	»	»	»	131	136	53	310
Morondava	»	»	»	»	»	»	»	»	»	»	»	»	65	30	62	157	50	33	39	122
Tuléar	»	»	»	»	»	»	»	»	153	128	244	525	279	334	595	1.208	15	18	12	45
Mandritsara	»	»	»	»	»	»	»	»	»	»	»	»	»	»	»	»	»	»	»	»
Ancove-Mangoro	»	»	»	»	»	»	»	»	»	»	»	»	»	»	»	»	»	»	»	»
Imerina-Nord	»	»	»	»	»	»	»	»	»	»	»	»	»	»	»	»	»	»	»	»
Itasy	»	»	»	»	»	»	»	»	»	»	»	»	»	»	»	»	1	»	»	1
Imerina-Centrale	»	»	»	»	»	»	»	»	»	»	»	»	»	»	»	»	302	276	200	778
Tananarive-Ville	»	»	»	»	»	»	»	»	»	»	»	»	»	»	»	»	»	3	3	6
Vakinankaratra	»	»	»	»	»	»	»	»	»	»	»	»	»	»	»	»	2	1	2	5
Ambositra	»	»	»	»	»	»	»	»	»	»	»	»	4	1	»	5	506	455	594	1.555
Fianarantsoa	»	»	»	»	»	»	»	»	»	»	»	»	69	58	80	207	1.532	980	664	3.483
Fort-Dauphin	1.232	1.134	2.052	4.418	»	»	»	»	301	282	336	919	26	31	20	77	7	11	6	24
Mahafaly	36	27	17	80	»	»	»	»	20	17	6	43	22	18	7	47	»	»	»	»
TOTAL GÉNÉRAL	1.268	1.161	2.069	4.498	98	54	26	178	480	427	585	1.492	1.030	1.138	1.585	3.753	2.748	2.035	1.804	6.587

N° 13. — TABLEAU INDIQUANT PAR PROVINCES LE NOMBRE DE DÉCÈS PENDANT L'ANNÉE 1905 (POPULATION INDIGÈNE) (Suite.)

PROVINCES	BETSIMISARAKA				BEZANOZANO				HOVA				MAHAFALY				MAKOA			
	Hommes	Femmes	Enfants moins de 15 ans	Total	Hommes	Femmes	Enfants moins de 15 ans	Total	Hommes	Femmes	Enfants moins de 15 ans	Total	Hommes	Femmes	Enfants moins de 15 ans	Total	Hommes	Femmes	Enfants moins de 15 ans	Total
Diégo-Suarez	36	12	9	57	»	»	»	»	45	12	11	68	»	»	»	»	4	1	1	6
Analalava	281	173	227	681	»	»	»	»	53	30	57	140	»	»	»	»	»	»	»	»
Betsimisaraka du Nord	40	33	28	101	»	»	»	»	3	»	1	4	»	»	»	»	»	»	»	»
Sainte-Marie	»	»	»	»	»	»	»	»	3	1	2	6	2	»	»	2	1	»	»	1
Betsimisaraka du Centre	316	230	497	1.043	»	»	»	»	35	29	58	112	»	»	»	»	»	»	»	»
Tamatave-Ville	8	5	6	19	»	»	»	»	13	8	6	27	»	»	»	»	»	»	»	»
Fetraomby	611	266	273	1.150	»	»	»	»	42	15	13	70	»	»	»	»	»	»	»	»
Beforona	48	8	10	66	5	1	1	7	9	4	8	21	»	»	»	»	»	»	»	»
Betanimena	107	90	66	263	»	»	»	»	16	18	16	50	»	»	»	»	»	»	»	»
Betsimisaraka du Sud	643	650	863	2.156	»	»	»	»	5	5	5	15	»	»	»	»	»	»	»	»
Mananjary	132	138	234	504	»	»	»	»	39	28	31	98	»	»	»	»	»	»	»	»
Farafangana	»	»	»	»	»	»	»	»	»	»	»	»	»	»	»	»	»	»	»	»
Nossi-Bé	»	»	»	»	»	»	»	»	7	6	»	13	»	»	»	»	28	»	1	29
Andilava	10	19	26	64	»	»	»	»	12	15	6	33	»	»	»	»	36	34	43	113
Majunga	»	»	»	»	»	»	»	»	22	21	19	62	»	»	»	»	28	13	11	52
Maintirano	»	»	»	»	»	»	»	»	8	5	»	13	»	»	»	»	55	21	4	80
Maevatanana	»	»	»	»	»	»	»	»	75	59	30	164	»	»	»	»	39	29	32	100
Morondava	»	»	»	»	»	»	»	»	33	26	15	74	»	»	»	»	10	6	5	21
Tuléar	»	»	»	»	»	»	»	»	»	»	»	»	711	720	551	1.988	»	»	»	»
Mandritsara	3	2	1	6	»	»	»	»	9	6	15	30	»	»	»	»	4	6	15	25
Angavo-Mangoro	14	9	6	29	15	47	155	217	540	697	743	1.980	»	»	»	»	»	1	»	1
Imerina-Nord	3	3	3	9	»	»	»	»	131	172	177	480	»	»	»	»	»	»	»	»
Itasy	»	»	»	»	20	28	21	79	1.065	1.028	1.065	3.158	»	»	»	»	»	»	»	»
Imerina Centrale	15	40	18	73	»	»	»	»	3.772	4.630	3.311	11.713	»	»	»	»	3	2	7	12
Tananarive-Ville	»	»	»	»	»	»	»	»	820	905	572	2.307	»	»	»	»	»	»	»	»
Vakinankaratra	»	»	»	»	»	»	»	»	1.075	956	867	2.898	»	»	»	»	»	»	»	»
Ambositra	»	»	»	»	»	»	»	»	55	38	43	136	»	»	»	»	»	»	»	»
Fianarantsoa	»	2	»	2	»	»	»	»	197	135	209	541	»	»	»	»	»	»	»	»
Fort-Dauphin	12	6	10	28	»	»	»	»	4	2	4	10	»	»	»	»	»	»	»	»
Mahafaly	»	»	»	»	»	»	»	»	»	»	»	»	340	360	250	950	»	»	»	»
Totaux généraux	2.278	1.667	2.278	6.223	120	76	165	361	8.000	8.920	7.280	25.209	1.073	1.080	791	2.950	210	111	119	440

N° 13 — TABLEAU INDIQUANT PAR PROVINCES LE NOMBRE DE DÉCÈS PENDANT L'ANNÉE 1905 (POPULATION INDIGÈNE) (Suite.)

PROVINCES	SAINTE-MARIENS				SAKALAVA			
	HOMMES	FEMMES	ENFANTS moins de 15 ans	TOTAL	HOMMES	FEMMES	ENFANTS moins de 15 ans	TOTAL
Diégo-Suarez	8	8	11	27	»	»	»	»
Vohémar	»	»	»	»	213	170	323	706
Betsimisaraka du Nord	»	»	»	»	»	»	»	»
Sainte-Marie	22	27	29	78	4	»	»	4
Betsimisaraka du Centre	»	»	»	»	»	»	»	»
Tamatave-Ville	1	1	2	4	»	»	»	»
Fetraomby	»	»	»	»	»	»	»	»
Mahanoro	»	»	»	»	»	»	»	»
Betsiriry	»	»	»	»	»	»	»	»
Betsimisaraka du Sud	»	»	»	»	1	»	»	1
Mananjary	»	»	»	»	»	»	»	»
Farafangana	»	»	»	»	»	»	»	»
Nossi-Bé	»	»	»	»	127	73	25	225
Analalava	»	»	»	»	53	53	56	162
Majunga	»	»	»	»	158	82	15	255
Maintirano	»	»	»	»	53	90	15	158
Maevatanana	»	»	»	»	121	76	61	258
Morondava	»	»	»	»	582	357	274	1.213
Tuléar	»	»	»	»	»	»	»	»
Mandritsara	»	»	»	»	»	»	»	»
Angavo-Mangoro	»	»	»	»	1	»	»	1
Imerina-Nord	»	»	»	»	7	8	6	21
Itasy	»	»	»	»	16	8	17	41
Imerina-Centrale	»	»	»	»	»	»	»	»
Tananarive	»	»	»	»	»	»	»	»
Vakinankaratra	»	»	»	»	»	»	»	»
Ambositra	»	»	»	»	»	»	»	»
Fianarantsoa	»	»	»	»	»	»	»	»
Fort-Dauphin	»	»	»	»	»	»	»	»
Mahafaly	»	»	»	»	»	»	»	»
Total général	31	36	42	109	1.276	877	891	3.045

PROVINCES	SIHANAKA				TANALA				TSIMIHETY			
	HOMMES	FEMMES	ENFANTS moins de 15 ans	TOTAL	HOMMES	FEMMES	ENFANTS moins de 15 ans	TOTAL	HOMMES	FEMMES	ENFANTS moins de 15 ans	TOTAL
Diégo-Suarez	»	»	»	»	»	»	»	»	3	»	1	4
Vohémar	»	»	»	»	»	»	»	»	131	71	180	382
Betsimisaraka du Nord	»	»	»	»	7	3	2	12	35	37	23	95
Sainte-Marie	»	»	»	»	3	»	»	3	»	»	»	»
Betsimisaraka du Centre	»	»	»	»	»	»	»	»	»	»	»	»
Tamatave-Ville	»	»	»	»	»	»	»	»	»	»	»	»
Fetraomby	»	»	»	»	»	»	»	»	»	»	»	»
Mahanoro	»	»	»	»	»	»	»	»	»	»	»	»
Betsiriry	»	»	»	»	»	»	»	»	»	»	»	»
Betsimisaraka du Sud	»	»	»	»	»	»	»	»	»	»	»	»
Mananjary	»	»	»	»	355	392	620	1.314	»	»	»	»
Farafangana	»	»	»	»	832	714	1.254	2.800	»	»	»	»
Nossi-Bé	»	»	»	»	»	»	»	»	»	»	»	»
Analalava	»	»	»	»	»	»	»	»	62	76	109	247
Majunga	»	»	»	»	»	»	»	»	»	»	»	»
Maintirano	»	»	»	»	»	»	»	»	»	»	»	»
Maevatanana	22	17	4	43	»	»	»	»	»	»	»	»
Morondava	»	»	»	»	18	22	17	57	»	»	»	»
Tuléar	»	»	»	»	»	»	»	»	»	»	»	»
Mandritsara	13	11	14	38	»	»	»	»	53	25	50	128
Angavo-Mangoro	127	132	315	574	»	»	»	»	»	»	»	»
Imerina-Nord	»	»	»	»	»	»	»	»	»	»	»	»
Itasy	»	»	»	»	»	»	»	»	»	»	»	»
Imerina-Centrale	»	»	»	»	»	»	»	»	»	»	»	»
Tananarive	»	»	»	»	»	»	»	»	»	»	»	»
Vakinankaratra	»	»	»	»	»	»	»	»	»	»	»	»
Ambositra	»	»	»	»	35	22	20	77	»	»	»	»
Fianarantsoa	»	»	»	»	65	45	73	183	»	»	»	»
Fort-Dauphin	»	»	»	»	»	»	»	»	»	»	»	»
Mahafaly	»	»	»	»	»	»	»	»	»	»	»	»
Total général	162	160	333	655	1.315	1.107	1.098	4.500	283	209	363	855

N° 13 — TABLEAU INDIQUANT PAR PROVINCES LE NOMBRE DES DÉCÈS PENDANT L'ANNÉE 1905 (POPULATION INDIGÈNE) (Suite et fin.)

PROVINCES	VEZO				ZAFIMANIRY				ZAZAMANGA				DIVERS				TOTAL GÉNÉRAL				POURCENTAGE
	Hommes	Femmes	Enfants moins de 15 ans	Total	Hommes	Femmes	Enfants moins de 15 ans	Total	Hommes	Femmes	Enfants moins de 15 ans	Total	Hommes	Femmes	Enfants moins de 15 ans	Total	Hommes	Femmes	Enfants moins de 15 ans	Total	p. 100
Diégo-Suarez	»	»	»	»	»	»	»	»	»	»	»	»	»	»	»	»	253	166	97	516	2,50
Vohémar	»	»	»	»	»	»	»	»	»	»	»	»	»	»	»	»	732	580	692	2.004	3
Betsimisaraka du Nord	»	»	»	»	»	»	»	»	3	2	4	9	»	»	1	1	93	81	63	237	1
Sainte-Marie	»	»	»	»	»	»	»	»	»	»	»	»	»	»	»	»	48	28	31	107	1,93
Betsimisaraka du Centre	»	»	»	»	»	»	»	»	»	»	»	»	26	13	10	49	506	390	356	1.252	1,50
Tamatave-Ville	»	»	»	»	»	»	»	»	»	»	»	»	4	1	4	9	29	16	20	65	1,50
Fotrasoaby	»	»	»	»	»	»	»	»	»	»	»	»	»	»	3	3	655	261	293	1.209	0,80
Baforona	»	»	»	»	»	»	»	»	»	»	»	»	»	»	»	»	53	13	19	85	0,96
Betanimena	»	»	»	»	»	»	»	»	»	»	»	»	»	»	»	»	123	104	82	309	1,23
Betsimisaraka du Sud	»	»	»	»	»	»	»	»	»	»	»	»	2	2	8	12	681	652	902	2.235	2,23
Mananjary	»	»	»	»	»	»	»	»	»	»	»	»	»	»	»	»	731	785	1.229	2.745	3,90
Farafangana	»	»	»	»	»	»	»	»	»	»	»	»	17	13	19	49	5.372	5.207	2.436	13.015	5,24
Nossi-Bé	»	»	»	»	»	»	»	»	»	»	»	»	»	»	»	»	181	88	27	296	0,01
Analalava	»	»	»	»	»	»	»	»	»	»	»	»	19	14	7	40	201	211	247	659	1,50
Majunga	»	»	»	»	»	»	»	»	»	»	»	»	45	20	18	83	292	193	99	584	1
Maintirano	»	»	»	»	»	»	»	»	»	»	»	»	1	»	2	3	157	66	21	244	0,83
Maevatanana	»	»	»	»	»	»	»	»	»	»	»	»	»	»	»	»	388	386	100	874	1,85
Morondava	»	»	»	»	»	»	»	»	»	»	»	»	»	»	»	»	636	497	522	1.655	2,31
Tuléar	34	37	31	102	»	»	»	»	»	»	»	»	»	»	»	»	1.214	1.238	1.422	3.874	2,86
Mandritsara	»	»	»	»	»	»	»	»	1	1	3	5	»	»	»	»	107	64	106	277	1
Angavo-Mangoro	»	»	»	»	»	»	»	»	»	»	»	»	»	»	2	2	796	860	1.201	2.857	2
Imerina-Nord	»	»	»	»	»	»	»	»	»	»	»	»	153	100	253	506	286	373	447	1.106	2,60
Itasy	»	»	»	»	»	»	»	»	»	»	»	»	»	»	1	1	1.111	1.064	1.104	3.279	2,30
Imerina-Centrale	»	»	»	»	»	»	»	»	»	»	»	»	1	»	3	4	5.093	4.954	2.339	12.386	0,35
Tananarive-Ville	»	»	»	»	»	»	»	»	»	»	»	»	»	»	2	2	820	998	578	2.396	3,88
Vakinankaratra	»	»	»	»	»	»	»	»	»	»	»	»	»	»	»	»	1.077	957	869	2.903	1,97
Ambositra	»	»	»	»	23	7	6	36	»	»	»	»	»	»	»	»	683	523	503	1.709	1,14
Fianarantsoa	»	»	»	»	»	»	»	»	»	»	»	»	»	»	»	»	1.692	1.220	1.329	4.240	1,50
Fort-Dauphin	»	»	»	»	»	»	»	»	»	»	»	»	243	250	303	796	1.845	1.716	2.712	6.273	1,50
Mahafaly	14	12	4	30	»	»	»	»	»	»	»	»	»	»	1	1	632	134	365	1.131	2,05
Totaux généraux	48	49	35	132	23	7	6	36	4	3	7	14	583	503	565	1.651	21.356	22.815	26.755	70.926	2,63

N° 14 — TABLEAU DE LA POPULATION

DES PRINCIPALES VILLES DE LA COLONIE AU 1ER JANVIER 1906, MILITAIRES NON COMPRIS

VILLES	FRANÇAIS	EUROPÉENS ou ASSIMILÉS	ASIATIQUES	AFRICAINS	MALGACHES	MÉTIS	TOTAL
Tananarive	721	200	18	»	61.723	386	63.048
Nossi-Bé (1)	265	16	421	352	10.171	»	11.225 (1)
Tamatave	1.719	465	232	69	4.486	55	7.026
Diégo-Suarez	1.310	227	315	420	4.704	10	6.986
Fianarantsoa	120	55	13	»	6.204	47	6.439
Majunga	761	105	595	149	2.606	»	4.216

(1) Ce chiffre indique la population de l'île entière.

N° 15 — TABLEAU GÉNÉRAL DU MOUVEMENT DE LA POPULATION NON MALGACHE EN 1905, MILITAIRES NON COMPRIS

NATIONALITÉS			PARTIS				ARRIVÉS				OBSERVATIONS
			HOMMES	FEMMES	ENFANTS au-dessous de 15 ans.	TOTAL	HOMMES	FEMMES	ENFANTS au-dessous de 15 ans.	TOTAL	
Français nés en France		Fonctionnaires non militaires	376	20	»	396	321	31	»	352	
		Non fonctionnaires	280	139	124	543	341	129	102	572	
Français nés aux colonies.	A la Réunion	Fonctionnaires non militaires	49	4	»	53	35	5	»	40	
		Non fonctionnaires	300	163	68	531	216	89	55	360	
	A Madagascar	Fonctionnaires non militaires	»	»	»	»	1	»	»	1	
		Non fonctionnaires	8	»	45	53	2	»	27	29	
	Autres	Fonctionnaires non militaires	14	»	»	14	4	1	»	5	
		Non fonctionnaires	27	25	17	69	5	2	6	13	
Étrangers européens ou d'origine européenne.	Anglais	Mauriciens	123	80	106	309	63	28	34	125	
		Autres	56	11	2	69	61	12	7	80	
	Allemands		13	2	»	15	17	4	»	21	
	Grecs		41	1	»	42	65	2	»	67	
	Italiens		28	3	4	35	47	1	4	52	
	Belges		1	»	»	1	3	»	»	3	
	Suisses		3	»	2	5	1	1	»	2	
	Espagnols		1	»	»	1	2	»	»	2	
	Norvégiens et Suédois		3	4	3	10	3	9	7	19	
	Turcs		4	»	»	4	14	4	7	25	
	Américains	Des États-Unis	1	»	»	1	6	2	»	8	
		Autres	»	»	»	»	2	»	»	2	
	Autres nationalités		14	10	10	34	7	1	1	9	
Asiatiques	Hindous	Sujets français	4	»	7	11	3	1	2	6	
		Sujets anglais	270	102	129	501	216	72	77	365	
	Chinois		148	2	6	156	88	1	»	88	
Africains	Comoriens		27	19	23	69	59	»	12	71	
	Autres		77	31	10	118	122	14	7	143	
TOTAUX			1.868	616	556	3.040	1.704	408	348	2.460	
BALANCE		En plus					»	»	»	»	
		En moins					164	208	208	580	

EUROPÉENNE

(La suite p. 51.)

Autres que Madagascar — Fonctionnaires non militaires													Grecs												Italiens											
Partis.			Arrivés.			Total.		Différence.			[Différence.]		Partis.			Arrivés.			Total.		Différence.		Partis.			Arrivés.			Total.		Différence.	
Hommes.	Femmes.	Enfants.	Hommes.	Femmes.	Enfants.	Partis.	Arrivés.	En plus.	En moins.	Hommes.	[En plus.]	En moins.	Hommes.	Femmes.	Enfants.	Hommes.	Femmes.	Enfants.	Partis.	Arrivés.	En plus.	En moins.	Hommes.	Femmes.	Enfants.	Hommes.	Femmes.	Enfants.	Partis.	Arrivés.	En plus.	En moins.
»	»	»	»	»	»	»	»	»	»	»	1	»	2	»	»	2	»	»	2	2	»	»	2	1	»	4	1	4	3	9	6	»
»	»	»	»	»	»	»	»	»	»	»	»	»	»	»	»	»	»	»	»	»	»	»	»	»	»	»	»	»	»	»	»	»
»	»	»	»	»	»	»	»	»	»	»	»	»	»	»	»	»	»	»	»	»	»	»	»	»	»	»	»	»	»	»	»	»
»	»	»	1	»	»	»	1	1	»	»	»	»	»	»	»	»	»	»	»	»	»	»	»	»	»	»	»	»	»	»	»	»
»	»	»	»	»	»	»	»	»	»	»	»	»	»	»	»	»	»	»	»	»	»	»	»	»	»	»	»	»	»	»	»	»
7	»	»	»	»	»	7	»	»	7	26	»	1	1	»	»	»	»	»	1	»	»	1	8	2	4	3	»	»	14	3	»	11
»	»	»	»	»	»	»	»	»	»	»	»	»	7	»	»	12	»	»	7	12	5	»	12	»	»	2	»	»	12	2	»	10
»	»	»	»	»	»	»	»	»	»	»	»	»	»	»	»	»	»	»	»	»	»	»	1	»	»	»	»	»	1	»	»	1
»	»	»	»	»	»	»	»	»	»	»	»	»	»	»	»	1	»	»	»	1	1	»	»	»	»	»	»	»	»	»	»	»
»	»	»	»	»	»	»	»	»	»	»	1	»	»	»	»	»	»	»	»	»	»	»	»	»	»	»	»	»	»	»	»	»
1	»	»	»	»	»	1	»	»	1	»	1	»	»	»	»	1	»	»	»	1	1	»	1	»	»	»	»	»	1	»	»	1
1	»	»	»	»	»	1	»	»	1	»	1	»	»	»	»	»	»	»	»	»	»	»	»	»	»	»	»	»	»	»	»	»
»	»	»	»	»	»	»	»	»	»	»	»	»	»	»	»	1	»	»	»	1	1	»	»	»	»	»	»	»	»	»	»	»
»	»	»	»	»	»	»	»	»	»	»	»	»	4	»	»	7	1	»	4	8	4	»	»	»	»	»	»	»	»	»	»	»
»	»	»	»	»	»	»	»	»	»	»	»	»	9	»	»	5	»	»	9	5	»	4	1	»	»	2	»	»	1	2	1	»
»	»	»	»	»	»	»	»	»	»	»	»	»	3	»	»	»	»	»	3	»	»	3	»	»	»	»	»	»	»	»	»	»
»	»	»	»	»	»	»	»	»	»	»	»	1	4	1	»	8	1	»	5	9	4	»	»	»	»	1	»	»	»	1	1	»
»	»	»	»	»	»	»	»	»	»	»	»	»	2	»	»	3	»	»	2	3	1	»	»	»	»	»	»	»	»	»	»	»
»	»	»	»	»	»	»	»	»	»	1	»	3	»	»	»	1	»	»	»	1	1	»	»	»	»	»	»	»	»	»	»	»
»	»	»	»	»	»	»	»	»	»	»	»	»	1	»	»	»	»	»	1	»	»	1	»	»	»	»	»	»	»	»	»	»
1	»	»	»	»	»	1	»	»	1	»	»	»	2	»	»	12	»	»	2	12	10	»	1	»	»	32	»	»	1	32	31	»
»	»	»	»	»	»	»	»	»	»	»	2	»	»	»	»	»	»	»	»	»	»	»	»	»	»	»	»	»	»	»	»	»
1	»	»	1	»	»	1	1	»	»	»	»	»	2	»	»	2	»	»	2	2	»	»	»	»	»	»	»	»	»	»	»	»
»	»	»	»	»	»	»	»	»	»	»	»	»	2	»	»	2	»	»	2	2	»	»	»	»	»	»	»	»	»	»	»	»
»	»	»	»	»	»	»	»	»	»	»	»	1	2	»	»	3	»	»	2	3	1	»	1	»	»	1	»	»	1	1	»	»
2	»	»	1	»	»	2	1	»	1	»	1	»	»	»	»	3	»	»	»	3	3	»	»	»	»	»	»	»	»	»	»	»
»	»	»	»	»	»	»	»	»	»	»	4	»	»	»	»	»	»	»	»	»	»	»	»	»	»	»	»	»	»	»	»	»
1	»	»	»	»	»	1	»	»	1	»	»	»	»	»	»	2	»	»	»	2	2	»	»	»	»	»	»	»	»	»	»	»
»	»	»	1	1	»	»	2	2	»	»	1	»	»	»	»	»	»	»	»	»	»	»	1	»	»	1	»	»	1	1	»	»
»	»	»	»	»	»	»	»	»	»	»	»	»	»	»	»	»	»	»	»	»	»	»	»	»	»	1	»	»	»	1	1	»
14	»	»	4	1	»	14	5	3	12	27	2	6	41	1	»	65	2	»	42	67	34	9	28	3	4	47	1	4	35	52	40	23
....								»	»	....	»	»	....								»	»	....								17	»
....								»	9	....		»	....								25	»	....								»	»

FRANÇAIS NÉS EN FRANCE

PROVINCES	Fonctionnaires ou militaires — Partis — Hommes	Partis — Femmes	Partis — Enfants	Arrivés — Hommes	Arrivés — Femmes	Arrivés — Enfants	Total — Partis	Total — Arrivés	Différence — En plus	Différence — En moins	Non fonctionnaires — Partis — Hommes	Partis — Femmes	Partis — Enfants	Arrivés — Hommes	Arrivés — Femmes	Arrivés — Enfants	Total — Partis	Total — Arrivés	Différence — En plus	Différence — En moins
Diégo-Suarez	6	3	»	7	5	»	9	12	3	»	15	6	3	21	6	9	24	36	12	»
Vohémar	10	»	»	6	»	»	10	6	»	4	4	2	3	5	2	»	9	7	»	2
Betsimisaraka du Nord	10	»	»	8	»	»	10	8	»	2	4	»	»	2	2	»	4	4	»	»
Sainte-Marie	2	»	»	2	»	»	2	2	»	»	1	»	»	1	»	»	1	1	»	»
Betsimisaraka du Centre	2	»	»	1	»	»	2	1	»	1	1	»	»	6	»	»	1	6	5	»
Tamatave-Ville	64	»	»	17	»	»	64	17	»	47	37	57	47	12	15	18	141	44	»	97
Fetraomby	6	»	»	»	»	»	6	»	»	6	29	2	»	4	»	»	31	4	»	27
Beforona	3	»	»	1	»	»	3	1	»	2	7	»	»	9	»	»	7	9	2	»
Betanimena	12	»	»	11	»	»	12	11	»	1	7	2	3	7	5	5	12	17	5	»
Betsimisaraka du Sud	3	»	»	5	»	»	3	5	2	»	9	2	2	6	4	»	13	10	»	3
Mananjary	18	»	»	19	1	»	18	20	2	»	10	6	5	16	8	5	21	29	8	»
Farafangana	12	»	»	11	»	»	12	11	»	1	3	2	1	2	»	»	6	2	»	4
Nossi-Bé	11	4	»	10	2	»	15	12	»	3	5	»	1	8	2	4	6	14	8	»
Analalava	9	»	»	14	»	»	9	14	5	»	4	4	5	2	4	4	13	10	»	3
Majunga	20	1	»	18	1	»	30	19	»	11	26	11	15	26	15	5	52	46	»	6
Maintirano	1	»	»	2	»	»	1	2	1	»	1	1	»	1	2	»	2	3	1	»
Maevatanana	2	»	»	3	»	»	2	3	1	»	16	4	2	18	2	»	22	20	»	2
Morondava	3	»	»	2	»	»	3	2	»	1	17	»	»	8	2	1	17	11	»	6
Tuléar	9	»	»	9	»	»	9	9	»	»	6	»	»	5	»	»	6	5	»	1
Mandritsara	6	»	»	5	»	»	6	5	»	1	1	»	»	2	1	1	1	4	3	»
Angavo-Mangoro	15	»	»	13	»	»	15	13	»	2	14	6	7	56	12	2	27	70	43	»
Imerina Nord	6	»	»	6	»	»	6	6	»	»	3	2	»	1	2	»	5	3	»	2
Itasy	10	»	»	10	2	»	10	12	2	»	5	1	»	9	6	5	6	20	14	»
Imerina Centrale	7	»	»	10	»	»	7	10	3	»	10	7	4	15	8	6	21	29	8	»
Tananarive-Ville	82	9	»	94	19	»	91	113	22	»	14	3	12	19	4	23	29	46	17	»
Vakinankaratra	9	1	»	13	»	»	10	13	3	»	9	6	4	21	9	5	19	35	16	»
Ambositra	9	»	»	9	»	»	9	9	»	»	8	7	2	13	5	»	17	19	2	»
Fianarantsoa	18	1	»	13	1	»	19	14	»	5	8	5	6	27	9	5	19	41	22	»
Fort-Dauphin	2	1	»	2	»	»	3	2	»	1	7	1	3	19	5	3	11	27	16	»
Mahafaly	»	»	»	»	»	»	»	»	»	»	»	»	»	»	»	»	»	»	»	»
TOTAUX	376	20	»	321	31	»	396	352	44	88	280	130	124	341	129	102	543	572	182	153
Balance — En plus									»	»									29	»
Balance — En moins									»	44									»	»

FRANÇAIS NÉS AUX COLONIES — À LA RÉUNION

PROVINCES	Fonctionnaires ou militaires — Partis — Hommes	Partis — Femmes	Partis — Enfants	Arrivés — Hommes	Arrivés — Femmes	Arrivés — Enfants	Total — Partis	Total — Arrivés	Différence — En plus	Différence — En moins	Non fonctionnaires — Partis — Hommes	Partis — Femmes	Partis — Enfants	Arrivés — Hommes	Arrivés — Femmes	Arrivés — Enfants	Total — Partis	Total — Arrivés	Différence — En plus	Différence — En moins
Diégo-Suarez	3	1	»	3	1	»	4	4	»	»	6	1	»	45	14	12	7	71	64	»
Vohémar	»	»	»	2	»	»	»	2	2	»	8	»	»	2	2	1	8	5	»	3
Betsimisaraka du Nord	2	»	»	2	»	»	2	2	»	»	2	»	»	7	»	»	2	7	5	»
Sainte-Marie	»	»	»	»	»	»	»	»	»	»	2	»	»	1	1	»	2	2	»	»
Betsimisaraka du Centre	»	»	»	»	»	»	»	»	»	»	1	»	»	1	»	»	1	1	»	»
Tamatave-Ville	19	»	»	7	»	»	19	7	»	12	207	141	40	62	35	15	388	112	»	276
Fetraomby	»	»	»	»	»	»	»	»	»	»	18	2	»	9	4	5	20	18	»	2
Beforona	»	»	»	1	»	»	»	1	1	»	»	»	»	1	»	»	»	1	1	»
Betanimena	»	»	»	1	»	»	»	1	1	»	14	2	2	25	3	3	18	31	13	»
Betsimisaraka du Sud	1	»	»	»	»	»	1	»	»	1	1	2	1	»	»	»	4	»	»	4
Mananjary	1	1	»	»	»	»	2	»	»	2	1	2	2	7	2	»	5	9	4	»
Farafangana	»	»	»	1	»	»	»	1	1	»	3	»	»	1	»	»	3	1	»	2
Nossi-Bé	2	1	»	2	1	»	3	3	»	»	6	»	»	4	2	1	6	7	1	»
Analalava	»	»	»	1	»	»	»	1	1	»	»	»	»	3	2	»	»	5	5	»
Majunga	3	»	»	3	1	»	3	4	1	»	17	3	15	16	12	8	35	36	1	»
Maintirano	1	»	»	1	»	»	1	1	»	»	»	»	»	»	1	»	»	1	1	»
Maevatanana	1	»	»	»	»	»	1	»	»	1	1	1	»	8	2	1	2	11	9	»
Morondava	»	»	»	1	»	»	»	1	1	»	»	»	»	»	1	»	»	1	1	»
Tuléar	2	»	»	»	»	»	2	»	»	2	2	2	2	1	2	2	6	5	»	1
Mandritsara	»	»	»	»	»	»	»	»	»	»	»	1	1	»	»	»	2	»	»	2
Angavo-Mangoro	»	»	»	»	»	»	»	»	»	»	2	1	»	10	2	3	3	15	12	»
Imerina Nord	1	»	»	»	»	»	1	»	»	1	1	1	»	»	»	»	2	»	»	2
Itasy	1	»	»	1	»	»	1	1	»	»	»	»	»	»	»	»	»	»	»	»
Imerina Centrale	»	»	»	»	»	»	»	»	»	»	1	»	»	2	»	»	1	2	1	»
Tananarive-Ville	5	1	»	6	2	»	6	8	2	»	»	»	»	»	»	»	»	»	»	»
Vakinankaratra	2	»	»	»	»	»	2	»	»	2	»	1	»	2	2	»	»	4	4	»
Ambositra	1	»	»	1	»	»	1	1	»	»	1	»	»	1	1	2	1	4	3	»
Fianarantsoa	2	»	»	1	»	»	2	1	»	1	3	1	2	3	1	2	6	6	»	»
Fort-Dauphin	2	»	»	1	»	»	2	1	»	1	3	2	3	4	»	»	8	4	»	4
Mahafaly	»	»	»	»	»	»	»	»	»	»	1	»	»	1	»	»	1	1	»	»
TOTAUX	49	4	»	35	5	»	53	40	10	23	300	153	66	216	89	55	531	360	125	296
Balance — En plus									»	»									»	»
Balance — En moins									»	13									»	171

FRANÇAIS NÉS AUX COLONIES — À MADAGASCAR

PROVINCES	Fonctionnaires ou militaires — Partis — Hommes	Partis — Femmes	Partis — Enfants	Arrivés — Hommes	Arrivés — Femmes	Arrivés — Enfants	Total — Partis	Total — Arrivés	Différence — En plus	Différence — En moins	Non fonctionnaires — Partis — Hommes	Partis — Femmes	Partis — Enfants	Arrivés — Hommes	Arrivés — Femmes	Arrivés — Enfants	Total — Partis	Total — Arrivés	Différence — En plus	Différence — En moins	Pa[…] — Hommes
Diégo-Suarez	»	»	»	»	»	»	»	»	»	»	1	»	»	»	»	»	1	»	»	1	»
Vohémar	»	»	»	»	»	»	»	»	»	»	»	»	»	»	»	»	»	»	»	»	»
Betsimisaraka du Nord	»	»	»	»	»	»	»	»	»	»	»	»	»	»	»	»	»	»	2	»	»
Sainte-Marie	»	»	»	»	»	»	»	»	»	»	»	»	»	»	»	»	»	»	»	»	»
Betsimisaraka du Centre	»	»	»	»	»	»	»	»	»	»	»	»	»	»	»	»	»	»	»	»	»
Tamatave-Ville	»	»	»	»	»	»	»	»	»	»	»	»	35	»	»	»	35	»	»	35	7
Fetraomby	»	»	»	»	»	»	»	»	»	»	»	»	»	»	»	»	»	»	»	»	»
Beforona	»	»	»	»	»	»	»	»	»	»	»	»	»	»	»	»	»	»	»	»	»
Betanimena	»	»	»	»	»	»	»	»	»	»	»	»	»	1	»	»	»	1	1	»	»
Betsimisaraka du Sud	»	»	»	»	»	»	»	»	»	»	»	»	»	»	»	»	»	»	»	»	»
Mananjary	»	»	»	»	»	»	»	»	»	»	»	»	»	»	»	»	»	»	»	»	1
Farafangana	»	»	»	»	»	»	»	»	»	»	»	»	1	»	»	1	1	1	»	»	1
Nossi-Bé	»	»	»	»	»	»	»	»	»	»	»	»	»	»	»	»	»	»	»	»	»
Analalava	»	»	»	»	»	»	»	»	»	»	1	»	»	»	»	»	1	»	»	1	»
Majunga	»	»	»	»	»	»	»	»	»	»	»	»	3	1	»	5	3	6	3	»	»
Maintirano	»	»	»	»	»	»	»	»	»	»	»	»	»	»	»	1	»	1	1	»	»
Maevatanana	»	»	»	»	»	»	»	»	»	»	»	»	»	»	»	»	»	»	»	»	»
Morondava	»	»	»	»	»	»	»	»	»	»	»	»	»	»	»	2	»	2	2	»	»
Tuléar	»	»	»	»	»	»	»	»	»	»	4	»	»	»	»	»	4	»	»	4	»
Mandritsara	»	»	»	»	»	»	»	»	»	»	»	»	»	»	»	»	»	»	»	»	»
Angavo-Mangoro	»	»	»	»	»	»	»	»	»	»	»	»	»	»	»	8	»	8	8	»	1
Imerina Nord	»	»	»	»	»	»	»	»	»	»	»	»	6	»	»	3	6	3	»	3	»
Itasy	»	»	»	»	»	»	»	»	»	»	»	»	»	»	»	4	»	4	4	»	1
Imerina Centrale	»	»	»	»	»	»	»	»	»	»	»	»	»	»	»	2	»	2	2	»	»
Tananarive-Ville	»	»	»	»	»	»	»	»	»	»	»	»	»	»	»	»	»	»	»	»	»
Vakinankaratra	»	»	»	»	»	»	»	»	»	»	»	»	»	»	»	1	»	1	1	»	2
Ambositra	»	»	»	1	»	»	»	1	1	»	»	»	»	»	»	»	»	»	»	»	»
Fianarantsoa	»	»	»	»	»	»	»	»	»	»	1	»	»	»	»	»	1	»	»	1	1
Fort-Dauphin	»	»	»	»	»	»	»	»	»	»	»	»	»	»	»	»	»	»	»	»	»
Mahafaly	»	»	»	»	»	»	»	»	»	»	1	»	»	»	»	»	1	»	»	1	»
TOTAUX	»	»	»	1	»	»	»	1	1	»	8	»	45	2	»	27	53	29	22	46	14
Balance — En plus									1	»									»	»	
Balance — En moins									»	»									»	24	

…UVEMENT DE LA POPULATION NON MALGACHE PAR PROVINCE EN 1905

(La suite p. …)

Colonnes (de gauche à droite) : … [illegible] (nés à Madagascar et à la Réunion) — fonctionnaires ou militaires : Arrivés (Hommes, Femmes, Enfants), Total (Partis, Arrivés), Différence (En plus, En moins) ; Non fonctionnaires : Partis (Hommes, Femmes, Enfants), Arrivés (Hommes, Femmes, Enfants), Total (Partis, Arrivés), Différence (En plus, En moins).

ÉTRANGERS EUROPÉENS OU D'ORIGINE EUROPÉENNE — ANGLAIS : Mauriciens : Partis (Hommes, Femmes, Enfants), Arrivés (Hommes, Femmes, Enfants), Total (Partis, Arrivés), Différence (En plus, En moins) ; Autres : Partis (Hommes, Femmes, Enfants), Arrivés (Hommes, Femmes, Enfants), Total (Partis, Arrivés), Différence (En plus, En moins). — ALLEMANDS : Partis (Hommes, Femmes, Enfants), Arrivés (Hommes, Femmes, Enfants), Total (Partis, Arrivés), Différence (En plus, En moins). — GRECS : Partis (Hommes, Femmes, Enfants), Arrivés (Hommes, Femmes, Enfants), Total (Partis, Arrivés), Différence (En plus, En moins). — ITALIENS : Partis (Hommes, Femmes, Enfants), Arrivés (Hommes, Femmes, Enfants), Total (Partis, Arrivés), Différence (En plus, En moins).

[illegible]

Totaux :

4	1	»	15	5	3	12	47	25	17	5	2	6	60	13	13	69

123	80	106	63	28	38	309	125	21	205	56	11	2	61	12	7	80	80	29	18

13	2	»	17	5	»	15	21	12	6	51	1	»	65	2	»	52	67	35	9	28	3	4	47	1	4	35	52	40	23

Différences : 9 ; 56 ; 184 ; 11 ; 6 ; 25 ; 17

MALGACHE PAR PROVINCES

Autres. Partis. Enfants.	Autres. Arrivés. Hommes.	Autres. Arrivés. Femmes.	Autres. Arrivés. Enfants.	Autres. Total. Partis.	Autres. Total. Arrivés.	Autres. Différence. En plus.	Autres. Différence. En moins.	AUTR[ES]. Partis. Hommes.	AUTR[ES]. Partis. Femmes.	AUTR[ES]. Partis. Enfants.	Hommes.	AFRICAINS. Comoriens. Enfants.	Comoriens. Arrivés. Hommes.	Comoriens. Arrivés. Femmes.	Comoriens. Arrivés. Enfants.	Comoriens. Total. Partis.	Comoriens. Total. Arrivés.	Comoriens. Différence. En plus.	Comoriens. Différence. En moins.	Autres. Partis. Hommes.	Autres. Partis. Femmes.	Autres. Partis. Enfants.	Autres. Arrivés. Hommes.	Autres. Arrivés. Femmes.	Autres. Arrivés. Enfants.	Autres. Total. Partis.	Autres. Total. Arrivés.	Autres. Différence. En plus.	Autres. Différence. En moins.	Balance générale. En plus.	Balance générale. En moins.
»	»	»	»	»	»	»	»	3	2	1	»	»	22	»	»	5	22	17	»	3	»	»	5	»	»	3	5	2	»	123	»
»	»	»	»	»	»	»	»	»	»	»	»	»	»	»	»	1	»	»	1	»	»	»	»	»	»	»	»	»	»	16	»
»	»	»	»	»	»	»	»	»	»	»	»	»	»	»	»	»	»	»	»	1	»	»	»	»	»	1	»	»	1	9	»
»	»	»	»	»	»	»	»	»	»	»	»	»	»	»	»	»	»	»	»	»	»	»	»	»	»	»	»	»	»	»	»
»	»	»	»	»	»	»	»	»	»	»	»	»	»	»	»	»	»	»	»	»	»	»	»	»	»	»	»	»	»	7	»
»	»	»	»	»	»	»	»	6	3	9	»	20	»	»	»	44	»	»	44	4	»	3	25	6	1	7	32	25	»	»	893
»	1	»	»	»	1	1	»	1	»	»	»	»	»	»	»	»	»	»	»	7	»	»	23	»	»	7	23	16	»	»	38
»	»	»	»	»	»	»	»	»	»	»	»	»	»	»	»	»	»	»	»	»	»	»	5	»	»	»	5	5	»	1	»
»	»	»	»	»	»	»	»	»	»	»	1	»	2	»	»	1	2	1	»	»	»	»	»	»	»	»	»	»	»	10	»
»	»	»	»	»	»	»	»	»	»	»	»	»	»	»	»	»	»	»	»	»	»	»	»	»	»	»	»	»	»	»	2
»	»	»	»	»	»	»	»	»	»	»	»	»	»	»	»	»	»	»	»	»	»	»	»	»	»	»	»	»	»	20	»
»	»	»	»	»	»	»	»	»	»	»	»	»	»	»	»	»	»	»	»	»	»	»	»	»	»	»	»	»	»	»	2
»	»	»	»	»	»	»	»	»	»	»	2	»	»	»	»	»	»	»	»	»	»	»	»	»	»	»	»	»	»	»	12
»	»	»	»	»	»	»	»	»	»	»	»	»	»	»	»	»	»	»	»	5	1	2	»	»	»	8	»	»	8	»	10
»	»	»	»	»	»	»	»	2	5	»	»	»	»	»	»	»	»	»	»	55	30	5	29	6	5	90	40	»	50	»	144
»	»	»	»	»	»	»	»	1	»	»	»	»	»	»	»	»	»	»	»	1	»	»	3	»	»	1	3	2	»	9	»
»	»	»	»	»	»	»	»	»	»	»	2	»	33	»	12	5	45	40	»	»	»	»	1	»	»	»	1	1	»	73	»
»	1	»	»	»	1	1	»	»	»	»	1	3	»	»	»	13	»	»	13	»	»	»	»	»	»	»	»	»	»	»	38
»	»	»	»	»	»	»	»	»	»	»	»	»	»	»	»	»	»	»	»	»	»	»	»	»	»	»	»	»	»	»	27
»	»	»	»	»	»	»	»	»	»	»	»	»	»	»	»	»	»	»	»	»	»	»	»	»	»	»	»	»	»	3	»
»	»	»	»	»	»	»	»	»	»	»	1	»	»	»	»	»	»	»	»	»	»	»	30	2	1	»	33	33	»	144	»
»	»	»	»	»	»	»	»	»	»	»	»	»	»	»	»	»	»	»	»	»	»	»	»	»	»	»	»	»	»	»	6
»	»	»	»	»	»	»	»	»	»	»	»	»	»	»	»	»	»	»	»	»	»	»	»	»	»	»	»	»	»	22	»
»	»	»	»	»	»	»	»	»	»	»	»	»	»	»	»	»	»	»	»	»	»	»	»	»	»	»	»	»	»	12	»
»	»	»	»	»	»	»	»	»	»	»	»	»	»	»	»	»	»	»	»	»	»	»	»	»	»	»	»	»	»	37	»
»	»	»	»	»	»	»	»	1	»	»	»	»	»	»	»	»	»	»	»	1	»	»	1	»	»	1	1	»	»	34	»
»	»	»	»	»	»	»	»	»	»	»	»	»	»	»	»	»	»	»	»	»	»	»	»	»	»	»	»	»	»	12	»
»	»	»	»	»	»	»	»	»	»	»	»	»	»	»	»	»	»	»	»	»	»	»	»	»	»	»	»	»	»	32	»
»	»	»	»	»	»	»	»	»	»	»	»	»	»	»	»	»	»	»	»	»	»	»	»	»	»	»	»	»	»	28	»
»	»	»	»	»	»	»	»	»	»	»	»	»	2	»	»	»	2	2	»	»	»	»	»	»	»	»	»	»	»	»	»
»	2	»	»	»	2	2	»	14	10	10	7	23	59	»	12	69	71	60	58	77	31	10	122	14	7	118	143	84	50	502	1.172
....						2	»	....										»	»	....								25	»	»	»
....						»	»	....										2	»	....								»	»	»	580

N° 16 — MOUVEMENT DE LA POPULATION NON MALGACHE PA

ÉTRANGERS EUROPÉENS OU D'ORIGINE EUROPÉENNE

PROVINCES	BELGES Partis Hommes	Partis Femmes	Partis Enfants	Arrivés Hommes	Arrivés Femmes	Arrivés Enfants	Total Partis	Total Arrivés	Différence En plus	Différence En moins	ITALIENS Partis Hommes	Partis Femmes	Partis Enfants	Arrivés Hommes	Arrivés Femmes	Arrivés Enfants	Total Partis	Total Arrivés	Différence En plus	Différence En moins	ESPAGNOLS Partis Hommes	Partis Femmes	Partis Enfants	Arrivés Hommes	Arrivés Femmes	Arrivés Enfants	Total Partis	Total Arrivés	Différence En plus	Différence En moins
Diégo-Suarez	»	»	»	»	»	»	»	»	»	»	»	»	»	»	»	»	»	»	»	»	»	»	»	»	»	»	»	»	»	»
Vohémar	»	»	»	»	»	»	»	»	»	»	»	»	»	»	»	»	»	»	»	»	»	»	»	»	»	»	»	»	»	»
Betsimisaraka du Nord	»	»	»	»	»	»	»	»	»	»	»	»	»	»	»	»	»	»	»	»	»	»	»	»	»	»	»	»	»	»
Sainte-Marie	»	»	»	»	»	»	»	»	»	»	»	»	»	»	»	»	»	»	»	»	»	»	»	»	»	»	»	»	»	»
Betsimisaraka du Centre	»	»	»	»	»	»	»	»	»	»	»	»	»	»	»	»	»	»	»	»	»	»	»	»	»	»	»	»	»	»
Tamatave-Ville	»	»	»	»	»	»	»	»	»	»	»	»	2	»	»	»	2	»	»	2	1	»	»	»	»	»	1	»	»	1
Fetraomby	»	»	»	»	»	»	»	»	»	»	1	»	»	1	»	»	1	1	»	»	»	»	»	»	»	»	»	»	»	»
Beforona	»	»	»	»	»	»	»	»	»	»	»	»	»	»	»	»	»	»	»	»	»	»	»	»	»	»	»	»	»	»
Betanimena	»	»	»	»	»	»	»	»	»	»	»	»	»	»	»	»	»	»	»	»	»	»	»	»	»	»	»	»	»	»
Betsimisaraka du Sud	»	»	»	»	»	»	»	»	»	»	»	»	»	»	»	»	»	»	»	»	»	»	»	»	»	»	»	»	»	»
Mananjary	»	»	»	»	»	»	»	»	»	»	»	»	»	»	»	»	»	»	»	»	»	»	»	»	»	»	»	»	»	»
Farafangana	»	»	»	»	»	»	»	»	»	»	»	»	»	»	»	»	»	»	»	»	»	»	»	»	»	»	»	»	»	»
Nossi-Bé	»	»	»	»	»	»	»	»	»	»	»	»	»	»	»	»	»	»	»	»	»	»	»	»	»	»	»	»	»	»
Analalava	»	»	»	»	»	»	»	»	»	»	»	»	»	»	»	»	»	»	»	»	»	»	»	»	»	»	»	»	»	»
Majunga	»	»	»	»	»	»	»	»	»	»	»	»	»	»	»	»	»	»	»	»	»	»	»	»	»	»	»	»	»	»
Maintirano	»	»	»	»	»	»	»	»	»	»	»	»	»	»	»	»	»	»	»	»	»	»	»	»	»	»	»	»	»	»
Moevatanana	»	»	»	»	»	»	»	»	»	»	»	»	»	»	»	»	»	»	»	»	»	»	»	»	»	»	»	»	»	»
Morondava	»	»	»	»	»	»	»	»	»	»	»	»	»	»	»	»	»	»	»	»	»	»	»	»	»	»	»	»	»	»
Tuléar	»	»	»	»	»	»	»	»	»	»	»	»	»	»	»	»	»	»	»	»	»	»	»	2	»	»	»	2	2	»
Mandritsara	»	»	»	»	»	»	»	»	»	»	»	»	»	»	»	»	»	»	»	»	»	»	»	»	»	»	»	»	»	»
Angavo-Mangoro	»	»	»	2	»	»	»	2	2	»	»	»	»	»	»	»	»	»	»	»	»	»	»	»	»	»	»	»	»	»
Imerina-Nord	»	»	»	»	»	»	»	»	»	»	»	»	»	»	»	»	»	»	»	»	»	»	»	»	»	»	»	»	»	»
Itasy	»	»	»	»	»	»	»	»	»	»	»	»	»	»	»	»	»	»	»	»	»	»	»	»	»	»	»	»	»	»
Imerina-Centrale	»	»	»	»	»	»	»	»	»	»	1	»	»	»	»	»	1	»	»	1	»	»	»	»	»	»	»	»	»	»
Tananarive-Ville	»	»	»	»	»	»	»	»	»	»	»	»	»	»	»	»	»	»	»	»	»	»	»	»	»	»	»	»	»	»
Vakinankaratra	»	»	»	»	»	»	»	»	»	»	»	»	»	»	»	»	»	»	»	»	»	»	»	»	»	»	»	»	»	»
Ambositra	1	»	»	»	»	»	1	»	»	1	1	»	»	»	1	»	1	1	»	»	»	»	»	»	»	»	»	»	»	»
Fianarantsoa	»	»	»	1	»	»	»	1	1	»	»	»	»	»	»	»	»	»	»	»	»	»	»	»	»	»	»	»	»	»
Fort-Dauphin	»	»	»	»	»	»	»	»	»	»	»	»	»	»	»	»	»	»	»	»	»	»	»	»	»	»	»	»	»	»
Mahafaly	»	»	»	»	»	»	»	»	»	»	»	»	»	»	»	»	»	»	»	»	»	»	»	»	»	»	»	»	»	»
Totaux	1	»	»	3	»	»	1	3	3	1	3	»	2	1	1	»	5	2	»	3	1	»	»	2	»	»	1	2	2	1
Balance — En moins									2	»									»	»									1	»
Balance — En plus									»	»									»	3									»	»

PROVINCES	NORVÉGIENS ET SUÉDOIS Partis Hommes	Partis Femmes	Partis Enfants	Arrivés Hommes	Arrivés Femmes	Arrivés Enfants	Total Partis	Total Arrivés	Différence En plus	Différence En moins	RUSSES Partis Hommes	Partis Femmes	Partis Enfants	Arrivés Hommes	Arrivés Femmes	Arrivés Enfants	Total Partis	Total Arrivés	Différence En plus	Différence En moins
Diégo-Suarez	»	»	»	»	»	»	»	»	»	»	»	»	»	»	»	»	»	»	»	»
Vohémar	»	»	»	»	»	»	»	»	»	»	»	»	»	»	»	»	»	»	»	»
Betsimisaraka du Nord	»	»	»	»	»	»	»	»	»	»	»	»	»	1	»	»	»	1	1	»
Sainte-Marie	»	»	»	»	»	»	»	»	»	»	»	»	»	»	»	»	»	»	»	»
Betsimisaraka du Centre	»	»	»	»	»	»	»	»	»	»	»	»	»	»	»	»	»	»	»	»
Tamatave-Ville	»	»	2	»	»	2	2	2	»	»	»	»	»	4	3	7	»	14	14	»
Fetraomby	»	»	»	»	»	»	»	»	»	»	»	»	»	2	»	»	»	2	2	»
Beforona	»	»	»	»	»	»	»	»	»	»	»	»	»	»	»	»	»	»	»	»
Betanimena	»	»	»	»	»	»	»	»	»	»	»	»	»	»	»	»	»	»	»	»
Betsimisaraka du Sud	»	»	»	»	»	»	»	»	»	»	»	»	»	»	»	»	»	»	»	»
Mananjary	»	»	»	»	»	»	»	»	»	»	»	»	»	»	»	»	»	»	»	»
Farafangana	»	»	»	»	3	»	»	3	3	»	»	»	»	»	»	»	»	»	»	»
Nossi-Bé	»	»	»	»	»	»	»	»	»	»	»	»	»	»	»	»	»	»	»	»
Analalava	»	»	»	»	»	»	»	»	»	»	3	»	»	1	»	»	3	1	»	2
Majunga	»	»	»	»	»	»	»	»	»	»	»	»	»	»	»	»	»	»	»	»
Maintirano	»	»	»	»	»	»	»	»	»	»	»	»	»	»	»	»	»	»	»	»
Moevatanana	»	»	»	»	»	»	»	»	»	»	1	»	»	3	1	»	1	4	3	»
Morondava	1	»	»	»	»	»	1	»	»	1	»	»	»	1	»	»	»	1	1	»
Tuléar	»	»	»	»	»	»	»	»	»	»	»	»	»	»	»	»	»	»	»	»
Mandritsara	»	»	»	»	»	»	»	»	»	»	»	»	»	»	»	»	»	»	»	»
Angavo-Mangoro	»	»	»	»	»	»	»	»	»	»	»	»	»	1	»	»	»	1	1	»
Imerina-Nord	»	»	»	»	»	»	»	»	»	»	»	»	»	»	»	»	»	»	»	»
Itasy	»	»	»	»	»	»	»	»	»	»	»	»	»	»	»	»	»	»	»	»
Imerina-Centrale	»	»	»	»	»	»	»	»	»	»	»	»	»	»	»	»	»	»	»	»
Tananarive-Ville	»	»	»	»	»	»	»	»	»	»	»	»	»	»	»	»	»	»	»	»
Vakinankaratra	1	3	»	1	5	2	4	8	4	»	»	»	»	»	»	»	»	»	»	»
Ambositra	1	1	1	2	1	3	3	6	3	»	»	»	»	»	»	»	»	»	»	»
Fianarantsoa	»	»	»	»	»	»	»	»	»	»	»	»	»	1	»	»	»	1	1	»
Fort-Dauphin	»	»	»	»	»	»	»	»	»	»	»	»	»	»	»	»	»	»	»	»
Mahafaly	»	»	»	»	»	»	»	»	»	»	»	»	»	»	»	»	»	»	»	»
Totaux	3	4	3	3	9	7	10	19	10	1	4	»	»	14	4	7	4	25	23	2
Balance — En moins									9	»									21	»
Balance — En plus									»	»									»	»

PROVINCES	AMÉRICAINS des États-Unis Partis Hommes	Partis Femmes	Partis Enfants	Arrivés Hommes	Arrivés Femmes	Arrivés Enfants	Total Partis	Total Arrivés	Différence En plus	Différence En moins	AMÉRICAINS Autres Partis Hommes	Partis Femmes	Partis Enfants	Arrivés Hommes	Arrivés Femmes	Arrivés Enfants	Total Partis	Total Arrivés
Diégo-Suarez	»	»	»	»	»	»	»	»	»	»	»	»	»	»	»	»	»	»
Vohémar	»	»	»	»	»	»	»	»	»	»	»	»	»	»	»	»	»	»
Betsimisaraka du Nord	»	»	»	»	»	»	»	»	»	»	»	»	»	»	»	»	»	»
Sainte-Marie	»	»	»	»	»	»	»	»	»	»	»	»	»	»	»	»	»	»
Betsimisaraka du Centre	»	»	»	»	»	»	»	»	»	»	»	»	»	»	»	»	»	»
Tamatave-Ville	»	»	»	»	»	»	»	»	»	»	»	»	»	»	»	»	»	»
Fetraomby	»	»	»	»	»	»	»	»	»	»	»	»	»	1	»	»	»	1
Beforona	»	»	»	»	»	»	»	»	»	»	»	»	»	»	»	»	»	»
Betanimena	»	»	»	»	»	»	»	»	»	»	»	»	»	»	»	»	»	»
Betsimisaraka du Sud	»	»	»	»	»	»	»	»	»	»	»	»	»	»	»	»	»	»
Mananjary	»	»	»	»	»	»	»	»	»	»	»	»	»	»	»	»	»	»
Farafangana	»	»	»	»	»	»	»	»	»	»	»	»	»	»	»	»	»	»
Nossi-Bé	»	»	»	»	»	»	»	»	»	»	»	»	»	»	»	»	»	»
Analalava	»	»	»	»	»	»	»	»	»	»	»	»	»	»	»	»	»	»
Majunga	»	»	»	»	»	»	»	»	»	»	»	»	»	»	»	»	»	»
Maintirano	»	»	»	»	»	»	»	»	»	»	»	»	»	»	»	»	»	»
Moevatanana	»	»	»	»	»	»	»	»	»	»	»	»	»	»	»	»	»	»
Morondava	»	»	»	»	»	»	»	»	»	»	»	»	»	1	»	»	»	1
Tuléar	»	»	»	»	»	»	»	»	»	»	»	»	»	»	»	»	»	»
Mandritsara	»	»	»	»	»	»	»	»	»	»	»	»	»	»	»	»	»	»
Angavo-Mangoro	»	»	»	»	»	»	»	»	»	»	»	»	»	»	»	»	»	»
Imerina-Nord	»	»	»	»	»	»	»	»	»	»	»	»	»	»	»	»	»	»
Itasy	»	»	»	»	»	»	»	»	»	»	»	»	»	»	»	»	»	»
Imerina-Centrale	»	»	»	»	»	»	»	»	»	»	»	»	»	»	»	»	»	»
Tananarive-Ville	»	»	»	»	»	»	»	»	»	»	»	»	»	»	»	»	»	»
Vakinankaratra	»	»	»	1	»	»	»	1	1	»	»	»	»	»	»	»	»	»
Ambositra	1	»	»	1	»	»	1	1	»	»	»	»	»	»	»	»	»	»
Fianarantsoa	»	»	»	»	»	»	»	»	»	»	»	»	»	»	»	»	»	»
Fort-Dauphin	»	»	»	4	2	»	»	6	6	»	»	»	»	»	»	»	»	»
Mahafaly	»	»	»	»	»	»	»	»	»	»	»	»	»	»	»	»	»	»
Totaux	1	»	»	6	2	»	1	8	7	»	»	»	»	2	»	»	»	2
Balance — En moins									7	»								
Balance — En plus									»	»								

ROVINCES EN 1905 (Suite et fin.)

AUTRES NATIONALITÉS										ASIATIQUES — HINDOUS — sujets français									
Partis.			Arrivés.			Total.		Différence		Partis.			Arrivés.			Total.		Différence.	
Hommes.	Femmes.	Enfants.	Hommes.	Femmes.	Enfants.	Partis.	Arrivés.	En plus.	En moins.	Hommes.	Femmes.	Enfants.	Hommes.	Femmes.	Enfants.	Partis.	Arrivés.	En plus.	En moins.
3	2	1	»	»	»	6	»	»	6	»	»	»	»	»	»	»	»	»	»
»	»	»	»	»	»	»	»	»	»	»	»	»	»	»	»	»	»	»	»
»	»	»	»	»	»	»	»	»	»	1	»	»	»	»	»	1	»	»	1
»	»	»	»	»	»	»	»	»	»	»	»	»	»	»	»	»	»	»	»
»	»	»	»	»	»	»	»	»	»	»	»	»	»	»	»	»	»	»	»
6	3	9	»	»	»	18	»	»	18	»	»	7	»	»	»	7	»	»	7
1	»	»	»	»	»	1	»	»	1	»	»	»	2	1	2	»	5	5	»
»	»	»	»	»	»	»	»	»	»	»	»	»	»	»	»	»	»	»	»
»	»	»	1	»	»	»	1	1	»	2	»	»	»	»	»	2	»	»	2
»	»	»	»	»	»	»	»	»	»	»	»	»	»	»	»	»	»	»	»
»	»	»	»	»	»	»	»	»	»	»	»	»	»	»	»	»	»	»	»
»	»	»	»	»	»	»	»	»	»	»	»	»	»	»	»	»	»	»	»
»	»	»	2	1	1	»	4	4	»	»	»	»	»	»	»	»	»	»	»
»	»	»	»	»	»	»	»	»	»	»	»	»	»	»	»	»	»	»	1
2	5	»	»	»	»	7	»	»	7	1	»	»	»	»	»	1	»	»	»
1	»	»	»	»	»	1	»	»	1	»	»	»	»	»	»	»	»	»	»
»	»	»	2	»	»	»	2	2	»	»	»	»	»	»	»	»	»	»	»
»	»	»	1	»	»	»	1	1	»	»	»	»	»	»	»	»	»	»	»
»	»	»	»	»	»	»	»	»	»	»	»	»	»	»	»	»	»	»	»
»	»	»	»	»	»	»	»	»	»	»	»	»	»	»	»	»	»	»	»
»	»	»	1	»	»	»	1	1	»	»	»	»	»	»	»	»	»	»	»
»	»	»	»	»	»	»	»	»	»	»	»	»	»	»	»	»	»	»	»
»	»	»	»	»	»	»	»	»	»	»	»	»	»	»	»	»	»	»	»
»	»	»	»	»	»	»	»	»	»	»	»	»	»	»	»	»	»	»	»
»	»	»	»	»	»	»	»	»	»	»	»	»	»	»	»	»	»	»	»
1	»	»	»	»	»	1	»	»	1	»	»	»	»	»	»	»	»	»	»
»	»	»	»	»	»	»	»	»	»	»	»	»	»	»	»	»	»	»	»
»	»	»	»	»	»	»	»	»	»	»	»	»	1	»	»	»	1	1	»
»	»	»	»	»	»	»	»	»	»	»	»	»	»	»	»	»	»	»	»
»	»	»	»	»	»	»	»	»	»	»	»	»	»	»	»	»	»	»	»
14	10	10	7	1	1	34	9	9	34	4	»	7	3	1	2	11	6	6	11
								»	»									»	»
								»	25									»	5

ASIATIQUES — HINDOUS — sujets anglais										CHINOIS									
Partis.			Arrivés.			Total.		Différence.		Partis.			Arrivés.			Total.		Différence.	
Hommes.	Femmes.	Enfants.	Hommes.	Femmes.	Enfants.	Partis.	Arrivés.	En plus.	En moins.	Hommes.	Femmes.	Enfants.	Hommes.	Femmes.	Enfants.	Partis.	Arrivés.	En plus.	En moins.
4	»	»	17	2	»	4	19	15	»	3	»	»	8	»	»	3	8	5	»
4	1	»	16	10	3	5	29	24	»	»	»	»	»	»	»	»	»	»	»
1	»	»	5	»	»	1	5	4	»	»	»	»	»	»	»	»	»	»	»
3	»	»	2	»	»	3	2	»	1	»	»	»	»	»	»	»	»	»	»
1	»	»	»	»	»	1	»	»	1	»	»	»	2	»	»	»	2	2	»
17	30	40	7	4	11	87	22	»	65	63	2	6	21	»	»	71	21	»	50
»	»	»	»	»	»	»	»	»	»	35	»	»	16	»	»	35	16	»	19
»	»	»	»	»	»	»	»	»	»	6	»	»	1	»	»	6	1	»	5
5	1	1	3	»	»	7	3	»	4	26	»	»	19	»	»	26	19	»	7
»	»	»	1	»	»	»	1	1	»	»	»	»	1	»	»	»	1	1	»
»	»	»	2	»	»	»	2	2	»	»	»	»	1	»	»	»	1	1	»
1	»	»	3	»	1	1	4	3	»	3	»	»	1	»	»	3	1	»	2
20	14	22	14	10	12	56	36	»	20	3	»	»	»	»	»	3	»	»	3
40	»	1	21	5	4	41	30	»	11	»	»	»	»	»	»	»	»	»	»
67	24	39	33	12	15	130	60	»	70	2	»	»	3	»	»	2	3	1	»
2	»	1	7	2	1	3	10	7	»	»	»	»	»	»	»	»	»	»	»
27	5	7	24	14	15	39	53	14	»	»	»	»	»	»	»	»	»	»	»
35	8	8	25	3	4	51	32	»	19	»	»	»	»	»	»	»	»	»	»
28	17	9	16	10	11	54	37	»	17	»	»	»	»	»	»	»	»	»	»
1	»	»	5	»	»	1	5	4	1	»	»	»	»	»	»	»	»	»	»
»	»	»	3	»	»	»	3	3	»	3	»	»	5	»	»	3	5	2	»
»	»	»	»	»	»	»	»	»	»	»	»	»	»	»	»	»	»	»	»
»	»	»	1	»	»	»	1	1	»	»	»	»	»	»	»	»	»	»	»
»	»	»	»	»	»	»	»	»	»	»	»	»	»	»	»	»	»	»	»
»	»	»	»	»	»	»	»	»	»	1	»	»	»	»	»	1	»	»	1
»	»	»	»	»	»	»	»	»	»	»	»	»	»	»	»	»	»	»	»
2	2	1	»	»	»	5	»	»	5	1	»	»	1	»	»	1	1	»	»
1	»	»	1	»	»	1	1	»	»	1	»	»	4	»	»	1	4	3	»
1	»	»	2	»	»	1	2	1	»	1	»	»	3	»	»	1	3	2	»
10	»	»	8	»	»	10	8	»	2	»	»	»	»	»	»	»	»	»	»
270	102	129	210	72	77	501	365	79	215	108	2	6	88	»	»	130	88	19	87
								»	»									»	»
								»	136									»	68

AFRICAINS — COMORIENS										AFRICAINS — AUTRES										BALANCE GÉNÉRALE	
Partis.			Arrivés.			Total.		Différence.		Partis.			Arrivés.			Total.		Différence.			
Hommes.	Femmes.	Enfants.	Hommes.	Femmes.	Enfants.	Partis.	Arrivés.	En plus.	En moins.	Hommes.	Femmes.	Enfants.	Hommes.	Femmes.	Enfants.	Partis.	Arrivés.	En plus.	En moins.	En plus.	En moins.
5	»	»	22	»	»	5	22	17	»	3	»	»	5	»	»	3	5	2	»	123	»
1	»	»	»	»	»	1	»	»	1	»	»	»	»	»	»	»	»	»	»	16	»
»	»	»	»	»	»	»	»	»	»	1	»	»	»	»	»	1	»	»	1	9	»
»	»	»	»	»	»	»	»	»	»	»	»	»	»	»	»	»	»	»	»	»	»
»	»	»	»	»	»	»	»	»	»	»	»	»	»	»	»	»	»	»	»	7	»
12	12	20	»	»	»	44	»	»	44	4	»	3	25	6	1	7	32	25	»	»	893
»	»	»	»	»	»	»	»	»	»	7	»	»	22	»	»	7	23	16	»	»	38
»	»	»	»	»	»	»	»	»	»	»	»	»	5	»	»	»	5	5	»	1	»
1	»	»	2	»	»	1	2	1	»	»	»	»	»	»	»	»	»	»	»	10	»
»	»	»	»	»	»	»	»	»	»	»	»	»	»	»	»	»	»	»	»	»	2
»	»	»	»	»	»	»	»	»	»	»	»	»	»	»	»	»	»	»	»	20	»
»	»	»	»	»	»	»	»	»	»	»	»	»	»	»	»	»	»	»	»	»	2
»	»	»	»	»	»	»	»	»	»	»	»	»	»	»	»	»	»	»	»	»	12
»	»	»	»	»	»	»	»	»	»	5	1	2	»	»	»	8	»	»	8	»	10
»	»	»	»	»	»	»	»	»	»	55	30	5	29	6	5	90	40	»	50	»	144
»	»	»	»	»	»	»	»	»	»	1	»	»	3	»	»	1	3	2	»	9	»
»	5	»	33	»	12	5	45	40	»	»	»	»	1	»	»	»	1	1	»	73	»
8	2	3	»	»	»	13	»	»	13	»	»	»	»	»	»	»	»	»	»	»	38
»	»	»	»	»	»	»	»	»	»	»	»	»	»	»	»	»	»	»	»	»	27
»	»	»	»	»	»	»	»	»	»	»	»	»	»	»	»	»	»	»	»	3	»
»	»	»	»	»	»	»	»	»	»	»	»	»	30	2	1	»	33	33	»	144	»
»	»	»	»	»	»	»	»	»	»	»	»	»	»	»	»	»	»	»	»	»	6
»	»	»	»	»	»	»	»	»	»	»	»	»	»	»	»	»	»	»	»	22	»
»	»	»	»	»	»	»	»	»	»	»	»	»	»	»	»	»	»	»	»	12	»
»	»	»	»	»	»	»	»	»	»	»	»	»	»	»	»	»	»	»	»	37	»
»	»	»	»	»	»	»	»	»	»	1	»	»	1	»	»	1	1	»	»	34	»
»	»	»	»	»	»	»	»	»	»	»	»	»	»	»	»	»	»	»	»	12	»
»	»	»	»	»	»	»	»	»	»	»	»	»	»	»	»	»	»	»	»	32	»
»	»	»	»	»	»	»	»	»	»	»	»	»	»	»	»	»	»	»	»	28	»
»	»	»	2	»	»	»	2	2	»	»	»	»	»	»	»	»	»	»	»	»	»
27	19	23	50	»	12	69	71	60	58	77	31	10	122	14	7	118	143	85	60	502	1.172
								»	2									25	»	»	»
								2	»									»	»	»	580

II

PROFESSIONS

N° 17 — ÉTAT NUMÉRIQUE DES COMMERÇANTS, EMPLOYÉS DE COMMERCE, COLONS AGRICOLES, INDUSTRIELS ET OUVRIERS D'INDUSTRIE, PROSPECTEURS ET INDUSTRIELS MINIERS, MISSIONNAIRES, ETC., ÉTABLIS DANS CHAQUE PROVINCE AU 1er JANVIER 1906 (*)

PROVINCES	COMMERÇANTS					EMPLOYÉS DE COMMERCE					COLONS AGRICOLES				
	Français	Anglais	Allemands	Grecs	Autres	Français	Anglais	Allemands	Grecs	Autres	Français	Anglais	Allemands	Grecs	Autres
Diégo-Suarez	155	6	2	20	10	86	9	2	8	6	191	2	»	»	»
Vohémar	18	12	»	»	»	3	4	»	»	»	17	7	»	»	»
Betsimisaraka du Nord	3	3	»	»	1	3	9	»	»	»	8	4	»	»	»
Sainte-Marie	8	2	»	»	»	»	»	»	»	»	4	»	»	»	»
Betsimisaraka du Centre	7	3	»	»	»	8	7	»	»	»	11	9	»	»	»
Tamatave-Ville	125	19	2	»	5	16	30	2	»	5	3	»	»	»	»
Fetraomby	23	4	1	3	7	»	3	»	»	»	20	5	»	»	»
Beforona	1	4	»	»	»	»	»	»	»	»	»	»	»	»	1
Betsiriry	16	11	»	1	1	11	3	2	»	»	36	2	»	»	»
Betsimisaraka du Sud	19	23	»	»	1	6	8	1	»	»	13	12	»	»	1
Mananjary	5	8	»	»	1	15	8	3	»	»	22	4	»	»	»
Farafangana	4	»	»	»	»	5	3	2	»	»	4	4	»	»	»
Nossi-Bé	15	1	»	1	»	5	»	4	»	»	41	4	»	»	3
Analalava	4	»	»	6	4	9	»	»	6	4	8	»	»	1	»
Majunga	75	2	»	16	15	53	8	4	22	7	21	»	»	»	1
Maintirano	4	»	»	8	»	2	»	»	3	»	»	»	»	»	1
Mevatanana	10	»	»	13	5	4	1	»	7	2	2	»	»	»	»
Morondava	3	»	»	11	2	1	»	»	7	»	»	»	»	»	»
Tuléar	17	1	»	5	2	14	3	5	2	2	10	2	»	»	1
Manabitsara	1	»	»	»	»	»	4	»	»	»	»	»	»	»	»
[illegible] Mangoro	29	2	»	»	3	11	1	»	»	1	20	»	»	»	»
Imerina-Nord	»	»	»	2	»	»	»	»	1	»	5	»	»	»	»
Itasy	6	»	»	2	»	»	»	»	1	»	4	»	»	»	»
Imerina-Centrale	8	»	»	5	1	»	»	»	1	»	18	»	»	»	1
Tananarive-Ville	50	6	»	27	6	46	7	1	11	»	20	»	»	»	1
Vakinankaratra	4	2	»	4	»	»	1	»	»	»	1	»	»	»	»
Ambositra	7	»	1	»	»	»	»	»	»	»	»	»	»	»	»
Fianarantsoa	11	2	»	»	1	7	1	1	1	»	5	1	»	»	»
Fort-Dauphin	20	19	»	»	2	10	5	1	»	2	3	»	»	»	»
Mahafaly	6	»	1	1	2	5	»	»	»	»	»	»	»	»	»
TOTAUX GÉNÉRAUX	695	128	7	127	89	390	111	17	70	29	477	56	»	1	9

PROVINCES	OUVRIERS AGRICOLES					INDUSTRIELS					EMPLOYÉS ET OUVRIERS D'INDUSTRIE					PROSPECTEURS ET INDUSTRIELS MINIERS				MISSIONNAIRES (4)				TOTAL
	Français	Anglais	Allemands	Grecs	Autres	Français	Anglais	Allemands	Grecs	Autres	Français	Anglais	Allemands	Grecs	Autres	Français	Anglais	Allemands	Autres	Français	Anglais	Norvégiens	Autres	GÉNÉRAL
Diégo-Suarez	2	2	»	»	»	23	5	»	1	3	207	12	»	21	77	»	»	»	»	»	3	»	»	858
Vohémar	4	»	»	»	»	2	1	»	»	1	6	0	»	»	»	2	»	»	»	2	»	»	»	83
Betsimisaraka du Nord	9	3	»	»	»	3	»	»	»	»	8	10	»	»	1	»	»	»	»	»	»	»	»	65
Sainte-Marie	6	»	»	»	»	»	»	»	»	»	»	1	»	»	»	»	»	»	»	2	2	»	1	36
Betsimisaraka du Centre	6	»	»	»	»	3	1	»	»	»	4	»	»	»	»	6	»	»	»	10	2	»	»	70
Tamatave-Ville	»	»	»	»	»	20	7	»	»	»	290	74	»	»	4	5	»	»	»	13	»	»	3	909
Fetraomby	»	»	»	»	»	»	»	»	»	»	(1) 72	13	»	8	5	7	5	»	4	»	1	»	»	182
Beforona	1	»	»	»	»	»	»	»	»	»	11	1	»	»	»	3	»	»	»	»	»	»	»	38
Betsiriry	6	»	»	»	»	2	»	»	»	»	18	10	»	»	»	1	»	»	»	»	1	»	»	103
Betsimisaraka du Sud	4	»	»	»	»	2	1	»	»	»	5	5	»	»	»	15	11	»	»	»	»	»	1	127
Mananjary	5	1	»	»	»	3	1	»	»	»	9	2	»	»	»	30	16	1	2	2	1	»	»	138
Farafangana	»	»	»	»	»	»	»	»	»	»	2	2	»	»	»	3	2	1	»	8	»	4	»	45
Nossi-Bé	12	»	»	»	2	4	»	1	»	»	15	»	»	»	»	»	»	»	»	5	»	»	»	111
Analalava	3	»	»	»	»	»	»	»	»	»	4	»	»	»	»	»	»	»	»	»	»	»	»	39
Majunga	3	»	»	»	»	18	1	»	»	1	75	3	»	»	0	2	1	»	1	6	»	»	»	334
Maintirano	»	»	»	»	»	»	»	»	»	»	»	»	»	»	1	»	»	»	»	»	»	»	»	19
Mevatanana	»	»	»	»	»	3	»	»	2	»	15	»	»	»	2	9	7	»	2	1	»	»	»	85
Morondava	»	»	»	»	»	»	»	»	»	»	5	3	»	1	»	5	5	»	2	»	»	»	»	44
Tuléar	1	»	»	»	»	7	»	2	»	1	20	1	»	»	1	»	1	»	»	3	»	4	»	104
Manabitsara	»	»	»	»	»	»	»	»	»	»	2	»	»	»	»	1	»	»	»	»	»	»	»	4
[illegible] Mangoro	»	»	»	»	1	0	»	»	»	»	(2) 32	»	»	»	(2) 32	3	1	»	»	3	»	»	»	169
Imerina-Nord	»	»	»	»	»	3	1	»	»	1	1	»	»	»	»	4	»	»	1	1	»	»	»	29
Itasy	»	»	»	»	»	2	»	»	»	»	4	»	»	»	»	11	1	»	1	4	4	»	1	51
Imerina-Centrale	1	»	»	»	»	3	»	»	»	»	4	»	»	»	»	0	1	1	»	15	6	»	2	72
Tananarive-Ville	»	»	»	»	»	32	5	»	1	5	215	»	»	»	»	40	5	1	6	81	8	»	»	374
Vakinankaratra	»	»	»	»	»	»	»	»	»	»	»	»	»	»	»	23	5	1	5	8	3	5	»	62
Ambositra	»	»	»	»	»	»	»	»	»	»	»	»	»	»	»	28	10	»	3	17	»	4	»	71
Fianarantsoa	»	»	»	»	»	3	1	»	»	1	»	»	»	»	»	19	13	1	3	31	10	5	2	120
Fort-Dauphin	8	»	»	»	»	»	»	»	»	»	5	»	»	»	»	»	»	»	»	5	»	»	7	74
Mahafaly	»	»	»	»	»	»	»	»	»	»	»	»	»	»	»	»	»	»	»	»	»	»	1	11
TOTAUX GÉNÉRAUX	98	6	»	»	3	182	23	3	4	13	800	183	»	29	129	222	84	0	20	220	61	22	18	4 150

(1) Dont 48 employés au chemin de fer.

(2) Dont 35 employés sur les chantiers du chemin de fer.

(3) [illegible] par la [illegible] sur les chantiers du chemin de fer.

(4) Les femmes n'ont pas été portées sur ce tableau.

(*) Les Asiatiques et Africains qui font l'objet d'un tableau spécial ne figurent pas sur cet état.

N° 18 — TABLEAU PAR PROVINCES DES PROFESSIONS EXERCÉES PAR LES EUROPÉENS OU ASSIMILÉS, NON COMPRIS LES ASIATIQUES NI LES AFRICAINS AU 1er JANVIER 1906

PROVINCES	Agents de Cies de navigation	Agriculteurs, cultivateurs	Agents d'affaires	Agents d'assurance	Architectes et ingénieurs	Avocats défenseurs	Avoués	Armateurs	Bijoutiers	Blanchisseurs	Bouchers	Boulangers, pâtissiers	Briquetiers, fabricants de chaux	Cabaretiers, débitants de boissons	Capitaines ou patrons de bateaux	Charcutiers	Charpentiers, menuisiers, charrons	Chaudronniers	Cochers	Coiffeurs	Commerçants divers	Constructeurs de navires	Cordonniers	Commissaires-priseurs	Commissionnaires en marchandises, courtiers	Cuisiniers	Dessinateurs	Distillateurs
Diégo-Suarez	2	251	»	1	3	3	»	2	1	19	4	7	4	30	2	3	20	»	»	4	34	»	4	1	3	3	2	1
Vohémar	1	37	»	»	»	»	»	»	»	»	»	1	»	9	»	»	11	»	»	»	28	»	»	»	»	»	»	»
Betsimisaraka du Nord	1	18	»	»	»	»	»	1	»	»	»	»	»	2	»	»	9	»	»	»	17	1	»	»	»	»	»	»
Sainte-Marie	1	14	»	»	»	»	»	»	»	»	»	2	»	4	»	»	2	»	»	»	6	»	1	»	»	»	»	»
Betsimisaraka du Centre	1	30	»	»	»	»	»	»	»	»	»	3	»	»	»	»	4	»	»	»	17	»	»	»	»	»	»	»
Tamatave-Ville	4	3	3	5	1	5	»	3	4	1	7	10	»	17	2	4	72	5	2	5	»	»	6	1	5	12	3	»
Fetraomby	2	25	»	»	1	»	»	»	»	4	1	5	»	»	»	2	17	»	»	»	»	»	3	»	»	2	1	»
Beforona	»	3	»	»	»	»	»	1	»	»	»	»	»	»	»	»	1	»	»	»	1	»	»	»	»	»	»	»
Betanimena	3	40	1	»	»	»	»	»	»	»	»	4	»	»	1	2	18	»	»	»	30	»	2	1	1	»	»	»
Betsimisaraka du Sud	3	43	1	»	»	»	»	»	»	»	»	2	»	5	»	1	3	1	»	»	33	»	1	»	»	1	»	1
Mananjary	4	33	»	»	1	»	»	1	1	»	1	1	1	»	»	»	8	»	»	»	15	1	»	1	2	2	»	»
Farafangana	1	8	»	»	»	»	»	»	»	»	»	»	1	1	»	»	3	»	»	»	13	»	»	»	»	»	»	»
Nossi-Bé	1	61	2	»	»	3	»	»	»	»	»	3	»	4	»	»	5	»	»	»	9	»	»	»	3	»	1	1
Analalava	1	7	»	»	»	»	»	1	»	»	3	2	1	9	»	»	2	»	»	1	»	»	»	»	»	»	»	1
Majunga	3	24	4	3	»	4	1	4	1	10	7	6	2	41	2	3	30	2	»	2	87	»	1	1	3	3	2	»
Maintirano	1	3	»	»	»	»	»	»	»	»	»	2	»	6	»	»	»	»	»	»	4	»	»	»	»	»	»	»
Maevatanana	»	3	2	»	»	2	»	»	»	»	2	3	»	26	»	»	5	»	»	1	14	»	»	»	1	1	1	»
Morondava	1	»	»	»	1	»	»	»	»	»	»	2	»	9	»	»	3	»	»	»	1	»	»	»	»	»	»	»
Tuléar	2	13	4	»	»	»	»	5	1	»	1	1	1	3	1	»	15	»	»	»	20	1	»	»	»	»	»	»
Mandritsara	»	»	»	»	»	»	»	»	»	»	»	»	»	»	»	»	»	»	»	»	1	»	»	»	»	»	»	»
Angavo-Mangoro	»	31	»	»	»	»	»	»	»	»	1	5	»	26	»	2	5	»	»	»	16	»	»	»	»	»	2	2
Imerina-Nord	»	9	»	»	»	»	»	»	»	»	»	»	»	2	»	»	»	»	»	»	»	»	»	»	»	»	»	»
Itasy	»	3	»	»	»	»	»	»	»	»	»	»	»	3	»	»	»	»	»	»	2	»	»	»	»	»	»	»
Imerina-Centrale	»	31	1	»	1	»	»	»	»	»	»	»	»	14	»	»	1	»	»	»	1	»	»	»	»	»	»	»
Tananarive-Ville	»	»	»	2	5	8	»	»	1	»	»	7	1	26	»	4	11	»	1	3	46	»	1	1	4	»	»	1
Vakinankaratra	»	5	»	1	»	»	»	»	»	»	»	2	»	8	»	»	»	»	»	»	5	»	»	»	»	»	»	»
Ambositra	»	8	»	»	2	»	»	»	»	»	»	»	»	2	»	»	»	»	»	»	6	»	»	»	»	»	»	»
Fianarantsoa	»	11	2	»	1	1	»	»	»	»	»	3	»	4	»	1	1	»	»	»	5	»	»	1	»	»	»	»
Fort-Dauphin	1	3	»	»	»	»	»	»	»	»	1	2	1	3	1	»	3	1	»	»	23	»	1	1	6	1	»	»
Mahafaly	»	»	»	»	»	»	»	»	»	»	»	»	»	1	»	»	»	»	»	»	7	»	»	»	»	»	»	»
TOTAUX	32	701	17	10	16	24	1	18	6	34	28	73	11	258	9	72	204	9	5	15	460	3	31	8	28	27	12	44

PROVINCES	Ébénistes	Éleveurs	Employés de commerce	Épiciers	Entrepreneurs de transports	Entrepreneurs de constructions	Exploitants forestiers	Exploitants des mines, prospecteurs	Fabricants de bière	Fabricants de glace	Fabricants d'eaux gazeuses	Fabricants de tabac, cigares et cigarettes	Ferblantiers, forgerons, serruriers, mécaniciens	Horlogers, bijoutiers	Hôteliers, restaurateurs, aubergistes	Imprimeurs, relieurs, typographes, libraires	Journaliers	Journalistes	Maçons et tailleurs de pierres	Manœuvres	Marchands de chevaux	Marchands ambulants	Marchands de bestiaux	Marchands de bois	Médecins civils	Missionnaires	Pêcheurs	Peintres et vitriers	Pharmaciens	Photographes	Préparateurs de vanille	Propriétaires et rentiers	Stockmen	Tailleurs, couturières et modistes	Tanneurs	Teinturiers
Diégo-Suarez	5	2	110	25	13	10	4	2	»	2	2	»	14	4	16	2	30	3	77	98	3	»	»	7	1	8	24	12	2	»	»	»	»	14	»	»
Vohémar	»	7	7	2	»	»	4	2	»	»	1	»	»	»	»	»	»	»	»	»	»	»	»	»	»	6	»	»	»	»	4	1	»	1	»	»
Betsimisaraka du Nord	»	1	21	»	»	»	17	»	»	»	»	»	1	»	»	»	»	»	»	»	»	»	»	»	»	»	»	»	»	»	3	»	»	»	»	»
Sainte-Marie	»	»	2	»	»	»	»	»	»	»	»	»	1	»	»	»	»	»	»	»	»	»	»	»	»	4	»	»	»	»	4	»	»	»	»	»
Betsimisaraka du Centre	»	6	8	»	»	»	4	5	»	»	»	»	»	»	»	»	»	»	»	»	»	»	3	»	»	21	1	»	»	»	»	»	»	»	»	»
Tamatave-Ville	3	»	70	12	2	3	»	»	»	3	1	»	29	10	7	6	»	3	14	»	1	9	»	3	3	28	21	15	2	»	»	2	»	14	»	»
Fetraomby	»	»	3	»	»	»	»	13	»	»	»	»	11	1	3	»	»	»	17	»	»	»	»	»	»	»	»	1	»	»	»	»	»	7	»	»
Beforona	»	»	2	»	»	»	»	11	»	»	»	»	»	»	1	»	»	»	»	»	»	»	»	»	»	»	»	»	»	»	»	»	»	»	»	»
Betanimena	»	»	33	»	1	»	»	4	»	»	1	»	5	1	2	»	4	»	»	»	»	»	»	»	»	1	»	2	»	»	»	»	»	2	»	»
Betsimisaraka du Sud	5	»	18	21	5	»	»	33	»	»	1	»	2	»	1	»	»	»	»	1	»	»	»	»	»	4	»	»	»	»	3	»	»	1	»	»
Mananjary	»	»	23	»	1	1	1	57	»	»	1	»	2	»	1	»	»	»	»	»	»	»	»	»	»	8	»	»	2	»	1	»	»	»	»	»
Farafangana	»	»	12	»	7	»	»	9	»	»	»	»	»	»	»	»	5	»	»	»	»	»	»	»	»	18	»	»	»	»	1	»	»	»	»	»
Nossi-Bé	»	3	10	»	»	»	»	»	»	»	»	»	7	1	1	»	1	»	»	»	»	»	»	»	1	7	1	»	»	»	3	»	»	1	»	»
Analalava	»	6	10	11	»	»	»	»	»	»	»	»	1	»	1	»	»	»	1	»	»	»	»	»	»	»	»	»	»	»	»	»	»	»	»	»
Majunga	1	7	80	14	5	6	»	9	»	3	2	»	18	»	7	3	17	1	18	8	5	»	3	2	1	21	1	1	2	1	»	»	»	15	»	»
Maintirano	»	4	3	4	»	»	»	4	»	»	»	»	»	»	2	»	»	»	»	»	»	»	»	»	»	»	2	»	»	»	»	»	»	»	»	»
Maevatanana	»	13	12	12	2	1	1	21	»	1	»	»	3	»	1	»	»	»	2	»	»	»	1	»	»	1	»	»	»	»	»	»	7	1	»	»
Morondava	»	»	6	»	»	»	»	9	»	»	»	»	4	»	»	»	»	»	»	»	»	»	1	»	»	»	»	»	»	»	»	»	»	»	»	»
Tuléar	»	1	21	1	»	2	»	1	»	»	»	»	1	»	1	»	1	»	3	»	»	6	»	»	»	8	»	»	»	»	»	»	»	2	»	»
Mandritsara	»	1	»	»	»	»	»	1	»	»	»	»	»	»	»	»	»	»	»	»	»	»	»	»	»	»	»	»	»	»	»	»	»	»	»	»
Angavo-Mangoro	»	5	34	22	4	»	11	7	»	»	»	»	6	»	21	»	21	»	20	16	1	»	3	»	»	6	»	»	»	»	»	»	»	»	»	»
Imerina-Nord	»	1	2	2	»	»	»	10	»	»	»	»	»	»	»	»	1	»	»	»	»	»	»	»	»	1	»	»	»	»	»	»	»	»	»	»
Itasy	»	4	2	2	»	»	»	22	»	»	»	»	»	»	»	»	»	»	»	»	»	»	»	»	»	15	»	»	»	»	»	»	»	»	»	»
Imerina-Centrale	»	3	1	10	1	»	»	8	1	1	»	»	1	»	3	»	»	»	»	»	»	»	»	»	»	32	»	»	»	»	»	»	»	»	»	»
Tananarive-Ville	6	2	85	11	12	19	»	37	1	1	1	2	12	4	3	5	»	3	2	»	2	»	2	6	2	148	»	1	3	»	»	»	»	7	»	1
Vakinankaratra	5	»	»	»	»	»	»	30	»	»	»	»	»	»	3	»	»	»	»	»	»	»	»	»	1	37	»	»	1	»	»	»	»	»	»	»
Ambositra	»	»	»	»	»	»	»	44	»	»	»	»	»	1	1	»	»	»	»	»	»	»	»	»	»	28	»	»	»	»	»	»	»	»	»	»
Fianarantsoa	»	1	10	3	4	2	2	36	»	»	»	»	1	1	1	»	»	»	»	1	»	»	»	2	»	70	»	»	»	»	»	»	»	»	»	»
Fort-Dauphin	»	»	6	»	»	»	»	»	»	»	1	»	1	»	1	»	»	»	»	»	»	»	1	»	»	43	1	»	»	»	»	1	»	4	»	»
Mahafaly	»	»	»	»	»	»	»	»	»	»	»	»	»	»	»	»	»	»	»	»	»	2	»	»	»	2	»	»	»	»	»	»	»	»	»	»
TOTAUX	25	68	587	155	57	30	47	365	2	11	11	2	119	23	77	10	80	10	154	124	11	17	11	20	9	506	31	31	12	1	24	4	7	60	»	1

La discordance qui existe entre ce tableau et le tableau n° 17 vient de ce que les individus exerçant plusieurs professions sont indiqués une seule fois au tableau n° 17, tandis qu'ils sont portés numériquement pour chacune de leurs professions sur le présent tableau.

N° 19 — ÉTAT PAR PROFESSIONS DES ASIATIQUES ET AFRICAINS ÉTABLIS DANS CHAQUE PROVINCE AU 1er JANVIER 1906

PROVINCES	COMMERÇANTS			EMPLOYÉS DE COMMERCE			AGRICULTEURS			OUVRIERS AGRICOLES			INDUSTRIELS			EMPLOYÉS et [illegible]			DOMESTIQUES et cuisiniers			MARINS			PÊCHEURS			TOTAL	
	[illegible]	[illegible]	[illegible]	[illegible]	[illegible]	[illegible]	[illegible]	[illegible]	[illegible]	[illegible]	[illegible]	[illegible]	[illegible]	[illegible]	[illegible]	[illegible]	[illegible]	[illegible]	[illegible]	[illegible]	[illegible]	[illegible]	[illegible]	[illegible]	[illegible]	[illegible]	[illegible]	[illegible]	[illegible]
Diégo-Suarez	55	56	67	66	73	6	»	»	22	»	»	7	»	»	»	»	»	101	»	»	32	»	»	25	»	»	6	340	854
Vohémar	1	30	18	5	28	8	5	»	45	»	»	»	»	»	»	»	»	7	»	»	5	»	»	»	»	»	5	60	85
Betsimisaraka du Nord	»	5	»	»	8	»	»	»	»	»	»	»	»	»	»	»	»	»	»	»	»	»	»	»	»	»	»	13	»
Sainte-Marie	»	3	»	»	5	»	»	»	»	»	»	»	»	»	»	»	»	»	»	»	»	»	»	»	»	»	»	3	»
Betsimisaraka du Centre	11	5	»	1	4	»	»	»	»	»	»	»	»	»	»	»	»	»	»	»	»	»	»	»	»	»	»	21	»
Tamatave-Ville	22	56	10	43	58	»	»	»	»	»	»	»	»	»	»	»	8	7	»	»	5	»	»	»	»	»	»	177	22
Fénérive	20	7	9	55	1	»	»	2	10	»	»	»	»	»	»	»	»	30	»	»	»	»	»	»	»	»	»	85	57
Beforona	3	»	4	2	»	»	»	»	»	»	»	»	»	»	»	»	»	3	»	»	»	»	»	»	»	»	»	5	6
Betanimena	4	3	10	25	3	»	»	1	5	»	»	»	»	»	»	»	3	»	»	»	»	»	2	»	»	»	»	52	15
Betsimisaraka du Sud	7	5	»	10	6	»	»	»	»	»	»	»	»	»	»	»	»	»	»	»	»	»	»	»	»	»	»	28	»
Mananjary	6	8	1	15	12	»	»	»	»	»	»	»	»	»	»	»	»	»	»	»	»	»	»	»	»	»	»	40	1
Farafangana	1	2	»	2	2	»	»	»	»	»	»	»	»	»	»	»	»	»	»	»	»	»	»	»	»	»	»	6	»
Nossi-Bé	3	96	83	7	95	8	»	»	91	»	»	1	»	»	3	»	4	37	»	»	5	»	2	9	»	4	»	207	295
Analalava	»	24	1	»	78	1	»	»	2	»	»	»	»	»	»	»	»	2	»	»	»	»	»	25	»	»	5	100	30
Majunga	2	207	55	13	160	»	»	»	8	»	»	»	»	»	»	»	55	6	»	23	30	»	5	8	»	8	8	471	113
Maintirano	»	15	8	»	10	6	»	»	1	»	4	2	»	»	»	»	2	»	»	»	»	»	»	»	»	»	»	30	17
Maevatanana	»	45	11	»	44	»	»	2	»	»	»	»	»	2	»	»	10	30	»	1	4	»	»	»	»	»	5	105	58
Morondava	»	51	9	»	83	11	»	3	20	»	»	»	»	3	»	»	»	»	»	1	10	»	»	7	»	»	»	151	16
Tuléar	»	33	11	»	62	»	»	1	»	»	»	»	»	»	»	»	»	1	»	»	»	»	»	»	»	»	»	96	12
Mandritsara	»	8	»	»	3	»	»	»	»	»	»	»	»	»	»	»	»	»	»	»	»	»	»	»	»	»	»	11	»
[illegible]-Mangoro	8	2	1	7	»	»	»	»	»	»	»	»	»	4	»	»	»	33 [1]	»	»	»	»	»	»	»	»	»	18	33
Imerina-Nord	»	»	»	»	»	»	»	»	»	»	»	»	»	»	»	»	»	»	»	»	»	»	»	»	»	»	»	»	»
Itasy	»	1	»	»	»	»	»	»	»	»	»	»	»	»	»	»	»	»	»	»	»	»	»	»	»	»	»	4	»
Imerina-Centrale	»	»	»	»	»	»	»	»	»	»	»	»	»	»	»	»	»	»	»	»	»	»	»	»	»	»	»	»	»
Tananarive-Ville	2	8	»	2	6	»	»	»	»	»	»	»	»	»	»	»	»	»	»	»	»	»	»	»	»	»	»	18	»
Vakinankaratra	»	»	»	»	»	»	»	»	»	»	»	»	»	»	»	»	»	»	»	»	»	»	»	»	»	»	»	»	»
Ambositra	1	3	»	1	»	»	»	»	»	»	»	»	»	»	»	»	»	»	»	»	»	»	»	»	»	»	»	8	»
Fianarantsoa	4	2	»	10	1	»	»	»	»	»	»	»	»	»	»	»	»	»	»	»	»	»	»	»	»	»	»	17	»
Fort-Dauphin	3	12	»	5	11	»	»	»	»	»	»	»	»	»	»	»	»	»	»	»	»	»	»	»	»	»	»	30	»
Mahafaly	»	15	2	»	»	»	»	»	»	»	»	»	»	»	»	»	»	»	»	»	»	»	»	»	»	»	»	15	2
Totaux généraux	145	680	299	363	755	60	5	9	218	»	4	10	»	6	3	»	81	354	»	25	90	»	8	71	»	8	86	1.981	1.110

(1) Employés pour le [illegible] sur le chemin de fer.

N° 20 — TABLEAU FAISANT RESSORTIR LE NOMBRE DE DEMANDES RELATIVES A L'EXERCICE DE DIVERSES PROFESSIONS A MADAGASCAR QUI SONT PARVENUES AU GOUVERNEMENT GÉNÉRAL DEPUIS 1896 JUSQU'A LA FIN DE 1905

DÉSIGNATION DES PROFESSIONS	NOMBRE DES DEMANDES									
	1896	1897	1898	1899	1900	1901	1902	1903	1904	1905
Agriculteurs	72	119	98	46	45	16	52	48	17	34
Architectes	1	»	»	1	1	»	»	»	»	1
Avocats	»	»	»	»	»	»	»	1	»	»
Bibliothécaires	»	»	»	1	»	»	»	»	»	»
Bijoutiers, horlogers	1	»	2	1	1	3	4	2	2	1
Blanchisseurs	»	»	»	»	1	2	1	1	»	»
Bouchers	»	4	»	2	»	1	5	4	3	»
Bourreliers	»	»	»	»	»	1	3	»	»	»
Boulangers	41	4	4	2	2	3	6	4	4	2
Brasseurs	»	»	»	»	»	»	2	4	»	»
Briquetiers-tuiliers	»	3	1	»	»	»	3	1	»	»
Caissiers	»	1	»	»	»	»	»	»	»	»
Cantonniers	»	1	1	1	»	1	»	»	»	»
Carrossiers-selliers	»	»	1	»	»	»	2	1	2	1
Cabaretiers, débitants de boissons	»	»	»	»	»	1	3	3	2	»
Chaudronniers	»	»	»	»	2	3	1	»	»	»
Charretiers	»	»	3	»	»	»	»	»	»	»
Charrons	»	»	»	1	1	»	1	»	»	»
Charcutiers	»	2	»	1	»	1	2	1	»	»
Charpentiers	2	6	2	1	4	4	3	1	»	»
Chimistes	1	2	»	»	»	»	»	»	»	»
Chirurgiens	2	»	»	»	»	»	»	»	»	»
Chocolatiers	1	»	»	»	»	»	»	»	»	»
Coiffeurs	1	»	1	»	»	6	3	4	1	»
Conducteurs de travaux	1	»	»	»	1	»	»	»	»	2
Commerçants divers	34	33	21	22	22	15	17	12	3	19
Commissionnaires	»	»	»	»	1	»	»	»	»	5
Constructeurs	1	»	1	»	»	»	»	»	»	»
Contremaîtres	»	2	»	»	2	»	»	»	»	»
Couteliers	2	»	»	»	»	»	»	»	»	»
Couturiers	»	»	»	1	»	3	»	»	»	3
Cordonniers	3	»	5	3	»	2	1	»	1	1
Cuisiniers	3	1	»	»	»	2	3	»	»	2
Dentistes	2	»	»	»	1	2	3	3	2	1
Dessinateurs	»	2	»	»	»	»	»	1	»	»
Distillateurs	»	2	1	3	»	1	1	1	»	2
Ébénistes	»	»	»	1	»	»	»	»	»	»
École professionnelle (demande d'emploi à l')	»	»	1	»	»	»	»	»	»	»
Électriciens	»	»	1	»	»	»	»	1	»	»
Éleveurs	2	7	4	3	3	6	15	9	2	1
Entrepreneurs de constructions	3	2	1	1	1	1	2	1	»	»
Entrepreneurs de pompes funèbres	»	»	»	»	»	»	»	»	1	»
Entrepreneurs de transports	»	»	»	»	1	»	4	4	4	»
Entrepreneurs de travaux publics	»	2	1	»	»	1	1	»	»	»
Épiciers	1	»	»	»	»	1	2	2	»	1

N° 20 BIS — TABLEAU FAISANT RESSORTIR LE NOMBRE DE DEMANDES RELATIVES A L'EXERCICE DE DIVERSES PROFESSIONS A MADAGASCAR QUI SONT PARVENUES AU GOUVERNEMENT GÉNÉRAL DEPUIS 1896 JUSQU'A LA FIN DE 1905

DÉSIGNATION DES PROFESSIONS	NOMBRE DES DEMANDES									
	1896	1897	1898	1899	1900	1901	1902	1903	1904	1905
Fabricants de limonade	»	»	»	»	»	»	»	1	1	»
— glace	»	»	1	»	»	1	2	»	»	»
— sel	»	»	»	1	»	»	»	»	»	»
— filtres	»	1	»	»	»	»	»	»	»	»
Ferblantiers	1	1	»	1	»	2	1	»	»	»
Forgerons, maréchaux-ferrants	1	13	4	1	2	2	3	4	1	2
Fondeurs	»	»	»	»	»	2	»	»	»	»
Gardes champêtres	»	»	»	»	1	1	»	»	»	»
Horticulteurs	»	1	»	»	2	1	1	»	»	»
Hôteliers-restaurateurs	4	3	2	»	»	2	2	»	»	»
Huissiers	»	»	»	1	»	»	»	»	»	»
Imprimeurs	»	1	1	»	»	»	3	2	2	»
Infirmiers	»	1	»	»	»	»	»	»	»	»
Industrie de la soie	»	»	»	»	»	»	»	»	»	1
Ingénieurs	»	»	»	»	»	2	»	»	»	1
Institutrices	1	»	»	»	»	1	»	1	»	2
Jardiniers	»	3	5	4	4	»	»	»	»	»
Journaliers	»	»	»	»	8	»	»	»	»	»
Laitiers-fromagers	»	1	»	»	»	»	1	1	1	»
Lithographes	»	»	»	1	»	»	»	»	»	»
Maçons	5	»	6	4	4	2	3	2	»	»
Masseurs	»	»	1	»	»	»	»	»	»	»
Mécaniciens	5	6	4	3	5	9	7	4	2	1
Médecins	1	»	»	»	»	1	3	4	1	1
Mégissiers	»	»	1	»	»	»	»	»	»	2
Menuisiers	3	6	7	3	4	5	4	2	1	1
Minières (entreprises)	8	»	6	2	3	2	1	2	3	4
Minotiers	»	»	»	»	1	1	2	»	»	»
Modistes	2	»	»	2	»	1	4	»	»	»
Monteurs-ajusteurs	»	2	»	»	»	»	»	»	»	»
Passementiers	»	4	1	1	»	»	»	»	»	»
Pâtissiers	»	»	»	»	»	1	»	»	»	»
Pêcheurs	»	1	»	»	»	»	»	»	»	»
Pédicures	»	»	»	»	»	»	1	»	»	»
Peintres	»	1	1	1	3	2	3	4	2	»
Pharmaciens	7	»	»	»	»	2	9	4	5	»
Photographes	»	»	»	»	»	1	2	2	1	»
Plâtriers	»	1	2	»	»	3	»	»	»	»
Plombiers	»	»	»	1	»	»	1	2	»	»
Professeurs et instituteurs	1	»	»	»	1	2	1	1	»	2
— de musique	»	»	»	»	»	2	1	»	1	»
— de gymnastique	»	»	»	»	»	»	1	»	»	»
Publicistes	»	»	1	»	»	»	»	»	»	1
Quincailliers	»	»	»	»	»	»	2	»	»	»
Relieurs	»	»	»	»	»	1	»	»	»	»

III

PERSONNEL ADMINISTRATIF, FRANÇAIS ET INDIGÈNE

N° 21 — ÉTAT DU PERSONNEL ADMINISTRATIF EN SERVICE A MADAGASCAR AU 1er JANVIER 1906

SERVICES	NOMBRE EN 1905	NOMBRE EN 1906
Administrateurs	117	145
Comptables	117	»
Agriculture	20	14
Domaines	21	13
Douanes	146	107
Enseignement	50	48
Forêts	5	4
Garde régionale	98	100
Imprimerie	15	11
Police administrative et judiciaire	58	50
Postes et télégraphes C. M.	49	16
Postes et télégraphes C. L.	103	92
Services civils	99	160
Service judiciaire	45	31
Service topographique	53	43
Service vétérinaire et haras	13	3
Travaux publics. Direction	2	4
— — C. M.	31	14
— — C. L.	44	31
— — Bâtiments civils	2	2
— — Cadre inférieur	36	25
Gardiens-consignes	2	4
Service des mines	9	10
Ports et rades	9	10
Service de la Trésorerie	22	13
TOTAL	1.063 (1)	965 (1)

(1) Ce nombre contient les agents en congé.

N° 22 — TABLEAU DE LA POPULATION FRANÇAISE

DANS SES RAPPORTS AVEC LE NOMBRE DE FONCTIONNAIRES, MILITAIRES NON COMPRIS

QUALITÉ			HOMMES	FEMMES	ENFANTS		TOTAL
					GARÇONS	FILLES	
Fonctionnaires.	Français nés en France		760	45	»	»	805
	Français nés aux colonies.	A la Réunion	127	19	»	»	146
		A Madagascar	4	»	»	»	4
		Dans les autres colonies	10	»	»	»	10
	Total		901	64	»	»	965
Non fonctionnaires.	Français nés en France		1.470	498	189	204	2.361
	Français nés aux colonies	A la Réunion	1.658	1.056	581	534	3.829
		A Madagascar	32	16	164	177	389
		Dans les autres colonies	25	16	11	10	62
	Total		3.185	1.586	945	925	6.641
Total général			4.086	1.650	945	925	7.606

STATISTIQUE DU PERSONNEL INDIGÈNE

N° 23 — STATISTIQUE DU PERSONNEL DE L'ADMINISTRATION INDIGÈNE PROPREMENT DITE, DES INTERPRÈTES ET DES ÉCRIVAINS INDIGÈNES DE 1897 A 1906

	1897		1898		1899		1900		1901		1902		1903		1904		1905		1906		OBSERVATIONS
	Effectifs	Dépenses	Effectifs	Dépenses	Effectifs	Dépenses	Effectifs	Dépenses	Effectifs	Dépenses	Effectifs	Dépenses	Effectifs	Dépenses	Effectifs	Dépenses	Effectifs	Dépenses	Effectifs	Dépenses	
Personnel de l'Administration indigène proprement dite { Le personnel de l'Administration indigène proprement dite comprend : des Gouverneurs principaux, des Gouverneurs, des Gouverneurs-Adjoints, des Secrétaires, des Chefs de canton et des Gouverneurs madinika (ou inférieurs).....	266	202,000	349	353,979	356	360,180	475	489,092	501	461,983	526	499,679	762	541,304	858	603,990	931	640,375	1,258	691,785	
Interprètes indigènes.....	61	48,000	73	55,000	76	57,000	88	62,000	107	75,000	135	95,000	133	97,000	130	95,000	115	77,800	8	11,700	
Écrivains auxiliaires indigènes.....	«	«	«	«	«	«	50	50,000	78	67,000	121	104,000	140	125,000	170	140,000	220	182,500	263	214,650	
Totaux.....	321	250,000	422	408,979	432	440,180	613	591,302	686	603,383	782	699,679	1,035	763,504	1,158	838,990	1,272	886,725	1,529	918,135	

STATISTIQUE DES DEMANDES D'EMPLOI

N° 24 — STATISTIQUE DES DEMANDES D'EMPLOI DANS L'ADMINISTRATION FRANÇAISE REÇUES AU GOUVERNEMENT GÉNÉRAL DU 28 SEPTEMBRE 1896 AU 1er MAI 1905

	DÉSIGNATION DES EMPLOIS DEMANDÉS	1896			1897			1898			1899			1900			1901			1902			1903			1904			1905			OBSERVATIONS
		[illegible]	[illegible]	[illegible]	[illegible]	[illegible]	[illegible]	[illegible]	[illegible]	[illegible]	[illegible]	[illegible]	[illegible]	[illegible]	[illegible]	[illegible]	[illegible]	[illegible]	[illegible]	[illegible]	[illegible]	[illegible]	[illegible]	[illegible]	[illegible]	[illegible]	[illegible]	[illegible]	[illegible]	[illegible]	[illegible]	
Colonie de Madagascar.	Administrateurs	»	»	»	2	»	2	4	»	4	1	»	1	»	»	»	»	»	»	»	»	»	1	»	1	2	»	2	1	»	1	
	Agriculture	»	»	»	»	»	»	2	»	2	1	1	»	»	»	»	1	»	1	1	1	»	»	»	»	2	»	2	»	»	»	
	Comptabilité	»	»	»	»	»	»	1	»	1	94	81	13	17	12	5	21	12	9	36	12	24	21	6	15	6	»	6	»	»	»	
	Domaines	»	»	»	3	3	»	»	»	»	9	9	»	7	6	1	1	»	1	5	»	5	4	»	4	3	»	3	»	»	»	
	Douanes	2	»	2	20	4	16	15	11	4	14	12	2	18	16	2	23	16	7	31	26	5	8	7	1	7	3	4	4	»	4	
	Eaux et forêts	3	»	3	4	»	4	»	»	»	3	»	3	7	7	»	»	»	»	8	»	8	»	»	»	1	»	1	1	»	1	
	Enseignement	1	»	1	6	3	3	3	1	2	7	4	3	4	1	3	7	3	4	9	1	8	10	»	10	5	»	5	5	»	5	
	Finances	4	3	1	2	2	»	1	1	»	»	»	»	»	»	»	»	»	»	»	»	»	»	»	»	»	»	»	»	»	»	
	Garde régionale	11	»	11	26	8	18	28	10	18	33	25	8	19	16	3	11	6	5	8	4	4	31	8	23	16	»	16	12	»	12	
	Imprimeries officielles	»	»	»	»	»	»	2	1	1	4	3	1	2	2	»	»	»	»	1	»	1	2	»	2	1	»	1	1	»	1	
	Infirmiers	»	»	»	»	»	»	»	»	»	1	»	1	»	»	»	»	»	»	»	»	»	»	»	»	»	»	»	»	»	»	
	Interprètes	1	1	»	2	2	»	»	»	»	»	»	»	»	»	»	»	»	»	»	»	»	»	»	»	»	»	»	»	»	»	
	Justice	2	1	1	5	2	3	2	»	2	3	1	2	4	3	1	6	5	1	2	1	1	2	1	1	1	»	1	1	»	1	
	Médecins	»	»	»	»	»	»	1	1	»	»	»	»	1	1	»	1	»	1	»	»	»	»	»	»	»	»	»	»	»	»	
	Pharmaciens	»	»	»	»	»	»	»	»	»	»	»	»	»	»	»	»	»	»	»	»	»	»	»	»	»	»	»	»	»	»	
	Police	5	2	3	8	2	6	13	7	6	6	4	2	9	7	2	17	10	7	25	10	15	15	»	15	9	1	8	13	»	13	
	Postes et télégraphes	4	4	»	9	9	»	16	7	9	17	16	1	60	57	3	42	27	15	57	18	39	21	7	14	31	6	25	87	14	73	
	Résidences	11	3	8	34	15	19	28	18	10	9	6	3	»	»	»	»	»	»	»	»	»	»	»	»	»	»	»	»	»	»	
	Sages-femmes	»	»	»	»	»	»	»	»	»	1	»	1	»	»	»	»	»	»	»	»	»	»	»	»	6	»	6	»	»	»	
	Services civils	»	»	»	»	»	»	»	»	»	35	30	5	20	12	8	15	9	6	18	7	11	20	2	18	6	»	6	2	1	1	
	Service topographique	»	»	»	8	4	4	9	8	1	5	3	2	4	3	1	5	3	2	»	»	»	1	»	1	1	1	»	1	»	1	
	Travaux publics	5	4	1	4	»	4	5	»	5	11	5	6	13	3	10	34	18	16	43	25	18	26	6	20	19	7	12	17	1	16	
	Trésor	9	9	»	»	»	»	5	5	»	»	»	»	1	»	1	»	»	»	3	3	»	2	»	2	»	»	»	»	»	»	
	Vétérinaires et haras	»	»	»	»	»	»	»	»	»	1	»	1	1	1	»	1	1	»	»	»	»	1	1	»	4	1	3	»	»	»	
	Divers	10	2	8	24	»	24	20	»	20	19	»	19	16	»	16	20	»	20	20	»	20	28	»	28	32	»	32	16	»	16	
	Permutations	»	»	»	»	»	»	»	»	»	»	»	»	»	»	»	»	»	»	1	»	»	1	»	1	»	»	»	»	»	»	
	Totaux	68	29	39	157	54	103	150	70	85	274	200	74	192	137	55	205	110	95	208	108	100	194	38	156	147	21	126	161	16	145	
Extérieur (France et autres colonies).	Administrateurs	»	»	»	4	»	4	6	»	6	2	»	2	3	»	3	5	»	5	7	»	7	7	»	7	4	»	4	5	»	5	
	Agriculture	1	»	1	15	2	13	16	»	16	7	»	7	7	3	4	7	2	5	8	4	4	5	»	5	5	»	5	17	»	17	
	Comptabilité	»	»	»	1	»	1	7	»	7	30	»	30	20	3	17	25	3	22	36	3	33	27	1	26	15	»	15	3	»	3	
	Domaines	2	2	»	1	1	»	2	1	1	»	»	»	2	»	2	»	»	»	»	»	»	»	»	»	»	»	»	1	»	1	
	Douanes	60	45	15	72	37	35	28	5	23	14	»	14	21	»	21	22	»	22	26	»	26	22	»	22	11	»	11	20	»	20	
	Eaux et forêts	»	»	»	1	»	1	4	»	4	6	»	6	7	»	7	5	»	5	8	»	8	4	»	4	10	»	10	5	»	5	
	Enseignement	28	»	28	79	2	77	170	4	166	76	»	76	94	3	91	224	8	216	177	4	173	136	12	124	117	8	109	98	»	98	
	Finances	»	»	»	2	»	2	3	1	2	1	»	1	»	»	»	»	»	»	»	»	»	»	»	»	»	»	»	»	»	»	
	Garde régionale	10	2	8	117	53	64	96	22	74	81	6	75	80	»	80	66	»	66	79	»	79	87	2	85	55	»	55	34	»	34	
	Imprimeries officielles	1	»	1	3	1	2	6	1	5	6	»	6	27	2	25	17	2	15	9	1	8	10	1	9	16	1	15	8	»	8	
	Infirmiers	»	»	»	»	»	»	»	»	»	»	»	»	»	»	»	1	»	1	1	»	1	1	»	1	»	»	»	»	»	»	
	Interprètes	14	»	14	9	»	9	5	»	5	6	»	6	»	»	»	»	»	»	»	»	»	»	»	»	»	»	»	»	»	»	
	Justice	6	»	6	12	»	12	8	»	8	7	1	6	2	»	2	5	»	5	10	2	8	8	»	8	10	»	10	3	»	3	
	Médecins	2	»	2	2	»	2	4	»	4	1	»	1	1	»	1	1	»	1	»	»	»	»	»	»	»	»	»	12	»	12	
	Pharmaciens	»	»	»	3	»	3	1	»	1	»	»	»	1	»	1	»	»	»	»	»	»	»	»	»	»	»	»	»	»	»	
	Police	9	»	9	31	3	28	29	3	26	56	»	56	32	3	29	27	6	21	39	5	34	36	»	36	23	»	23	18	»	18	
	Postes et télégraphes	8	»	8	16	»	16	16	»	16	16	»	16	22	»	22	35	»	35	24	1	23	20	»	20	31	»	31	126	10	116	
	Résidences	113	»	113	100	13	87	42	12	30	19	»	19	3	1	2	2	»	2	»	»	»	3	»	3	»	»	»	»	»	»	
	Sages-femmes	1	»	1	»	»	»	2	»	2	1	»	1	»	»	»	3	»	3	3	»	3	1	»	1	»	»	»	»	»	»	
	Services civils	»	»	»	»	»	»	1	»	1	49	18	31	65	7	58	88	31	57	66	6	60	75	4	71	56	»	56	58	1	57	
	Service topographique	3	2	1	79	33	46	27	12	15	14	5	9	22	4	18	55	10	45	30	9	21	16	1	15	6	1	5	2	»	2	
	Travaux publics	22	»	22	43	3	40	45	3	42	39	»	39	56	10	46	151	16	135	131	7	124	183	7	176	87	1	86	63	»	63	
	Trésor	»	»	»	2	»	2	»	»	»	»	»	»	1	»	1	»	»	»	1	»	1	»	»	»	»	»	»	»	»	»	
	Vétérinaires et haras	»	»	»	»	»	»	1	»	1	»	»	»	»	»	»	1	»	1	»	»	»	3	»	3	5	2	3	4	»	4	
	Divers	79	»	79	128	»	128	115	»	115	132	»	132	118	»	118	151	»	151	102	»	102	100	»	100	79	»	79	166	»	156	
	Permutations	»	»	»	»	»	»	»	»	»	»	»	»	»	»	»	»	»	»	»	»	»	7	»	7	2	»	2	1	»	1	
	Totaux	359	51	308	680	150	589	654	65	590	544	30	514	583	36	547	881	78	803	849	44	805	750	28	722	512	13	499	630	11	610	
	Totaux généraux	427	80	347	890	201	642	807	135	675	818	230	588	775	173	602	1.086	188	898	1.117	152	965	944	66	878	659	34	625	791	27	764	

IV

RECETTES ET DÉPENSES

N° 25 — ÉTAT STATISTIQUE DES DIVERS PRODUITS DU BUDGET LOCAL DEPUIS 1898 JUSQU'AU 31 DÉCEMBRE 1905 (*)

NATURE DES RECETTES	1898	1899	1900	1901	1902	1903	1904	1905	1906	1907	OBSERVATIONS
	fr. c.	fr. c.	fr. c.	fr. c.	fr. c.	fr. c.	fr. c.	fr. c.	fr. c.	fr. c.	
CHAPITRE Ier											
Produit des ventes et locations domaniales	97.941 36	305.230 95	145.520 15	131.281 87	139.863 43	131.171 21	91.760 53	102.216 36	»	»	
Recettes domaniales diverses	63.570 17	106.965 65	75.853 87	76.465 56	69.380 52	86.018 79	30.320 31	16.216 23	»	»	
Produit du domaine forestier	11.640 08	41.075 »	27.675 02	28.927 34	35.270 83	42.511 15	54.474 77	55.011 46	»	»	
Produit des permis de recherches minières	12.345 »	9.100 »	15.800 »	20.025 »	52.575 08	153.457 26	230.680 88	292.648 37	»	»	
Redevances dues par les exploitants de mines	50.378 87	57.737 70	120.619 27	185.017 31	161.826 75	317.900 »	479.075 01	436.260 25	»	»	
Produit des jardins d'essais	2.184 »	3.488 08	3.245 51	2.801 86	5.126 54	5.083 32	6.232 11	7.809 15	»	»	
TOTAUX	228.018 43	523.596 88	388.774 72	456.718 93	464.143 15	667.651 73	858.739 51	899.270 82	»	»	
CHAPITRE II											
Patentes	421.107 86	295.251 29	515.372 40	525.909 01	624.519 51	550.005 16	558.801 71	651.310 87	»	»	
Licences	»	98.805 68	175.290 02	181.020 15	218.141 50	353.601 40	308.718 30	385.077 81	»	»	
Taxe de séjour	126.084 50	94.965 97	147.740 25	160.045 10	200.153 08	377.990 92	401.178 75	392.719 88	»	»	
Taxe personnelle	1.987.908 01	2.357.630 30	3.158.205 22	10.302.587 91	11.843.800 68	12.008.383 36	12.425.005 61	12.071.032 31	»	»	
Impôt foncier sur les maisons	344.673 48	471.080 54	504.092 11	500.877 03	645.089 29	570.958 94	580.830 65	556.876 40	»	»	
Impôt foncier sur les rizières	1.077.254 73	1.319.060 08	1.580,930 40	1.650.611 30	1.758.114 37	1.083.558 34	1.036.794 64	473.598 17	»	»	
Impôt sur les propriétaires d'animaux	56.061 87	112.001 88	118.011 32	130.906 45	521.861 01	610.467 81	729.557 57	1.338.402 09	»	»	
Rachat de prestation	580.416 87	1.206.913 37	1.236.382 45	»	»	»	»	»	»	»	
Impôt sur les champs de cannes à sucre	»	»	»	»	»	»	12.320 90	»	»	»	
Impôt sur les célibataires sans enfant	»	»	21.183 10	55.330 12	51.789 85	33.185 05	»	»	»	»	
Taxe d'assistance médicale	»	»	105.933 05	151.553 90	183.533 30	665.097 04	1.097.918 53	1.164.141 91	»	»	
Impôt sur les moulins à betsabetsa	»	26.071 89	67.468 32	81.527 78	57.376 56	66.337 30	77.725 »	30.037 75	»	»	
TOTAUX	4.578.630 90	5.983 019 94	7.601.553 36	13.610.511 61	16.170.870 01	17.178 686 12	17.965.021 90	17.604.751 19	»	»	
CHAPITRE III											
Droits de douane à l'importation	1.482.063 15	763.339 11	1.160.028 46	832.637 12	822.014 13	749.980 03	560.096 56	609.628 76	»	»	
Droits de douane à l'exportation	222.204 07	417.924 09	355.913 »	363.150 51	945.535 17	436.120 00	172.157 47	222.800 »	»	»	
Taxe de consommation	1.256.173 69	2.474 212 01	3.708 186 06	3.502.205 05	3.425.325 67	3.050.016 95	2.385.746 05	3.202.949 42	»	»	
Droits accessoires de douane	9.318 50	7.044 08	9.027 20	23.819 35	58.281 38	8.310 82	60.060 30	11.074 90	»	»	
Amendes et confiscations	»	108 »	»	10.548 30	18.761 42	10.820 70	11.326 25	200 »	»	»	
Droits de navigation et droits sanitaires	2.133 65	309 60	3.343 70	18.926 21	18.600 53	14.099 72	14.768 15	23.590 25	»	»	
Droits de consommation sur les alcools et autres produits fabriqués à l'intérieur	»	»	»	»	26.268 70	10.089 00	60.900 90	133.800 06	»	»	
TOTAUX	2.972.913 05	3.662.536 85	5.253.098 89	4.751.305 53	5.312.086 90	4.302.017 52	3.265.138 86	4.205.502 55	»	»	
CHAPITRE IV											
Subvention métropolitaine	1.800.000 »	1.800.000 »	1.700.000 »	1.340.000 »	700.000 »	»	»	»	»	»	
Recettes postales et télégraphiques	370.400 83	366.277 07	428.108 22	485.450 31	621.986 08	593.800 04	615.130 86	702.029 77	»	»	
Recettes des imprimeries officielles	39.252 71	45.763 20	56.290 15	67.182 83	77.317 07	69.240 10	55.456 29	39.180 60	»	»	
Droits d'enregistrement, de timbre et de chancellerie	107.424 55	161.348 71	158.481 71	189.578 00	100.455 09	127.677 10	108.117 78	90.574 40	»	»	
Taxe municipale de consommation	36.450 42	30.030 05	»	»	»	»	»	»	»	»	
Produit des amendes et condamnations pécuniaires	109.819 25	91.583 06	175.200 58	149.438 25	193.578 27	137.019 14	121.209 19	72.510 60	»	»	
Permis de séjour aux hauts fixés dans le Betsiléo	»	28.742 40	50.395 »	»	»	»	»	»	»	»	
Remboursement des frais d'hospitalisation	26.551 28	32.324 49	58,256 07	66.832 02	40.468 03	30.747 80	10.846 83	5.649 75	»	»	
Taxe d'exonération du service militaire	»	107.739 50	337.190 »	227.465 »	196.100 »	400 »	»	»	»	»	
Produit des domaines urbains	2.521 25	»	»	»	»	»	»	»	»	»	
Droits de place sur les marchés	911.176 30	782.086 25	797.588 73	962.369 98	928.200 34	900.588 75	999.813 57	877.468 31	»	»	
Produit de la taxe d'abatage	119.285 52	76.148 01	71.110 74	80.222 72	113.339 86	147.644 90	167.054 »	321.052 30	»	»	
Produit de péage sur les rivières	36.005 55	43.578 20	85.207 12	151.833 98	128.865 77	155.151 55	165.092 86	118.505 55	»	»	
Produit de l'École professionnelle	13.899 78	10.808 66	18.770 82	20.906 70	12.054 72	10.804 54	14.222 71	5.058 65	»	»	
Produit du travail des prisonniers	17.675 10	18.077 76	21.387 58	21.300 32	24.158 21	26.080 83	23.076 13	30.182 08	»	»	
Recettes diverses et accidentelles	408.300 39	162.520 08	108.193 70	334.320 06	180.018 75	105.001 74	320.875 71	110.511 05	»	»	
Droits de passeports	97.161 42	73.112 70	9.314 20	»	»	»	»	»	»	»	
Remboursement des frais d'immatriculation	100.090 05	73.020 95	92.013 92	115.013 60	124.715 85	115.775 48	86.167 80	74.508 36	»	»	
Recettes des exercices clos	477.853 38	608.162 62	1.521.753 74	361.187 02	104.168 47	184.606 59	101.131 53	113.892 51	»	»	
Reversements, ressources	211.328 65	3.961 25	12.160 56	»	14.575 48	»	»	»	»	»	
Produit du chemin de fer de la Pointe Tamo	»	»	»	»	»	»	15.746 36	12.427 08	»	»	
TOTAUX	5.215.295 55	4.816.083 13	5.987.368 35	4.552.464 05	3.675.137 47	2.753.318 30	2.870.309 93	2.581.561 17	»	»	
TOTAUX GÉNÉRAUX	12.992.856 88	14.985.154 82	19.310.785 24	23.561.120 78	25.024.137 03	24.901.323 07	24.863.209 00	25.410.055 58	»	»	

(*) La différence des chiffres portés sur ce tableau et ceux qui figuraient sur l'état correspondant des statistiques de 1904 provient de ce que celui-ci ne comprenait pas [illegible] tels que subventions de la métropole, produits de passeports, etc., etc.

N° 26 — TABLEAU FAISANT RESSORTIR
LE POURCENTAGE DES PLUS-VALUES SUR LES PRÉVISIONS BUDGÉTAIRES

ANNÉES	PRÉVISIONS BUDGÉTAIRES	PLUS-VALUES	MONTANT DU POURCENTAGE
	fr. c.	fr. c.	fr. c.
1898	9.661.946 »	3.330.910 88	34.47
1899	11.136.000 »	3.840.154 82	34.56
1900	13.772.000 »	5.538.785 24	40,21
1901	19.904.000 »	3.657.120 78	18,37
1902	22.005.000 »	3.618.137 63	16,44
1903	23.507.000 »	1.394.323 67	5,90
1904	23.805.000 »	1.060.209 60	4,45
1905	24.091.580 70	1.403.526 18	5,82
1906	»	»	»
1907	»	»	»

N° 27 — ÉTAT INDIQUANT LA MOYENNE

DES IMPOTS PAYÉS : 1° PAR CONTRIBUABLE ; 2° PAR HABITANT (EXERCICE 1904) (*)

DÉSIGNATION DES RECETTES	RECOUVREMENTS EFFECTUÉS	NOMBRE de CONTRIBUABLES	NOMBRE D'HABITANTS	MOYENNE des impôts payés par CONTRIBUABLE	MOYENNE des impôts payés par HABITANT	OBSERVATIONS
				fr. c.	fr. c.	
CHAPITRE Ier — PRODUITS DU DOMAINE COLONIAL						
Produit des ventes et locations domaniales à l'exclusion des forêts....	91.950 43					
Recettes domaniales diverses	30.326 31					
Produit du domaine forestier	74.474 77					
Produit de permis de recherches minières	256.080 88					
Redevances dues par les exploitants de mines	379.075 01					
Produits des jardins d'essais	6.232 11					
CHAPITRE II — CONTRIBUTIONS SUR ROLES ET TAXES ASSIMILÉES						
Patentes	538.861 71					
Licences des débitants de boissons	398.718 50					
Permis de séjour aux étrangers d'origine asiatique ou africaine	401.178 75					
Taxe personnelle	12.425.095 61					
Impôt foncier sur les maisons	586.850 65					
Impôt foncier sur les rizières	1.636.794 64					
Impôt sur les propriétaires d'animaux	729.557 57					
Impôt sur les moulins à betsabetsa	77.725 »					
Impôt sur la canne à sucre	12.320 90					
Taxe d'assistance médicale indigène	1.097.918 57					
CHAPITRE III — DROITS PERÇUS SUR LIQUIDATIONS						
Droits de douanes à l'importation	560.096 46					
Droits de douanes à l'exportation	172.147 47					
Taxe de consommation	2.385.746 65					
Droits accessoires de douanes	40.088 30	770.856	2.706.661	32 26	9 19	La moyenne des impôts payés en France par habitant était de 75,04 pour 1887-1888. (Voir Dictionnaire des Finances de Léon Say. Tome II page 373.)
Amendes et confiscations	11.326 25					
Droits de navigations et droits sanitaires	14.768 14					
Droits de visite sur les animaux à l'importation et à l'exportation	»					
Droits de consommation sur les alcools et bières fabriqués à l'intérieur	60.956 99					
CHAPITRE IV — DIVERS PRODUITS ET REVENUS						
Recettes postales et télégraphiques	614.139 86					
Recettes de l'imprimerie officielle	55.446 29					
Droits d'enregistrement, de timbre et de chancellerie	108.117 78					
Produits des amendes et condamnations pécuniaires	121.299 10					
Remboursement des frais de traitement des particuliers dans les établissements hospitaliers de la Colonie	10.886 83					
Droits de place sur les marchés	999.813 47					
Produits de la taxe d'abatage	167.028 »					
Droits de péage sur les rivières (bacs)	104.942 86					
Produit de l'école professionnelle	12.222 71					
Produit du travail des prisonniers	23.076 13					
Recettes diverses et accidentelles	326.375 71					
Remboursement des frais d'immatriculation des propriétés particulières	64.167 40					
Produit du chemin de fer de la pointe Tanio	15.746 36					
CHAPITRE V — RECETTES SUR EXERCICES CLOS						
Reste à recouvrer sur contributions sur rôles	105.757 94					
Reste à recouvrer sur produits divers	87.379 49					
TOTAUX	24.865.299 60					

(*) L'état similaire afférent à l'année 1903 ne comprenait que les impôts versés par la population indigène. Sur le présent tableau figurent les recettes globales du budget local.

N° 27 bis — ÉTAT INDIQUANT, PAR PROVINCES.

LA SUPERFICIE DES RIZIÈRES SOUMISES A L'IMPOT FONCIER AU 1er JANVIER 1906

PROVINCES	SOUS-GOUVERNEMENTS	SUPERFICIES soumises à l'impôt	RECETTES effectuées	DIFFÉRENCE AVEC L'ANNÉE PRÉCÉDENTE EN PLUS OU EN MOINS — Superficie en plus	Superficie en moins	Recettes en plus	Recettes en moins
		h. a. c.	fr. c.	h. a. c.	h. a. c.	fr. c.	fr. c.
Ambositra	Ambositra	1.164 66 »	3.558 80	»	76 24 »	»	7.570 80
	Sandrandaly	1.774 80 »	5.024 60	»	58 55 »	»	9.633 10
	Sahamadio	1.340 63 »	4.006 15	»	78 40 »	»	8.776 75
	Anjoma	1.265 88 »	3.243 40	»	100 42 »	»	10.770 45
	Midongy	911 14 »	2.735 84	»	136 80 »	»	8.204 41
	Totaux	6.457 13 »	18.368 79	»	450 41 »	»	45.015 51
	Différence en moins	....	....	»	»	»	»
Angavo-Mangoro	Anjozorobé	1.470 50 »	5.882 »	259 40 »	»	»	12.116 70
	Ambatoména	1.564 55 »	6.258 20	»	50 52 »	»	17.803 05
	Manjakandriana	1.190 50 »	4.762 »	»	879 35 »	»	26.275 40
	Ambohitrandriamanitra	1.226 70 »	4.906 80	35 50 »	»	»	10.804 59
	Ambohimiadana	1.499 05 »	5.996 20	38 14 »	»	»	17.000 73
	Ambatondrazaka du Nord	1.748 70 »	6.682 80	108 20 »	»	»	0.721 30
	Ambatondrazaka du Sud	1.507 35 »	6.011 60	»	877 50 »	»	12.836 90
	Amparafaravola	816 80 »	3.058 »	80 82 »	»	»	4.211 80
	Imérimandroso	803 25 »	2.858 »	»	565 56 »	»	10.830 10
	Anosimboahangy	608 20 »	2.432 80	»	86 68 »	»	4.516 »
	Amboasary	1.065 85 »	4.246 60	337 35 »	»	»	3.038 40
	Beparasy	725 20 »	2.900 40	9 85 »	»	»	4.253 10
	Lakato	1 90 »	7 60	1 90 »	»	7 60	»
	Moramanga	1.357 85 »	4.341 40	»	47 05 »	»	9.707 60
	Mahazina	1.460 05 »	5.840 20	35 99 »	»	»	8.400 40
	Rizières des Européens	199 » »	268 »	45 60 »	»	»	836 »
	Totaux	17.245 45 »	66.452 60	961 84 »	2.506 66 »	7 60	152.502 25
	Différence en moins	....	....	»	1.544 82 »	»	152.494 65
Fianarantsoa	Fianarantsoa	9.751 22 »	24.574 45	3 67 »	»	»	30.191 06
	Solila	6.169 96 »	18.242 19	0 33 »	»	»	226 70
	Ambohimahasoa	4.183 71 66	12.602 50	0 00 87	»	51 35	»
	Ambalavao	4.985 08 »	14.955 24	394 96 »	»	1.184 66	»
	Totaux	25.089 97 66	70.374 38	398 96 87	»	1.236 01	30.417 76
	Différence en moins	....	....	»	»	»	29.181 75
Imerina-Centrale	Ambohimanga	2.679 07 »	13.395 35	»	12 67 »	»	63 35
	Ilafy	1.986 30 »	9.940 75	»	13 96 03	»	163 10
	Ambohitrolomahitsy	2.239 98 »	11.199 90	»	2 02 »	»	10 10
	Alarobia	1.693 98 »	8.469 90	325 25 »	»	1.604 15	»
	Ambohidratrimo	2.555 31 »	12.776 55	50 17 »	»	250 85	»
	Mahitsy	3.999 99 »	20.000 45	»	89 59 16	»	440 63
	Ambohitrimanjaka	1.889 81 »	9.449 05	»	3 31 »	»	16 55
	Fenoarivo	1.536 00 »	7.680 45	»	161 06 »	»	809 85
	Arivonimamo	3.208 06 »	15.969 80	»	50 14 »	»	32.899 90
	Ambohipandrana	3.059 02 »	15.106 60	»	562 59 »	»	38.116 20
	Imerintsiatosika	3.260 47 »	16.225 85	»	211 34 »	»	35.846 05
	Vakindrano	2.308 14 »	11.540 70	»	107 78 »	»	24.698 10
	Bohenjy	2.124 67 »	10.623 35	»	207 97 »	»	1.039 85
	Tsiafahy	1.943 87 25	9.719 36	»	261 64 80	»	1.308 24
	Alasora	2.666 33 65	13.331 68	»	36 80 40	»	684 02
	Totaux	37.152 09 90	185.429 74	375 42 »	1.838 88 39	1.855 »	136.104 94
	Différence en moins	....	....	»	1.463 46 39	»	134.249 94

N° 27 BIS. — ÉTAT INDIQUANT, PAR PROVINCES, LA SUPERFIÇIE DES RIZIÈRES SOUMISES A L'IMPOT FONCIER AU 1ER JANVIER 1906 (Suite.)

PROVINCES	SOUS-GOUVERNEMENTS	SUPERFICIE soumises à l'impôt	RECETTES effectuées	DIFFÉRENCE AVEC L'ANNÉE PRÉCÉDENTE EN PLUS OU EN MOINS — Superficie en plus	Superficie en moins	Recettes en plus	Recettes en moins
		h. a. c.	fr. c.	h. a. c.	h. a. c.	fr. c.	fr. c.
Imérina-Nord	Ankazobé	2.099 12 »	25.523 76	5 33 »	»	»	67.199 49
	Fihaonana	2.177 62 »		5 85 »	»	»	
	Vohiléna	915 56 »		13 83 »	»	»	
	Kiangara	241 93 »		25 92 »	»	»	
	Valalafotsy	857 36 »		118 61 »	»	»	
	Totaux	6.291 59 »	25.523 76	169 54 »	»	»	67.199 49
	Différence en moins	....	....	....	»	»	»
Itasy	Miarinarivo	2.233 68 »	8.120 25	12 02 »	»	»	12.087 25
	Mandiavato	2.094 71 »	8.070 87	»	193 48 »	»	13.434 38
	Ambohitrondrana	1.473 01 »	5.588 95	»	71 83 »	»	1.461 05
	Faratsiho	1.565 29 »	6.261 16	9 51 »	»	»	17.038 69
	Ramainandro	1.762 17 50	7.048 70	38 70 50	»	»	18.777 05
	Miandrarivo	866 27 »	3.465 08	11 66 »	»	»	9.305 08
	Mandridrano	1.707 33 »	6.634 84	64 07 »	»	»	17.447 31
	Tsiroanomandidy	455 51 »	1.822 04	»	35 35 »	»	5.531 94
	Totaux	12.157 79 50	47.020 89	135 96 50	300 66 »	»	95.082 75
	Différence en moins	....	....	....	164 69 50	»	»
Tananarive-Ville	2e arrondissement	60 74 80	286 29	»	2 54 73	»	645 69
	3e —	533 55 20	2.294 32	»	3 41 87	»	5.386 80
	4e —	265 20 »	1.092 41	8 82 06	»	»	2.519 69
	5e —	171 34 40	844 49	»	0 34 53	»	1.718 62
	8e —	308 36 60	1.371 42	»	11 96 20	»	3.263 09
	Rizières des Européens	20 80 60	66 29	»	2 15 »	»	0 75
	Totaux	1.360 01 60	5.955 22	8 82 06	20 42 33	»	13.534 64
	Différence en moins	....	....	....	11.60 27	»	»
Vakinankaratra	Antsirabe	3.472 47 80	10.417 45	»	27 59 20	»	82 77
	Bétafo	3.619 80 »	10.859 40	4 01 »	»	12 03	»
	Ambohimasina	1.728 80 »	5.186 40	22 46 »	»	67 38	»
	Ambatolampy	1.609 10 »	4.827 57	»	»	»	»
	Antanifotsy	1.857 19 »	5.571 57	»	0 14 »	»	0 42
	Tsinjoarivo	972 55 »	2.917 65	»	1 35 »	»	4 05
	Totaux	13.260 00 80	39 780 04	26 47 »	29 08 20	79 41	87 24
	Différence en moins	....	....	»	2 61 20	»	7 83
	Totaux généraux	119.013 06 46	458.905 42	2.077 02 43	5.146 11 02	3.178 02	539.944 58
	Différence en moins	....	....	....	3.069 09 49	»	537.766 56

N° 28 — ÉTAT DES DÉPENSES SUPPORTÉES PAR LE BUDGET LOCAL ORDINAIRE (EXERCICE 1904)

DÉSIGNATION DES CHAPITRES ET DES SERVICES	DÉPENSES EFFECTUÉES	OBSERVATIONS
	fr. c.	
CHAPITRE Ier. — Personnel de l'Administration française	2.123.739 25	
— II. — Personnel de l'Administration indigène	545.257 51	
— III. — Matériel	219.352 91	
— IV. — Direction du Contrôle financier	76.987 43	
— V. — Service du Trésor	1.013.466 58	
— VI. — Service des Douanes et Contributions indirectes	718.431 57	
— VII. — Service des Postes et télégraphes	1.790.754 70	
— VIII. — Service judiciaire	427.286 09	
— IX. — Garde régionale	1.330.827 20	
— X. — Police et prisons	460.510 91	
— XI. — Imprimeries officielles	307.741 02	
— XII. — Service des Travaux publics	2.982.998 31	
— XIII. — Service des Mines	94.957 65	
— XIV. — École professionnelle	172.021 77	
— XV. — Service topographique	463.368 56	
— XVI. — Service des Domaines	138.361 23	
— XVII. — Service des Forêts	32.204 08	
— XVIII. — Service de l'Agriculture	347.082 13	
— XIX. — Service vétérinaire	153.587 62	
— XX. — Service de l'Enseignement	664.100 20	
— XXI. — Ports, rades, phares et flottille	201.470 63	
— XXII. — Hôpitaux et Services sanitaires	326.825 01	
— XXIII. — Assistance médicale indigène	1.011.418 23	
— XXIV. — Frais de transport du personnel et du matériel	1.863.180 12	
— XXV. — Dépenses diverses et d'intérêt général	318.044 09	
— XXVI. — Subvention aux budgets municipaux	744.700 00	
— XXVII. — Dettes exigibles	3.419.191 16	
— XXVIII. — Dépenses diverses et imprévues	252.327 34	
— XXIX. — Dépenses des exercices clos	256.044 09	
TOTAL	22.465.838 20	

N° 29 — ÉTAT DES DÉPENSES DU SERVICE DES TRAVAUX PUBLICS DE 1896 A 1905 INCLUS

ANNÉES	TRAVAUX PUBLICS			DÉPENSES GLOBALES des DIFFÉRENTS BUDGETS
	DÉPENSES de personnel.	DÉPENSES DE MATÉRIEL et de travaux (budget local ordinaire).	CRÉDITS PRÉLEVÉS sur le budget local extraordinaire.	
	fr. c.	fr. c.	fr. c.	fr. c.
1896	187.587 40	606.652 »	»	5.202.007 23
1897	199.140 »	703.520 »	3.436.480 90	7.495.131 »
1898	240.373 30	1.308.278 »	3.454.523 38	10.465.765 09
1899	242.902 44	1.333.776 »	3.568.538 52	14.075.889 65
1900	233.263 95	1.527.521 »	7.061.260 52	17.062.244 73
1901	355.422 00	4.863.942 »	2.580.616 32	23.147.758 75
1902	527.069 81	5.314.148 »	1.038.957 53	25.322.768 93
1903	584.128 63	3.884.396 28	131.039 92	24.203.104 26
1904	608.669 69	2.348.232 75	266.840 41	23.638.500 »
1905	544.145 45	3.182.187 32	205.913 05	23.356.161 01
TOTAL	3.722.702 76	25.132.653 35	21.744.170 55	174.059.330 65
		46.876.823 90		

N° 30 — ÉTAT DES DÉPENSES

DU BUDGET EXTRAORDINAIRE LOCAL (PRODUIT DES EMPRUNTS) DE 1897 A 1905 INCLUS

1897	1898	1899	1900	1901	1902	1903	1904	1905	1906
fr. c.	fr. c.	fr. c.	fr. c.	fr. c.	fr. c.	fr. c.	fr. c.	fr. c.	fr. c.
3.660.585 92	3.637.194 70	3.935.573 20	8.817.879 09	11.548.619 05	14.077.677 77	12.666.333 89	11.570.052 53	7.115.872 33	»

N° 31 — ÉTAT DES DÉPENSES FAITES DANS LA COLONIE (BUDGET DE L'ÉTAT) DE 1897 A 1905 INCLUS (Y COMPRIS LES DÉPENSES DU POINT D'APPUI DE DIÉGO-SUAREZ)

1897	1898	1899	1900	1901	1902	1903	1904	1905	1906
francs.	francs.	francs.	francs.	francs.	francs.	francs.	francs.	francs.	francs.
20.385.752	16.675.636	19.272.173	27.229.723	24.840.028	22.637.382	19.381.871	16.033.905	15.442.219	»

N° 32 — TABLEAU COMPARATIF DE LA VALEUR MOBILIÈRE ET IMMOBILIÈRE DE LA COLONIE PENDANT LA PÉRIODE DE 1902 A 1905 INCLUS

NUMÉROS des CHAPITRES de la nomenclature.	SOMMAIRE	EXERCICES 1902	1903	1904	1905
		fr. c.	fr. c.	fr. c.	fr. c.
I	Immeubles	14.066.482 45	14.326.606 51	15.173.355 56	16.541.096 94
	Mobiliers des hôtels et bureaux	1.621.457 79	1.861.726 86	1.889.060 80	1.812.200 68
	Matériel du service général	640.206 13	640.206 13	510.034 12	518.070 32
II	Cartes, dessins, plans	63 00	6.187 11	7.404 68	6.344 55
	Ouvrages divers	117.482 05	183.093 12	267.881 17	263.809 51
III	Instruments de précision	76.599 98	247.436 17	297.110 47	219.890 24
	Matériaux divers, outillages	3.502.421 58	7.552.710 55	7.668.949 00	7.702.596 08
IV	Navires, canots, embarcations	265.131 00	563.877 39	565.937 64	562.816 71
	Appontements et radeaux	1.344 88	71 219 00	60.965 00	67.906 55
	Bouées, balises, etc	132.427 15	181.528 02	188.275 37	173.434 31
	Éclairages des ports et rades	205.289 34	225.647 63	225.654 26	227.270 90
V	Habillement et équipement	5.071 18	43.847 42	64.278 51	70.973 29
	Casernement et couchage	1.450 48	25.964 48	45.749 58	35.380 49
VI	Haras et jumenteries	17.008 00	91.334 00	100.628 00	99.320 50
	Écoles agricoles et jardins d'essais	53.775 00	19.060 80	14.391 20	16.311 00
	Animaux de trait ou de selle	38.170 50	25.440 00	31.160 00	15.211 83
	TOTAUX	20.744.380 51	26.065.384 59	27.109.844 36	28.338.077 90

N° 33 — ÉTAT DE DÉVELOPPEMENT DE LA VALEUR MOBILIÈRE ET IMMOBILIÈRE DE LA COLONIE PAR SERVICES ET PAR CIRCONSCRIPTIONS ADMINISTRATIVES

SERVICES DIVERS

DÉSIGNATION DES SERVICES	AU 31 DÉCEMBRE 1905 fr. c.
Agriculture	149.875 85
Automobiles	576.328 60
Assistance médicale	313.854 26
Bâtiments civils	3.102.306 05
Chemin de fer	6.401.994 88
Contrôle financier	98.496 42
Domaines	37.879 58
Douanes	505.607 41
École de Médecine	76.972 16
École professionnelle	356.863 55
Enseignement	898.830 76
Gouvernement général	2.477.500 98
Haras	49.927 89
Hôpital indigène	164.332 52
Imprimerie officielle	606.691 49
Institut Pasteur	93.445 68
Justice	362.492 92
Mairie	809.849 28
Mines	55.979 79
Police	34.486 05
Ponts et chaussées	197.675 01
Postes et télégraphes	369.328 24
Prisons	38.263 37
Secrétariat général	371.222 74
Service topographique	65.584 58
Travaux publics	26.482 60
Trésor	11.551 92
TOTAL	18.253.824 58

CIRCONSCRIPTIONS ADMINISTRATIVES

DÉSIGNATION DES CIRCONSCRIPTIONS	AU 31 DÉCEMBRE 1905 fr. c.
Province d'Ambositra	178.923 52
— d'Analalava	121.512 31
— Angavo-Mangoro	187.590 91
— Betanimena	459.132 49
— Betsimisaraka du Centre	2.416 480 46
— — Nord	116.553 46
— — Sud	243.395 89
— Diégo-Suarez	613.032 95
— Farafangana	182.442 09
— Fianarantsoa	783.945 07
— Imerina-Centrale	496.505 05
— — du Nord	212.012 69
— Itasy	105.486 70
— Majunga	2.045.593 29
— Mananjary	221.858 09
— Mandritsara	91.346 55
— Nossi-Bé	217.718 28
— Sainte-Marie	171.832 75
— Tuléar	205.578 23
— Vakinankaratra	422.146 97
— Vohémar	190.659 24
Cercle Fort-Dauphin	145.078 04
— Mahafalys	22.030 57
— Maintirano	16.215 12
— Maevatanàna	37.936 28
— Morondava	128.946 32
TOTAL	10.084.853 32

V

JUSTICE

N° 34 — JUSTICES DE PAIX SIMPLES

NOM DE LA JUSTICE DE PAIX	AFFAIRES CIVILES ET COMMERCIALES	AFFAIRES CORRECTIONNELLES et de simple police.	CONCILIATIONS	TOTAL GÉNÉRAL NON COMPRIS LES CONCILIATIONS
Aniverano	23	49	»	72
Andévorante	48	56	269	104
Beforona	1	4	1	5
Manjakandriana	2	13	4	15
Miarinarivo	»	30	1	30
Maevatanàna	10	17	2	27
Ankazobe	3	9	5	12
Ambositra	35	21	7	56
Antsirabe	3	16	12	19
Morondava	4	19	»	23
Maintirano	10	11	»	21
Farafangana	1	9	»	10
Vohémar	2	11	»	13
Fort-Dauphin	»	2	»	2
Analalava	20	25	7	45
Vatomandry	22	44	205	66
Mandritsara	3	15	13	18
Mahafaly	»	»	»	»
Maroantsetra	1	10	»	11
Sainte-Marie	»	10	»	10
TOTAL	188	371		559

N° 35 — STATISTIQUE DES TRIBUNAUX DE 1re INSTANCE
ET JUSTICES DE PAIX A COMPÉTENCE ÉTENDUE

CIRCONSCRIPTIONS	JUGEMENTS civils et commerciaux.	ARRÊTÉS criminels jugements correctionnels et de simple police.	AUTRES jugements interlocuteurs, préparatoires, sur requête, etc.	JUGEMENTS d'immatriculation	ORDONNANCES d'immatriculation	CONCILIATIONS	TOTAL général non compris les conciliations.
Tananarive	223	105	221	54	177	180	780
Tamatave	215	178	177	22	200	»	708
Diégo-Suarez	323	227	125	2	73	377	750
Majunga	142	168	151	7	59	508	527
Nossi-Bé	104	24	»	»	»	»	128
Fianarantsoa	47	50	20	7	42	»	166
Mananjary	18	64	31	»	11	»	124
Tuléar	82	38	»	»	»	66	120
Total	1.154	854	725	92	568	951	3.203

N° 36 — STATISTIQUE DES TRIBUNAUX INDIGÈNES DU 1er DEGRÉ

DISTRICTS OU SECTEURS	AFFAIRES CIVILES	AFFAIRES RÉPRESSIVES	OBSERVATIONS	TOTAL DU 1er DEGRÉ		TOTAL GÉNÉRAL DES JUGEMENTS RENDUS par les tribunaux du 2e degré et du 1er degré non compris les conciliations
Tananarive-Ville	84	23	En outre 209 affaires conciliées.		107	300
Avaradrano-Marovatana	206	32		238		
Imamo	1	8		9	260	446
Vakinisisaony	6	7		13		
Tamatave-Ville	8	4			12	37
Tamatave	»	»			»	
Foulpointe	»	»			»	
Mahambo	14	7			21	63
Fénérive	»	»			»	
Soanierana	»	»			»	
Antsirana. Ambre	»	»			»	37
Marovoay	»	8		8	8	31
Autres districts de la province de Majunga	»	»		»		
Nossi-Bé (Grande-Terre)	»	»			»	9
Fianarantsoa	32	4		36		
Analalava	»	1		1	37	131
Autres districts de la province de Fianarantsoa	»	»		»		
Mananjary	6	1		7	7	51
Autres districts de la providce de Mananjary	»	»		»		
Districts de la province de Tuléar	51	17			68	130
Ambositra	21	8			29	74
Andévorante	18	10			28	71
Antsohiby	19	10		29		
Analalava	4	3		7	36	64
Autres districts de la province d'Analalava	»	»		»		
Ankazobé	3	4		7	10	40
Valalafotsy	3	»		3		
Antsirabe	1	»		1		
Betafo	»	»		»	5	74
Ambatolampy	1	3		4		
Beforona	»	»			»	2
Farafangana et autres districts de la province de Farafangana	2	»			2	26
Aniverano	3	1	En outre 53 conciliations.		4	51
Secteurs du Cercle de Fort-Dauphin	»	»			»	2
Maintirano	»	»		»		
Tomboharana	»	»		»	1	6
Belalampy	»	1		1		
Manjakandriana	3	»		3		
Moramanga	»	1		1	9	35
Ambatondrazaka	5	»		5		
Maroantsetra	1	»		1		
Mananara	»	»		»	1	37
Ambohimanga	»	»		»		
Maevatanàna	»	1		1	1	11
Autres secteurs du Cercle de Maevatanàna	»	»		»		
Mandritsara	2	»		2		
Antsakabory	»	»		»	3	20
Befandriana	»	1		1		
Miarinarivo	3	»		3		
Faratsiho	6	5		11	20	82
Soavinandriana	1	3		4		
Tsiroanomandidy	»	2		2		
Secteurs du Cercle de Morondava	»	»			»	8
Vatomandry	3	1		4		
Mahanoro	»	1		1	5	21
Marolambo	»	»		»		
Vohémar	26	»		26	30	70
Antalaha	8	5		13		
Secteurs du Cercle de Mahafaly	»	»			»	»
TOTAL	541	172			713	1.920

N° 37 — STATISTIQUE DES TRIBUNAUX INDIGÈNES DU 2e DEGRÉ

PROVINCES OU CERCLES	AFFAIRES CIVILES	AFFAIRES RÉPRESSIVES	OBSERVATIONS	TOTAL DU 2e DEGRÉ
Tananarive-Ville	109	84		193
Imerina-Centrale	50	36		186
Tamatave-Ville	8	17		26
Betsimisaraka du Centre	9	33		42
Diégo-Suarez	4	33		37
Majunga	»	23		23
Nossi-Bé (Grande-Terre)	3	6		9
Fianarantsoa	33	61		94
Mananjary	1	43		44
Tuléar	8	54		62
Ambositra	8	37		45
Andévorante	6	37		43
Analalava	13	15	En outre 2 conciliations.	28
Ankazobé	20	10		30
Antsirabe	30	39		69
Beforona	»	2		2
Farafangana	1	23		24
Aniverano	7	40	En outre 2 conciliations.	47
Fort-Dauphin	»	2		2
Maintirano	»	5		5
Manjakandriana	2	24		26
Maroantsetra	24	12		36
Maevatanàna	»	10		10
Mandritsara	1	16		17
Miarinarivo	19	43		62
Morondava	1	7		8
Vatomandry	»	16		16
Vohémar	9	22		31
Mahafaly	»	»		»
	466	750		1.216

N° 38 — STATISTIQUE DE LA COUR D'APPEL DE TANANARIVE, ANNÉE 1905

JUSTICE FRANÇAISE					JUSTICE INDIGÈNE			TOTAL GÉNÉRAL
ARRÊTS CIVILS	ARRÊTS COMMERCIAUX	ARRÊTS CRIMINELS	ARRÊTS CORRECTIONNELS	TOTAL	ARRÊTS CIVILS et commerciaux.	ARRÊTS en matière répressive.	TOTAL	
74	52	7	77	210	47	66	113	323

N° 39 — ÉTAT RÉCAPITULATIF DES AFFAIRES JUGÉES EN 1905
PAR LES DIFFÉRENTES JURIDICTIONS DE LA COLONIE

	AFFAIRES CIVILES ET COMMERCIALES jugements et ordonnances d'immatriculation.	AFFAIRES RÉPRESSIVES	TOTAL
Cour d'appel	173	150	323
Tribunaux de 1re instance et justices de paix à compétence étendue	2.539	854	3.393
Justices de paix simples	188	371	559
Tribunaux indigènes	1.007	922	1.929

VI

ENSEIGNEMENT

N° 40 — STATISTIQUE GÉNÉRALE DE L'ENSEIGNEMENT AU 1er JANVIER 1906

ENSEIGNEMENT OFFICIEL ET PRIVÉ (ÉCOLES EUROPÉENNES ET INDIGÈNES)

ENSEIGNEMENT	ÉTABLISSEMENTS SCOLAIRES											
	NOMBRE D'ÉCOLES				NOMBRE DE MAITRES					NOMBRE D'ÉLÈVES		
	de garçons.	de filles.	mixtes.	Total.	Instituteurs.		Institutrices.		Total.	Garçons.	Filles.	Total.
					Européens.	Indigènes.	Européennes.	Indigènes.				
Enseignement officiel.												
Écoles européennes	4	3	5	12	7	»	10	»	17	248	167	415
Écoles indigènes	25	8	316	349	20	397	18	167	602	18.448	8.245	26.693
Enseignement privé.												
Écoles européennes dirigées par des missions	5	5	2	12	8	»	11	»	19	151	194	345
Écoles européennes dirigées par des laïques	»	»	5	5	»	»	9	»	9	34	111	145
Écoles indigènes reconnues	53	25	134	212	54	443	44	117	658	12.837	8.369	21.206
— — non reconnues (1)	»	»	»	»	»	»	»	»	»	»	»	»
Totaux	87	41	462	590	89	840	92	284	1.305	31.718	17.086	48.804

(1) Les écoles dites d'église ne relèvent pas du Service de l'Enseignement.

N° 41 — STATISTIQUE DE L'ENSEIGNEMENT OFFICIEL AU 1er JANVIER 1906

ÉTABLISSEMENTS LAÏQUES OFFICIELS POUR LES ENFANTS EUROPÉENS ET ASSIMILÉS

NOMS DES LOCALITÉS dans lesquelles sont situés LES ÉTABLISSEMENTS SCOLAIRES	ÉTABLISSEMENTS SCOLAIRES DIVERS											
	NOMBRE D'ÉCOLES				NOMBRE DE MAITRES					NOMBRE D'ÉLÈVES		
	de garçons.	de filles.	mixtes.	Total.	Instituteurs. Européens.	Instituteurs. Indigènes.	Institutrices. Européennes.	Institutrices. Indigènes.	Total.	Garçons.	Filles.	Total.
Tananarive	1	1	1	3	2	»	3	»	5	51	35	86
Diégo-Suarez	1	1	1	3	2	»	3	»	5	85	76	161
Hell-Ville	»	»	1	1	»	»	1	»	1	13	15	28
Majunga	1	1	»	2	1	»	1	»	2	28	32	60
Mananjary	»	»	1	1	»	»	1	»	1	5	2	7
Tamatave	1	»	1	2	2	»	1	»	3	66	7	73
TOTAUX	4	3	5	12	7	»	10	»	17	248	167	415

N° 42 — STATISTIQUE DE L'ENSEIGNEMENT OFFICIEL AU 1er JANVIER 1906

ÉCOLES INDIGÈNES

NOMS DES LOCALITÉS dans lesquelles sont situés LES ÉTABLISSEMENTS SCOLAIRES	ÉTABLISSEMENTS SCOLAIRES DIVERS											
	NOMBRE D'ÉCOLES				NOMBRE DE MAITRES					NOMBRE D'ÉLÈVES		
					Instituteurs.		Institutrices.					
	de garçons.	de filles.	mixtes.	Total.	Européens.	Indigènes.	Européennes.	Indigènes.	Total.	Garçons.	Filles.	Total.
Circonscription scolaire centrale...	15	3	143	161	9	183	6	98	296	9.517	4.370	13.887
Circonscription scolaire de l'Est...	3	2	41	46	4	52	4	21	81	2.300	908	3.208
Circonscription scolaire du Nord-Ouest....................	1	1	75	77	2	86	5	13	106	3.539	1.710	5.249
Circonscription scolaire du Sud...	6	2	51	59	5	70	3	31	109	2.746	1.006	3.752
Divisions administratives ne faisant partie d'aucune circonscription scolaire....................	»	»	6	6	»	6	»	4	10	346	251	597
Totaux.............	25	8	310	349	20	397	18	167	602	18.448	8.245	26.693

N° 43 — STATISTIQUE DE L'ENSEIGNEMENT PRIVÉ AU 1er JANVIER 1906

ÉTABLISSEMENTS LAÏQUES PRIVÉS POUR LES ENFANTS EUROPÉENS ET ASSIMILÉS

NOMS DES LOCALITÉS dans lesquelles sont situés LES ÉTABLISSEMENTS SCOLAIRES	ÉTABLISSEMENTS SCOLAIRES DIVERS											
	NOMBRE D'ÉCOLES				NOMBRE DE MAÎTRES					NOMBRE D'ÉLÈVES		
					Instituteurs.		Institutrices.					
	de garçons.	de filles.	mixtes.	Total.	Européens.	Indigènes.	Européennes.	Indigènes.	Total.	Garçons.	Filles.	Total.
Tamatave	»	»	3	3	»	»	7	»	7	24	96	120
Vatomandry	»	»	1	1	»	»	1	»	1	6	9	15
Mahanoro	»	»	1	1	»	»	1	»	1	4	6	10
TOTAUX	»	»	5	5	»	»	9	»	9	34	111	145

N° 44 — STATISTIQUE DE L'ENSEIGNEMENT PRIVÉ AU 1er JANVIER 1906

ÉTABLISSEMENTS LAÏQUES PRIVÉS POUR LES ENFANTS INDIGÈNES

NOMS DES LOCALITÉS dans lesquelles sont situés LES ÉTABLISSEMENTS SCOLAIRES	ÉTABLISSEMENTS RECONNUS											
	NOMBRE D'ÉCOLES				NOMBRE DE MAÎTRES					NOMBRE D'ÉLÈVES		
	de garçons.	de filles.	mixtes.	Total.	Instituteurs.		Institutrices.		Total.	Garçons.	Filles.	Total.
					Européens.	Indigènes.	Européennes.	Indigènes.				
Antanambao (Tamatave) (Alliance française)	»	»	1	1	»	1	»	1	2	26	16	42
Beheridjy (Cercle de Maintirano) (Alliance française)	»	»	1	1	1	»	»	»	1	56	48	104
Antranobiriky (Tananarive) École protestante malgache)	»	»	1	1	»	1	»	1	2	65	37	102
TOTAUX	»	»	3	3	1	2	»	2	5	147	101	248

N° 45 — STATISTIQUE DE L'ENSEIGNEMENT PRIVÉ AU 1er JANVIER 1906

MISSIONS RELIGIEUSES

NOMS DES MISSIONS auxquelles appartiennent LES ÉTABLISSEMENTS SCOLAIRES	ÉTABLISSEMENTS RECONNUS — NOMBRE D'ÉCOLES				NOMBRE DE MAITRES					NOMBRE D'ÉLÈVES		
	de garçons.	de filles.	mixtes.	Total.	Instituteurs.		Institutrices.		Total.	Garçons.	Filles.	Total.
					Européens.	Indigènes.	Européennes.	Indigènes.				
Missions catholiques	18	12	30	60	29	90	26	38	183	4.402	2.700	7.102
— protestante française	9	4	66	79	6	165	3	14	188	3.747	2.661	6.408
London Missionary Society	8	4	12	24	5	69	3	23	100	1.601	1.204	2.805
Friends Foreign Missionary Association	6	1	»	7	4	26	1	12	43	832	335	1.167
Mission anglicane	3	1	13	17	4	45	6	14	69	872	700	1.572
— norvégienne	9	3	10	22	5	46	5	14	70	1.236	668	1.904
TOTAUX	53	25	131	209	53	441	44	115	653	12.600	8.268	20.958

N° 46 — STATISTIQUE DE L'ENSEIGNEMENT PRIVÉ AU 1ER JANVIER 1906

ÉTABLISSEMENTS CONGRÉGANISTES POUR LES ENFANTS EUROPÉENS ET ASSIMILÉS

NOMS DES LOCALITÉS dans lesquelles sont situés LES ÉTABLISSEMENTS SCOLAIRES	ÉTABLISSEMENTS RECONNUS — NOMBRE D'ÉCOLES de garçons.	de filles.	mixtes.	Total.	NOMBRE DE MAITRES — Instituteurs. Européens.	Instituteurs. Indigènes.	Institutrices. Européennes.	Institutrices. Indigènes.	Total.	NOMBRE D'ÉLÈVES — Garçons.	Filles.	Total.
Tananarive	2	1	1	4	3	»	3	»	6	26	46	72
Tamatave	1	1	»	2	2	»	2	»	4	40	30	70
Diégo-Suarez	1	1	»	2	2	»	2	»	4	44	63	107
Majunga	1	1	»	2	1	»	1	»	2	30	12	42
Mananjary	»	»	1	1	»	»	2	»	2	11	29	40
Anamakia	»	1	»	1	»	»	1	»	1	»	14	14
TOTAUX	5	5	2	12	8	»	11	»	19	151	194	345

VII

MISSIONS RELIGIEUSES

N° 47 — TABLEAU INDIQUANT PAR RÉGIONS

LE NOMBRE DES MEMBRES DES MISSIONS RELIGIEUSES RÉSIDANT A MADAGASCAR AU 1ᴱᴿ JANVIER 1906

Région	Missions	Nationalité	Sexe	Nombre	Total	Nombre	Totaux partiels	Nombre	Total général	Nombre	
Région Septentrionale.	Catholiques	Français	Hommes	3	Hommes	3	Français	8			
			Femmes	5	Femmes	5					
		Étrangers	Hommes	»							
			Femmes	»							
	Protestants	Français	Hommes	»	Hommes	»					
			Femmes	»	Femmes	»					
		Étrangers	Hommes	»							
			Femmes	»							
	Anglicans	Français	Hommes	»	Hommes	»	Étrangers	»			
			Femmes	»	Femmes	»					
		Étrangers	Hommes	»							
			Femmes	»							
Versant Est.	Catholiques	Français	Hommes	35	Hommes	37	Français	71			
			Femmes	30	Femmes	34					
		Étrangers	Hommes	2							
			Femmes	4							
	Protestants	Français	Hommes	3	Hommes	8					
			Femmes	3	Femmes	5					
		Étrangers	Hommes	5							
			Femmes	2							
	Anglicans	Français	Hommes	»	Hommes	3	Étrangers	20			
			Femmes	»	Femmes	4					
		Étrangers	Hommes	3							
			Femmes	4							
Versant Ouest.	Catholiques	Français	Hommes	14	Hommes	14	Français	32			
			Femmes	18	Femmes	18					
		Étrangers	Hommes	»							
			Femmes	»							
	Protestants	Français	Hommes	»	Hommes	4			Français	372	508
			Femmes	»	Femmes	1			Étrangers	136	
		Étrangers	Hommes	4							
			Femmes	1							
	Anglicans	Français	Hommes	»	Hommes	»	Étrangers	5			
			Femmes	»	Femmes	»					
		Étrangers	Hommes	»							
			Femmes	»							
Région Centrale.	Catholiques	Français	Hommes	133	Hommes	144	Français	246			
			Femmes	6	Femmes	69					
		Étrangers	Hommes	11							
			Femmes	3							
	Protestants	Français	Hommes	27	Hommes	64					
			Femmes	20	Femmes	45					
		Étrangers	Hommes	37							
			Femmes	25							
	Anglicans	Français	Hommes	»	Hommes	12	Étrangers	100			
			Femmes	1	Femmes	13					
		Étrangers	Hommes	12							
			Femmes	12							
Région Méridionale.	Catholiques	Français	Hommes	5	Hommes	8	Français	14			
			Femmes	7	Femmes	8					
		Étrangers	Hommes	3							
			Femmes	1							
	Protestants	Français	Hommes	1	Hommes	4					
			Femmes	1	Femmes	5					
		Étrangers	Hommes	3							
			Femmes	4							
	Anglicans	Français	Hommes	»	Hommes	»	Étrangers	11			
			Femmes	»	Femmes	»					
		Étrangers	Hommes	»							
			Femmes	»							

VIII

ASSISTANCE MÉDICALE

N° 48 — STATISTIQUE INDIQUANT LE NOMBRE ET LA RÉPARTITION DES FORMATIONS SANITAIRES ET CELUI DES CONSULTATIONS DONNÉES ET DES HOSPITALISATIONS EFFECTUÉES PENDANT L'ANNÉE 1905 DE L'ASSISTANCE MÉDICALE AU 1er JANVIER 1906

PROVINCES	FORMATIONS SANITAIRES				CONSULTATIONS	HOSPITALISATION	LÉPREUX hospitalisés janvier 1906.	OBSERVATIONS
	HÔPITAUX	MATERNITÉS	DISPENSAIRES	LÉPROSERIES				
Tananarive-Ville	1	2	2	»	70.319	2.244	»	
Imerina-Centrale	6	7	10	2	464.428	6.069	1.164	
— du Nord	3	1	1	»	70.349	1.069	»	
Angavo-Mangoro	3	5	11	»	155.207	750	210	
Itasy	6	4	»	1	109.688	3.773	294	
Vakinankaratra	4	5	1	1	158.947	3.650	951	
Ambositra	2	5	2	1	95.803	1.756	94	
Fianarantsoa	6	11	2	1	166.943	4.681	212	
Betsimisaraka du Nord	»	»	2	»	»	»	»	
— du Centre	1	»	1	1	14.797	194	281	
— du Sud	3	2	1	»	14.747	595	»	
Betanimena	1	»	1	»	9.086	216	»	
Mandritsara	»	»	1	»	7.755	»	»	
Fort-Dauphin	»	1	1	»	4.329	»	»	
Maintirano	»	»	»	1	»	»	»	
Farafangana	»	»	»	1	5.882	»	518	
TOTAUX	36	43	36	9	1.348.370	24.997	3.724	

N° 49 — PERSONNEL DE L'ASSISTANCE MÉDICALE EN SERVICE RÉGULIER AU 1ER JANVIER 1906

CIRCONSCRIPTIONS	PERSONNEL MÉDICAL			
	MÉDECINS EUROPÉENS	MÉDECINS INDIGÈNES	SAGES-FEMMES INDIGÈNES	INFIRMIERS INDIGÈNES
Tananarive-Ville	3	3	1	18
Imerina-Centrale	1	17	7	42
— du Nord	1	4	1	14
Angavo-Mangoro	1	9	5	»
Itasy	1	5	4	32
Vakinankaratra	1	4	5	»
Ambositra	1	5	5	»
Fianarantsoa	2	6	12	23
Betsimisaraka du Nord	»	2	»	»
— du Centre	2	3	»	»
— du Sud	2	3	2	2
Betanimena	1	2	»	»
Mandritsara	»	1	»	»
Fort-Dauphin	1	1	1	»
Chemin de fer	2	5	»	»
TOTAUX	19	70	43	131

N° 50 — STATISTIQUE DES PERSONNES TRAITÉES POUR LA RAGE A L'INSTITUT PASTEUR DE TANANARIVE PENDANT L'ANNÉE 1905

	TÊTE			MAINS			MEMBRES ET TRONC			TOTAL		
	TRAITÉS	MORTS	P. 100	TRAITÉS	MORTS	P. 100	TRAITÉS	MORTS	P. 100	TRAITÉS	MORTS	P. 100
Personnes mordues par un chien dont la rage a été expérimentalement démontrée	2	»	»	3	»	»	1	»	»	6	»	»
Personnes mordues par un chien reconnu enragé par un vétérinaire	»	»	»	3	»	»	3	»	»	6	»	»
Personnes mordues par un chien suspect	4	»	»	9	1	11	20	»	»	33	1	3
Totaux	6	»	»	15	1	6,6	24	»	»	45	1	22

N° 51 — STATISTIQUE DES VACCINATIONS OPÉRÉES AU COURS DE L'ANNEE 1905 AVEC DU VACCIN PROVENANT DE L'INSTITUT PASTEUR DE TANANARIVE

CIRCONSCRIPTIONS	VACCINATIONS				REVACCINATIONS			
	Nombre de vaccinations	Vérifiées		Pourcentage des succès	Nombre de revaccinations	Vérifiées		Pourcentage des succès
		Succès.	Insuccès.			Succès.	Insuccès.	
Tananarive-Ville	570	240	301	44	692	156	444	26
Imerina-Centrale	30.670	15.777	2.710	85	4.149	1.535	1.386	53
— du Nord	8.360	4.597	1.129	80	3.239	876	1.215	42
Itassy	32.422	21.317	3.125	87	4.975	2.566	1.028	71
Vakinankaratra	18.223	14.765	1.716	90	4.079	1.293	2.446	35
Ambositra	3.660	1.461	51	97	514	181	47	79
Fianarantsoa	8.873	5.906	1.262	82	1.506	566	835	40
Angavo-Mangoro	664	482	113	81	283	170	56	75
Chemin de fer	599	104	46	69	352	56	80	41
Mandritsara	85	77	8	91	105	96	9	91
Maevatanàna	140	100	28	78	66	36	28	56
Mananjary	430	177	87	67	»	»	»	»
Farafangana	983	281	167	63	71	38	32	54
Fort-Dauphin	247	128	42	75	68	14	27	34
Tulear	577	398	170	70	»	»	»	»
Morondava	932	220	116	66	33	20	14	62
Totaux	107.450	66.039	11.080	»	20.132	7.603	7.647	»

N° 52 — STATISTIQUE DES VACCINATIONS OPÉRÉES AU COURS DE L'ANNÉE 1905 AVEC DU VACCIN PROVENANT DU PARC DE DIÉGO-SUAREZ

CIRCONSCRIPTIONS	VACCINATIONS				REVACCINATIONS			
	Nombre de vaccinations	Vérifiées		Pourcentage des succès.	Nombre de revaccinations	Vérifiées		Pourcentage des succès.
		Succès.	Insuccès.			Succès.	Insuccès.	
Diégo-Suarez	205	84	19	81,56	907	38	699	15,08
Tamatave-Ville	970	165	82	66,8	189	»	»	»
Betanimena	4.819	349	88	60	1.783	65	166	»
Mananjary	1.083	241	10	96,02	»	»	»	»
Farafangana	491	95	46	67.38	60	3	57	»
Fort-Dauphin	294	62	24	72,09	185	25	8	»
Morondava	63	14		»	35	20	15	»
Tulear	926	416	50	68.88	520	103	179	»
Totaux	8.851	1.426	328	»	3.679	254	1.119	»

N° 53 — TABLEAU DES DÉPENSES
DE L'ASSISTANCE MÉDICALE INDIGÈNE DE 1896 A 1905 INCLUS

1896	1897	1898	1899	1900	1901	1902	1903	1904	1905
francs.	francs.	francs.	francs.	francs.	francs.	francs.	francs.	fr. c.	fr. c.
12.000	15.000	50.000	80.000	200.000	24.000	500.000	760.000	1.011.351 56 (1)	1.247.325 49

(1) La vérification des comptes définitifs a montré que le chiffre des dépenses de l'assistance médicale porté sur le volume des statistiques afférentes à l'année 1904 était inexact. Le chiffre réel figure sur le présent tableau.

IX

RÉGIME FONCIER

N° 54 — ÉTAT RÉCAPITULATIF PRÉSENTANT LA SITUATION DES IMMATRICULATIONS REQUISES OU PRONONCÉES DEPUIS LE 1er JANVIER 1897 JUSQU'AU 31 DÉCEMBRE 1905

CIRCONSCRIPTIONS ADMINISTRATIVES	Réquisitions déposées du 1er janvier au 31 décembre 1905 — Par les colons — Propriétés provenant de concessions — Urbaines — Nombre	Urbaines — Valeur (francs)	Urbaines — Superficie (h. a.)	Rurales — Nombre	Rurales — Valeur (francs)	Rurales — Superficie (h. a.)	Propriétés provenant d'autres titres — Urbaines — Nombre	Urbaines — Valeur (francs)	Urbaines — Superficie (h. a.)	Rurales — Nombre	Rurales — Valeur (francs)	Rurales — Superficie (h. a.)	Totaux — Nombre	Totaux — Valeur (francs)	Totaux — Superficie (h. a.)
Diégo-Suarez	3	13.000	2	20	32.700	115 »	80	170.300	1 »	8	25.300	27 »	111	250.300	145 »
Fianarantsoa	1	1.000	0 35	5	6.070	145 »	5	2.708	3 19	1	1.020	2 »	12	11.078	140 53
Majunga	18	14.331	2 96	16	20.290	9.957 »	32	35.885	1 48	21	95.250	1.701 »	87	170.205	11.652 55
Mananjary	1	3.000	0 20	3	5.315	160 99		»	»	1	4.000	40 »	5	12.315	201 19
Nossi-Bé	»	»	»	10	100.000	3.153	21	107.400	0 33	10	193.000	2.030 »	41	400.400	5.183 33
Tamatave	10	15.900	0 50	36	73.300	963 36	29	1.163.140	42 06	17	252.576	12.020 20	92	1.504.522	13.030 »
Tananarive	2	590	0 28	31	631.982	20.412 53	10	80.505	6 79	10	25.001	50 »	53	738.128	20.471 60
Totaux	35	47.471	12 18	121	885.307	40.894 80	180	1.567.953	51 85	64	306.427	15.666 20	401	3.096.048	56.635 40
Report des années antérieures	695	7.303.628	766 »	1.030	7.418.212	191.058 »	1.557	15.580.079	2.386 »	891	4.853.026	176.711 »	4.172	35.255.065	370.911 »
Totaux au 31 décembre 1905	730	7.351.099	778 18	1.151	8.303.519	231.952 80	1.737	17.148.032	2.437 85	955	5.159.453	192.377 20	4.573	38.351.060	427.546 40

(La suite p. 122.)

N° 54 — ÉTAT RÉCAPITULATIF PRÉSENTANT LA SITUATION DES IMMATRICULATIONS REQUISES OU PRONONCÉES DEPUIS LE 1er JANVIER 1897 JUSQU'AU 31 DÉCEMBRE 1905 (Suite.)

CIRCONSCRIPTIONS ADMINISTRATIVES	RÉQUISITIONS DÉPOSÉES DU 1er JANVIER AU 31 DÉCEMBRE 1905 — par les Européens — Propriétés urbaines			Propriétés rurales			Totaux			par les Indigènes — Propriétés urbaines			Propriétés rurales			Totaux			TOTAUX GÉNÉRAUX		
	Nombre	Valeur	Superficie	Nombre	Valeur	Superficie	Nombre	Valeur	Superficie	Nombre	Valeur	Superficie	Nombre	Valeur	Superficie	Nombre	Valeur	Superficie	Nombre	Valeur	Superficie
		francs	h. a.		francs	h. a.		francs	h. a.		francs	h. a.		francs	h. a.		francs	hectares		francs	h. a.
Diégo-Suarez	9	16.300	3	17	24.000	20 »	26	40.300	23	22	25.100	2 »	13	18.500	25 »	35	43.600	20	172	334.500	194 »
Fianarantsoa	»	»	»	1	6.400	3 »	1	6.400	3 »	16	12.500	8 85	16	2.650	48 03	32	15.150	56 87	55	31.528	209 40
Majunga	21	155.573	2 08	2	12.000	225 »	23	167.573	227 08	44	14.500	2 52	14	10.250	1.212	58	24.750	1.214 52	168	302.828	12.894 04
Mananjary	6	3.505	3 34	4	4.750	38 24	10	8.255	41 58	17	11.950	17 23	1	1.800	1 00	18	13.750	16 32	33	35.320	201 09
Nossi-Bé	8	24.500	0 31	»	»	»	8	24.500	0 31	1	400	0 92	3	15.500	16 »	4	15.900	16 92	34	556.800	3.196 50
Tamatave	23	94.850	2 95	3	8.550	40 05	26	103.400	43 »	18	38.000	8 60	14	60.850	527 60	32	98.850	536 20	150	1.702.472	15.015 20
Tananarive	7	24.745	0 30	20	66.750	3.046 70	27	91.495	3.047 »	36	211.300	9 »	20	80.100	1.162 »	56	291.400	1.171 »	136	1.123.323	30.680 60
Totaux	74	309.673	11 98	47	132.150	3.372 99	121	441.823	3.384 97	154	310.050	49 15	81	189.950	2.990 72	235	500.000	3.039 63	337	4.037.471	63.030 49
Report des années antérieures	1.047	8.076.687	490 27	277	1.670.728	13.331 »	1.324	9.747.415	13.821 27	1.843	8.338.351	4.027 »	1.288	6.570.158	35.506 »	3.131	15.017.700	60.533 »	8.627	60.020.160	445.165 37
Total au 31 décembre 1905	1.121	8.386.360	502 25	324	1.802.878	16.703 99	1.445	10.189.238	17.206 24	1.997	8.848.401	4.076 11	1.369	6.069.108	38.496 72	3.366	15.517.709	63.572 83	9.384	64.038.040	508.215 16

N° 34 — ÉTAT RÉCAPITULATIF PRÉSENTANT LA SITUATION DES IMMATRICULATIONS REQUISES OU PRONONCÉES DEPUIS LE 1er JANVIER 1897 JUSQU'AU 31 DÉCEMBRE 1905 (Suite.)

IMMATRICULATIONS PRONONCÉES EN 1905

CIRCONSCRIPTIONS ADMINISTRATIVES	Urbaines			Rurales			Urbaines			Rurales			Totaux			Urbaines			Rurales			Totaux		
	Nombre	Valeur	Superficie	Nombre	Valeur	Superficie	Nombre	Valeur	Superficie	Nombre	Valeur	Superficie	Nombre	Valeur	Superficie	Nombre	Valeur	Superficie	Nombre	Valeur	Superficie	Nombre	Valeur	Superficie
		francs	h. a.		francs	h. a.		francs	h. a.		francs	h. a.		francs	h. a.		francs	h. a.		francs	h. a.		francs	h. a.
Diégo-Suarez	3	4.500	2	7	8.000	58 »	10	23.100	2 »	2	2.500	3 »	22	38.100	55 »	14	21.500	2 »	4	4.200	8 »	18	25.700	10 »
Fianarantsoa	»	»	»	5	18.140	1.025 »	2	5.800	0 28	3	6.000	24 »	10	27.940	1.053 28	2	3.200	0 38	1	2.000	2 »	3	5.200	2 38
Majunga	26	31.854	2 32	20	128.670	7.844 »	14	60.155	2 84	32	216.100	1.818 »	80	437.779	9.267 16	27	38.400	1 32	4	5.125	412 »	31	43.525	413 32
Mananjary	1	1.000	1 19	5	100.100	1.310 63	1	1.500	0 30	1	6.000	35 99	8	108.600	1.450 92	1	300	0 02	»	»		1	300	0 02
Nossi-Bé	»	»	»	23	180.000	2.377 »	7	77.800	1 53	12	104.000	533 »	42	361.800	2.911 53	13	60.500	1 04	2	6.000	28 »	15	66.500	29 04
Tamatave	8	29.000	0 42	48	140.000	1.501 12	25	263.375	30 93	19	243.123	2.553 16	105	675.468	5.165 03	11	53.850	0 67	3	70.000	233 53	14	123.850	234 10
Tananarive	»	»	»	18	171.250	4.037 82	11	37.175	206 67	6	16.325	980 23	35	229.750	1.544 72	2	4.000	0 05	2	2.000	27 35	4	6.000	27 40
Totaux	38	66.354	5 93	126	780.060	14.753 37	69	474.905	244 55	75	594.048	5.220 38	308	1.874.367	20.243 23	70	181.550	5 48	16	89.325	710 88	86	270.875	716 36
Report des années antérieures	540	3.557.660	342 »	668	5.290.727	108.536 »	1.468	12.999.353	2.335 »	629	2.293.305	79.198 »	3.405	25.101.041	190.327 »	961	6.744.738	807 40	218	1.400.535	29.545 »	1.179	8.205.174	30.352 40
Total au 31 décembre 1905	578	3.614.020	347 93	794	5.100.787	123.290 37	1.537	13.474.258	2.579 55	704	2.887.353	84.423 38	3.613	26.975.408	210.560 23	1.031	6.926.288	812 88	234	1.389.859	30.255 98	1.265	8.476.147	31.068 86

N° 54 — ÉTAT RÉCAPITULATIF PRÉSENTANT LA SITUATION DES IMMATRICULATIONS REQUISES OU PRONONCÉES DEPUIS LE 1er JANVIER 1897 JUSQU'AU 31 DÉCEMBRE 1905 (Suite et fin.)

CIRCONSCRIPTIONS ADMINISTRATIVES	IMMATRICULATIONS PRONONCÉES EN 1905 — Propriétés urbaines — Nombre	Valeur (francs)	Superficie (h. a.)	Propriétés rurales — Nombre	Valeur (francs)	Superficie (h. a.)	Total — Nombre	Valeur (francs)	Superficie (h. a.)
Diégo-Suarez	15	18.000	2 »	11	11.000	18 »	26	30.500	20
Fianarantsoa	12	22.250	6 »	14	22.333	700 »	26	44.583	706 »
Majunga	18	15.700	0 95	4	4.400	735 »	22	20.100	735 95
Mananjary	2	3.000	0 14	1	5.000	2 00	3	8.000	2 03
Nossi-Bé	6	15.000	1 05	7	117.000	1.195 »	13	132.000	1.196 05
Tamatave	27	95.000	3 07	57	93.850	3.167 44	84	188.750	3.170 51
Tananarive	43	285.000	7 38	38	100.375	4.308 64	81	386.375	4.376 02
Totaux	123	456.550	20 38	132	453.858	10.206 07	255	908.308	10.225 55
Report des années antérieures	1.670	7.980.818	2.093 »	859	4.786.397	20.278 »	2.529	12.767.315	22.371 »
Total au 31 décembre 1905	1.793	8.435.368	2.113 58	991	5.240.255	30.482 07	2.784	13.675.623	32.596 55

CIRCONSCRIPTIONS ADMINISTRATIVES	TOTAUX GÉNÉRAUX À ... — Nombre	Valeur (francs)	Superficie (h. a.)	REPORT DES TOTAUX GÉNÉRAUX ... — Nombre	Valeur (francs)	Superficie (h. a.)	DIFFÉRENCE — Nombre	Valeur (francs)	Superficie (h. a.)	IMMATRICULATIONS ... — Nombre	Valeur (francs)	Superficie (h. a.)	(Le ...) DIFFÉRENCE REPRÉSENTANT ... — Nombre	Valeur (francs)	Superficie (h. a.)
Diégo-Suarez	66	94.300	85 »	172	334.400	104 »	106	240.100	109 »	2	2.000	3 »	104	238.100	106 »
Fianarantsoa	39	77.723	1.761 66	45	33.528	209 50	»	»	»	1	3.000	0 13	»	»	»
Majunga	139	401.205	10.438 42	168	312.828	12.809 04	»	»	»	30	67.130	6 14	»	»	»
Mananjary	12	116.800	1.348 96	33	35.310	261 00	»	»	»	»	»	»	»	»	»
Nossi-Bé	70	509.300	4.135 62	55	446.800	3.196 56	»	»	»	»	»	»	»	»	»
Tamatave	203	988.098	7.459 24	150	1.702.672	14.615 20	»	»	»	4	78.000	968 82	»	»	»
Tananarive	120	715.125	5.048 34	136	1.123.323	30.089 60	16	408.198	24.741 26	11	41.700	421 50	4	366.498	24.319 70
Totaux	649	3.053.550	31.175 24	757	4.037.871	63.030 89	122	648.298	24.850 26	49	191.830	1.428 70	108	604.598	24.425 70
Report des années antérieures	7.013	46.073.628	243.050 80	8.027	60.020.169	443.465 27	1.014	13.940.531	202.114 87	560	3.193.114	66.071 »	1.034	10.753.417	136.043 87
Total au 31 décembre 1905	7.662	49.127.178	274.225 04	8.384	64.058.040	506.225 16	1.736	14.596.829	226.965 13	609	3.384.904	67.499 79	1.102	11.358.015	160.469 63

N° 55 — ÉTAT RÉCAPITULATIF

FAISANT CONNAITRE L'IMPORTANCE DES OPÉRATIONS HYPOTHÉCAIRES DEPUIS L'ORIGINE JUSQU'AU 31 DÉCEMBRE 1904 (*)

(La suite p. [illegible])

CIRCONSCRIPTIONS ADMINISTRATIVES	MUTATIONS								INSCRIPTIONS							
	Français		Étrangers		Indigènes		Totaux		Français		Étrangers		Indigènes		Totaux	
	Nombre.	Valeur.	Nombre	Valeur	Nombre.	Valeur.	Nombre	Valeur	Nombre	Valeur	Nombre.	Valeur.	Nombre	Valeur.	Nombre.	Valeur.
		fr. c.		francs.		francs.		fr. c.		fr. c.		fr. c.		fr. c.		fr. c.
Tananarive	37	547.493 »	6	20.300 »	59	100.139 »	102	627.932 »	79	335.500 »	6	60.901 »	18	70.095 »	103	465.156 »
Tamatave	97	450.127 »	33	39.763 »	22	5.555 »	152	495.475 »	20	95.953 »	6	79.000 »	»	»	26	174.953 »
Nossi-Bé, île et province de Nossi-Bé	28	26.965 »	1	61 »	7	27.429 »	36	54.455 »	6	84.990 »	1	3.000 »	»	»	7	85.996 »
Mananjary	68	69.763 30	9	40.206 63	32	6.066 87	109	116.036 80	4	103.334 10	1	18.075 75	6	30.258 70	11	151.668 55
Majunga	27	87.431 »	41	194.551 »	»	»	68	281.982 »	20	680.630 »	12	72.214 »	2	1.976 »	34	754.820 »
Fianarantsoa	56	52.580 »	10	12.900 »	68	55.197 »	134	120.686 »	10	14.150 »	1	1.487 »	1	1.000 »	12	16.637 »
Diégo-Suarez	90	360.165 »	2	2.500 »	2	1.500 »	94	364.165	19	440.100 »	2	4.530 »	»	»	21	444.630 »
Totaux	401	1.594.363 30	102	319.081 63	192	255.645 87	695	1.959.780 80	158	1.755.763 10	29	235.217 75	27	113.020 70	214	2.104.950 55
Report des années antérieures	1.763	7.315.022 70	1.125	5.801.133 »	561	1.706.375 »	3.439	15.223.530 70	487	6.154.887 03	331	3.211.974 »	192	1.404.494 75	1.010	10.771.055 78
Totaux au 31 décembre 1904	2.164	9.109.986 »	1.227	6.120.814 63	753	1.962.020 87	4.134	17.183.311 30	645	7.910.650 13	360	3.447.201 75	219	1.518.124 45	1.224	12.875.976 33

(*) Pour les années antérieures, voir le tableau des statistiques générales, afférent à l'année 1903.

N° 55 — ÉTAT RÉCAPITULATIF

FAISANT CONNAITRE L'IMPORTANCE DES OPÉRATIONS HYPOTHÉCAIRES DEPUIS L'ORIGINE JUSQU'AU 31 DÉCEMBRE 1905 (Suite et fin.) (*)

(Le commencement p. 128.)

CIRCONSCRIPTIONS ADMINISTRATIVES	RADIATIONS								SAISIES								OBSERVATIONS
	Français		Étrangers		Indigènes		Totaux		Français		Étrangers		Indigènes		Totaux		
	Nombre.	Valeur.	Nombre.	Valeur.	Nombre.	Valeur.	Nombre.	Valeur.	Nombre.	Valeur.	Nombre.	Valeur.	Nombre.	Valeur.	Nombre.	Valeur.	
		francs.		francs.		francs.		francs.		francs.		francs.		francs.		francs.	
Tananarive	13	98.135	1	3.750	56	137.275	70	239.160	5	48.922 »	3	128.270	4	8.550	12	185.742 »	
Tamatave	7	34.445	3	28.822	»	»	10	63.267	»	»	»	»	»	»	»	»	
Nossi-Bé	4	36.831	2	4.506	»	»	6	41.337	1	15.000 »	»	»	»	»	1	15.000 »	
Mananjary	3	6.840	»	»	»	»	3	6.840	»	»	»	»	»	»	»	»	
Majunga	13	111.747	10	94.289	»	»	23	206.036	5	14.683 »	»	»	»	»	5	14.683 »	
Fianarantsoa	13	41.548	2	2.066	10	11.474	25	55.088	»	»	»	»	4	6.425	4	6.425 »	
Diégo-Suarez	10	102.000	3	20.415	»	»	13	122.415	4	26.544 70	»	»	»	»	4	26.544 70	
Totaux	63	421.557	21	153.858	66	148.749	150	724.164	15	105.149 70	3	128.270	8	14.975	26	248.394 70	
Report des années antérieures	468	4.920.883	151	825.182	136	606.999	755	5.353.044	28	153.634 40	13	56.188	16	30.850	57	240.672 40	
Totaux au 31 décembre 1905	531	5.342.440	172	979.030	202	755.748	905	6.077.208	43	258.784 10	16	184.458	24	45.825	83	489.067 10	

(*) Pour les années antérieures, voir le tableau des statistiques générales afférent à l'année 1901.

N° 56 — TABLEAU RÉCAPITULATIF GÉNÉRAL
DES TRAVAUX EXÉCUTÉS PAR LE SERVICE TOPOGRAPHIQUE DEPUIS LE 4 MARS 1896 JUSQU'AU 1er JANVIER 1906

(La suite p. 134.)

TRAVAUX AU COMPTE DE LA COLONIE

ANNÉES	Tableau récapitulatif n° 1 Reconnaissances domaniales.			Tableau récapitulatif n° 2 Reconnaissances préliminaires de concessions forestières.			Tableau récapitulatif n° 3 Immatriculations.		
	Nombres.	Surfaces.	Frais.	Nombres.	Surfaces.	Frais.	Nombres.	Surfaces.	Frais.
		h. a. c.	fr. c.		h. a. c.	fr. c.		h. a. c.	fr. c.
1896 et 1897	327	18.852 23 25	»	3	653 84 28	»	»	»	»
1898	»	»	»	»	»	»	»	»	»
1899	31	2.042 80 »	»	»	»	»	176	9.091 06 »	»
1900	66	3.265 04 34	»	»	»	»	234	36.883 77 81	»
1901	124	65.190 08 30	»	»	»	»	203	5.872 79 33	»
1902	40	2.044 30 81	3.503 50	6	25.502 50 12	1.097 01	272	5.852 41 13	21.450 50
1903	122	54.544 87 02	10.276 54	5	3.702 » »	828 40	232	0.408 87 09	15.271 87
1904	13	15.423 58 79	1.512 06	12	10.790 35 »	1.903 75	120	1.753 98 55	7.750 44
1905	27	77.983 02 81	4.390 96	10	5.726 60 00	1.114 13	145	2.683 09 80	7.716 78
Total au 1er janvier 1906	780	260.807 91 32	»	38	46.355 98 50	»	1.442	68.090 58 08	»

ANNÉES	Tableau récapitulatif n° 4 Morcellements.			Tableau récapitulatif n° 5 Travaux divers.		
	Nombres.	Surfaces.	Frais.	Nombres.	Surfaces.	Frais.
		h. a. c.	fr. c.		h. a. c.	fr. c.
1896 et 1897	»	»	»	6	196 » »	»
1898	»	»	»	»	»	»
1899	»	»	»	»	»	»
1900	»	»	»	»	»	»
1901	»	»	»	»	»	»
1902	22	16 43 20	630 52	194	34.944 05 82	22.705 30
1903	67	00 51 78	1.300 58	396	12.312 75 10	51.583 31
1904	23	6 70 24	450 50	270	1.919 76 01	19.045 40
1905	25	64 02 37	610 80	808	30.265 83 45	52.734 00
Total au 1er janvier 1906	137	136 67 19	»	1.664	82.452 30 00	»

TRAVAUX AU COMPTE DES PARTICULIERS

ANNÉES	Tableau récapitulatif n° 6 Concessions urbaines.			Tableau récapitulatif n° 7 Concessions rurales.		
	Nombres.	Surfaces.	Frais.	Nombres.	Surfaces.	Frais.
		h. a. c.	fr. c.		h. a. c.	fr. c.
1896 et 1897	»	»	»	219	148.827 76 91	»
1898	»	»	»	350	58.137 » »	»
1899	»	»	»	475	31.157 » »	»
1900	»	»	»	263	73.774 47 81	»
1901	»	»	»	640	82.314 65 58	»
1902	222	76 48 01	4.199 16	228	187.256 80 09	31.862 08
1903	123	48 87 67	2.392 87	221	17.360 02 90	10.959 80
1904	304	17 01 45	7.584 16	204	21.673 15 50	9.381 55
1905	82	28 98 70	1.557 70	187	15.948 78 51	9.112 05
Total au 1er janvier 1906	831	176 35 85	»	2.540	646.363 72 56	»

N° 56 — TABLEAU RÉCAPITULATIF GÉNÉRAL
DES TRAVAUX EXÉCUTÉS PAR LE SERVICE TOPOGRAPHIQUE DEPUIS LE 4 MARS 1896 JUSQU'AU 1er JANVIER 1906 (Suite et fin.)

ANNÉES	TRAVAUX AU COMPTE DES PARTICULIERS																		TOTAUX GÉNÉRAUX		
	Tableau récapitulatif n° 7 — Immatriculations			Tableau récapitulatif n° 8 — [illegible]			Tableau récapitulatif n° 9 — [illegible]			Tableau récapitulatif n° 10 — Morcellements			Tableau récapitulatif n° 11 — Travaux divers			Tableau récapitulatif n° 12 — Travaux pour la commune et les services militaires					
	Nombres	Surfaces	Frais	Nombres	Surfaces	Frais	Nombres	Surfaces	Frais	Nombres	Surfaces	Frais	Nombres	Surfaces	Frais	Nombres	Surfaces	Frais	Nombres	Surfaces	Frais
		h. a. c.	fr. c.		h. a. c.	fr. c.		h. a. c.	fr. c.		h. a. c.	fr. c.		h. a. c.	fr. c.		h. a. c.	fr. c.		h. a. c.	fr. c.
1896 et 1897	289	17.829 81 71	»	»	»	»	»	»	»	»	»	»	20	2.080 » »	»	»	»	»	902	188.231 66 15	»
1898	181	36.655 » »	»	»	»	»	»	»	»	»	»	»	»	»	»	»	»	»	381	94.832 » »	»
1899	1.038	19.807 18 »	»	»	»	»	»	»	»	»	»	»	»	»	»	»	»	»	1.720	62.648 30 »	»
1900	1.025	59.089 29 09	»	»	»	»	»	»	»	»	»	»	»	»	»	»	»	»	1.650	173.013 30 35	»
1901	1.122	25.021 10 14	»	»	»	»	»	»	»	»	»	»	»	»	»	»	»	»	2.000	179.299 51 31	»
1902	1.060	35.129 31 30	28.917 67	5	12.118 » »	3.790 26	10	103 68 82	661 75	176	1.007 20 30	6.221 26	97	17.766 65 72	11.349 21	31	2.195 30 25	17.504 88	2.372	325.051 75 27	215.514 65
1903	788	38.090 39 70	65.575 46	5	8.635 35 05	2.137 89	»	»	»	155	133 39 88	3.408 88	160	»	4.345 23	53	181 18 99	4.708 24	2.203	151.556 20 37	164.168 56
1904	710	40.913 40 06	51.767 24	6	22.207 22 »	5.821 11	»	»	»	193	149 80 37	5.587 09	126	»	6.027 23	33	»	1.499 03	2.137	114.895 96 17	130.892 20
1905	590	61.055 00 71	65.509 37	7	2.018 30 »	874 87	»	»	»	154	2.572 47 »	»	158		12.000 06	17	»	510 96	2.218	202.317 01 90	160.216 53
Total au 1er janvier 1906	6.775	335.528 52 30	»	26	44.978 87 65	»	10	103 68 82	»	658	3.862 72 55	»	530	19.868 65 72	»	134	2.376 48 24	»	15.808	1.491.733 50 32	»

X

CONCESSIONS DE TERRES

N° 57 — ÉTAT RÉCAPITULATIF DES CONCESSIONS PROVISOIRES ACCORDÉES AU COURS DE L'ANNÉE 1905 AVEC REPORT DES ANNÉES ANTÉRIEURES

CIRCONSCRIPTIONS ADMINISTRATIVES	CONCESSIONS À TITRE gratuit Nombre	gratuit Superficie	onéreux Nombre	onéreux Superficie	TOTAUX Nombre	TOTAUX Superficie	CONCESSIONS rurales Nombre	rurales Superficie	urbaines Nombre	urbaines Superficie	TOTAUX Nombre	TOTAUX Superficie
		h. a.		h. a.		h. a.		h. a.		h. a.		h. a.
Diégo-Suarez	21	1.073 »	41	[illegible]	62	1.532 »	1	1 »	61	1.431 »	62	1.532 »
Fianarantsoa	1	0.05	10	86 91	11	86 96	7	0 96	4	86	11	86 96
Majunga	17	5.963 17	74	77.729 96	91	83.693 13	51	6 13	40	83.686 »	91	83.693 13
Mananjary	5	39 85	19	95 74	24	135 59	8	15 19	16	120 40	24	135 59
Nossi-Bé	1	53 »	10	1.654 »	11	1.707 »	»	»	11	1.707 »	11	1.707 »
Tamatave	10	535 70	41	402 85	51	938 55	12	1 07	39	937 48	51	938 55
Tananarive	3	250 »	15	208 03	18	458 03	»	»	18	458 03	18	458 03
Totaux	58	7.805 77	210	80.937 39	268	88.532 16	79	22 35	189	88.532 16	268	88.532 16
Report des années antérieures	558	63.724 20	1.827	331.183 08	2.385	404.904 28	970	808 77	1.415	404.004 28	2.385	404.904 28
Total au 31 décembre 1905	616	71.615 97	2.037	421.820 47	2.653	493.436 44	1.049	831 12	1.604	492.436 44	2.653	493.436 44

CIRCONSCRIPTIONS ADMINISTRATIVES	CONCESSIONS ACCORDÉES AUX Français Originaires Nombre	Originaires Superficie	Naturalisés Nombre	Naturalisés Superficie	Indigènes Nombre	Indigènes Superficie	Autres étrangers Nombre	Autres étrangers Superficie	Sociétés Nombre	Sociétés Superficie	TOTAUX Nombre	TOTAUX Superficie
		h. a.		h. a.		h. a.		h. a.		h. a.		h. a.
Diégo-Suarez	21	1.073 »	13	397 »	18	47 »	4	7 »	6	8 »	62	1.532 »
Fianarantsoa	1	0 05	3	35 »	»	»	»	»	7	51 91	11	86 96
Majunga	17	5.963 17	32	75.250 09	18	1.242 73	15	210 95	9	1.026 19	91	83.693 13
Mananjary	3	32 85	13	29 30	1	7 65	2	15 75	5	52 54	24	135 59
Nossi-Bé	1	53 »	6	1.519	»	»	1	22 »	3	113 »	11	1.707 »
Tamatave	9	519 58	16	279 08	10	45 90	8	28 77	8	65 52	51	938 55
Tananarive	3	250 »	7	118 05	»	»	2	3 30	6	86 78	18	458 03
Totaux	55	7.871 03	90	77.036 51	47	1.331 18	32	287 54	44	1.503 88	268	88.532 16
Report des années antérieures	520	57.007 20	868	325.259 82	276	5.420 27	216	11.150 06	505	6.716 90	2.385	404.904 28
Total au 31 décembre 1905	575	64.878 23	958	402.296 33	323	6.753 45	248	11.437 65	549	8.120 78	2.653	493.436 44

N° 58 — ÉTAT RÉCAPITULATIF DES CONCESSIONS DÉFINITIVES ACCORDÉES AU COURS DE L'ANNÉE 1905 AVEC REPORT DES ANNÉES ANTÉRIEURES PAR CONVERSION DE TITRES D'OCCUPATION PROVISOIRES A TITRE GRATUIT

CIRCONSCRIPTIONS ADMINISTRATIVES	CONCESSIONS URBAINES		CONCESSIONS RURALES		NOMBRE total des concessions urbaines et rurales.	SUPERFICIE totale des concessions urbaines et rurales.	OBSERVATIONS
	Nombre.	Superficie.	Nombre.	Superficie.			
		h. a.		h. a.		h. a.	
Diégo-Suarez	1	1 »	2	94 »	3	95 »	
Fianarantsoa	»	»	3	202 »	3	202 »	
Majunga	3	0 23	3	319 »	6	319 23	
Mananjary	4	1 05	11	1.211 24	15	1.212 29	
Nossi-Bé	»	»	2	230 »	2	230 »	
Tamatave	3	0 32	8	556 55	11	556 87	
Tananarive	»	»	3	209 81	3	209 81	
Totaux	11	2 60	32	2.822 60	43	2.825 20	
Report des années antérieures	97	90 38	225	20.127 53	322	20.217 91	
Total au 31 décembre 1905	108	92 98	257	22.950 13	365	23.043 11	

ÉTAT DES CONCESSIONS (A TITRE ONÉREUX)

N° 59 — ÉTAT RÉCAPITULATIF DES CONCESSIONS DÉFINITIVES

ACCORDÉES AU COURS DE L'ANNÉE 1905, AVEC REPORT DES ANNÉES ANTÉRIEURES PAR CONVERSION DE TITRES D'OCCUPATION, DÉLIVRÉS À TITRE ONÉREUX

CIRCONSCRIPTIONS ADMINISTRATIVES	CONCESSIONS URBAINES									
	FRANÇAIS		ANGLAIS		AUTRES ÉTRANGERS		INDIGÈNES		TOTAUX	
	Nombre	Superficie	Nombre	Superficie	Nombre	Superficie	Nombre	Superficie	Nombre	Superficie
		h. a.		h. a.		h. a.		h. a.		h. a.
Diégo-Suarez	»	»	»	»	»	»	»	»	»	»
Fianarantsoa	»	»	»	»	»	»	1	0 02	1	0 02
Majunga	25	4 30	13	0 85	»	»	2	0 06	40	5 26
Mananjary	19	3 88	3	0 16	2	0 19	6	0 31	30	4 54
Nossi-Bé	»	»	»	»	1	0 06	2	0 12	3	0 18
Tamatave	9	3 27	5	12 37	5	0 50	5	2 01	24	18 15
Tananarive	»	»	»	»	»	»	»	»	»	»
Totaux	53	11 51	21	13 37	8	0 75	18	2 53	100	28 15
Report des années antérieures	151	235 41	39	6 16	67	24 89	57	17 »	314	283 53
Total au 31 décembre 1905	204	246 92	60	19 53	75	25 63	75	19 53	414	311 68

CIRCONSCRIPTIONS ADMINISTRATIVES	CONCESSIONS RURALES										NOMBRE TOTAL des concessions	SUPERFICIE TOTALE des immeubles	OBSERVATIONS
	FRANÇAIS		ANGLAIS		AUTRES ÉTRANGERS		INDIGÈNES		TOTAUX				
	Nombre	Superficie	Nombre	Superficie	Nombre	Superficie	Nombre	Superficie	Nombre	Superficie			
		h. a.		h. a.		h. a.		h. a.		h. a.		h. a.	
Diégo-Suarez	5	54 »	3	78 »	5	4 »	4	1 »	17	137 »	17	137 »	
Fianarantsoa	2	8 »	»	»	»	»	1	1	3	9 »	4	9 02	
Majunga	7	8.435 »	1	115 »	»	»	»	»	8	8.550 »	47	8.555 26	
Mananjary	3	114 86	4	34 62	»	»	3	0 29	10	149 77	33	154 31	
Nossi-Bé	17	3.280 »	»	»	»	»	4	30 »	21	3.310 »	24	3.310 18	
Tamatave	16	372 24	»	»	2	625 86	8	30 58	26	1.028 68	50	1.046 83	
Tananarive	4	121 08	1	3 23	»	»	»	»	5	124 31	5	124 31	
Totaux	54	12.380 78	9	230 85	7	629 86	20	62 87	90	13.315 36	190	13.352 51	
Report des années antérieures	281	26.290 16	45	1.319 36	43	1.601 07	31	725 38	400	29.885 97	705	30.168 50	
Total au 31 décembre 1905	335	38.630 94	54	1.550 21	50	2.230 93	51	787 25	490	43.199 33	895	43.511 01	

N° 60 — ÉTAT RÉCAPITULATIF PRESENTANT LA SITUATION DES CONTRATS INTERVENUS EN EXÉCUTION DE L'ARTICLE 9 DE L'ARRÊTÉ DU 10 FÉVRIER 1899 ET DES CONCESSIONS DEFINITIVES ACCORDÉES PAR TRANSFORMATION DE BAUX EMPHYTÉOTIQUES POUR L'ANNÉE 1905 AVEC REPORT DES ANNÉES ANTÉRIEURES

CIRCONSCRIPTIONS ADMINISTRATIVES	CONTRATS intervenus EN EXÉCUTION de l'article 9 de l'arrêté du 10 février 1904.		CONCESSIONS DÉFINITIVES ACCORDÉES PAR TRANSFORMATION DE BAUX EMPHYTÉOTIQUES ÉMANANT : du gouvernement malgache au profit des bénéficiaires				des indigènes au profit des bénéficiaires				TOTAUX	
			français.		étrangers.		français.		étrangers.			
	Nombre.	Superficie.	Nombre.	Superficie.	Nombre.	Superficie.	Nombre.	Superficie.	Nombre.	Superficie.	Nombre.	Superficie.
		h. a.		h. a.		h. a.		h. a.		h. a.		h. a.
Diégo-Suarez	»	»	»	»	»	»	»	»	»	»	»	»
Fianarantsoa	»	»	»	»	»	»	»	»	»	»	»	»
Majunga	»	»	4	20 50	»	»	»	»	»	»	4	20 50
Mananjary	»	»	»	»	»	»	»	»	»	»	»	»
Nossi-Bé	»	»	»	»	»	»	»	»	»	»	»	»
Tamatave	»	»	1	0 14	»	»	»	»	0	»	1	0 14
Tananarive	»	»	»	»	»	»	»	»	»	»	»	»
Totaux	»	»	5	20 64	»	»	»	»	»	»	5	20 64
Report des années antérieures	64	464	18	93	43	1.248 54	21	978 50	24	19 61	170	2.803 65
Total au 31 décembre 1905	64	464	23	113 64	43	1.248 54	21	978 50	24	19 61	175	2.824 29

N° 61 — ETAT RÉCAPITULATIF DES BAUX CONSENTIS DEPUIS 1897 JUSQU'AU 31 DÉCEMBRE 1905

CIRCONSCRIPTIONS ADMINISTRATIVES	NOMBRE	PRIX ANNUEL	SUPERFICIE	OBSERVATIONS
		francs.	hectares.	
Diégo-Suarez	44	2.149	27.796	
Fianarantsoa	12	28.745	8.999	
Majunga	47	6.623	50.531	
Mananjary	26	4.456	8.770	
Nossi-Bé	34	4.158	1.014	
Tamatave	50	3.146	7.050	
Tananarive	67	11.233	29.630	
Totaux	280	60.510	133.790	

N° 62 — ÉTAT DES GRANDES CONCESSIONS ACCORDÉES PAR LE DÉPARTEMENT OU EN VERTU DE CONTRATS SPÉCIAUX DU 1er JANVIER 1897 AU 1er JANVIER 1905

NOM DU CONCESSIONNAIRE OU RAISON SOCIALE DE LA SOCIÉTÉ CONCESSIONNAIRE	NATURE DES CONCESSIONS	SUPERFICIE	DATE DE LA CONCESSION	EMPLACEMENT DE LA CONCESSION	SITUATION ACTUELLE DE LA SOCIÉTÉ	OBSERVATIONS
		hectares				
Bouchon	À titre de location pour 15 ans	40.000	Convention de 1897	Province de Farafangana	Annulée en 1899 pour défaut de payment des redevances stipulées	
Richard et Besson	— provisoire et gratuit	150.000	28 janvier 1898	Ankaratra	Les concessionnaires ont renoncé à leurs droits, n'ayant pu réunir les capitaux nécessaires	
Mariest	— gratuit et définitif	32.000	Convention du 6 mai 1898	Province d'Andevorante		
Hubert de Boulogne	— de location pour 30 ans	250.000	— 21 mai 1898	Cercles de Maintirano et de Morondava	Annulée par décret du 14 novembre 1902	
Poissonnier des Perrières	— gratuit	760.000 : 150.000	Convention du 20 mai 1898, approuvée par décret du 11 avril 1900	Massif d'Andre	Annulée par décret du 13 mars 1900	
		25.000		Baie de Maroalakely		
		5.000		— Mahajamba		
		5.000		— Bombetoka		
		25.000		— Baly		
		5.000		— Saint-Augustin		
		20.000		Sud-Est		
		150.000		—		
		20.000		Cercle d'Ankavandra		
		100		Tamatave		
		100		Ambosmia		
		100		Fort-Dauphin		
Marchal	— définitif	25.000	Convention du 3 octobre 1898	Cercle de Fort-Dauphin		
Société agricole et immobilière de Madagascar	provisoire et gratuit	12.000	— 28 octobre 1898	Vallée de l'Ivondro	La société a renoncé à ses droits (13 mars 1904), sans avoir occupé la concession	
Levilly et Chapuis		5.000	— 14 novembre 1898	District de Vatomandry	Annulée pour inexécution des charges (2 mars 1902)	
d'Yarville		25.000		Région de l'Ikopa		
Société française de recherche et d'exploitation de gisements miniers	Locations pour 10 ans	80.000	15 novembre 1898	Province de Nossi-Bé	Annulée par décision ministérielle des 3 et 4 février 1904 pour inexécution des charges	
Michelin et Cie		15.000				
Cie forestière minière de Madagascar		83.000				
Vve des Essarts		21.000				
Mme Pillons, née Lambert		77.000				
Delhorbe	À titre provisoire et onéreux pour les lots de Nossi-Bé	200.000		100.000 hectares, Province de Nossi-Bé	Un délai, expirant au 31 décembre 1906, a été accordé à M. Delhorbe pour la constitution de la société qu'il n'a pu jusqu'ici et malgré ses engagements créer	
	— — gratuit pour les lots de Tuléar			100.000 — Cercle de Tuléar		
Duret de Brie	provisoire	50.000		Province de Nossi-Bé		
Édouard Laborde	— — et gratuit	20.000	1899	Diverses régions de l'île	M. E. Laborde a fondé plusieurs sociétés p' l'exploitation de ses concessions	
Cie forestière de Madagascar	Location pour 30 ans	150.000	Décret du 30 mai 1899	Provinces de Mandritsara et de Manarantsoa	Annulée par convention du 11 décembre 1903	
Cie française d'agriculture à Madagascar (plus tard société civile d'Anosy)	À titre provisoire et gratuit	3.000.000	— 1er octobre 1899	Cercle de Fort-Dauphin et province de Farafangana	— décret du 31 juillet 1900	
Cie générale franco-malgache	— — onéreux	200.000	— 9 juillet 1899	Provinces de Nossi-Bé et de Mandritsara	Délimitation non achevée	
Société Boudoin	Location pour 12 ans	120.000	Convention du 5 octobre 1900	— d'Ambatondrazaka et de Mandritsara	La société est actuellement en liquidation	
Société française d'études et d'entreprises (plus tard société du Sambirano)	À titre de location pour une durée de 10 ans	60.000	Décret du 17 mars 1901	Province de Nossi-Bé	N'a fait délimiter encore que 2.000 hectares	
Beets	— définitif et gratuit	11.000	Transaction du 11 juin 1901	— l'Ampasy Maromandia		
Paulmier	provisoire et onéreux	410.000	Convention du 6 août 1901	Tuléar	Annulée par décret du 11 juillet 1904	
Société du lac Alaotra	— de location pour 15 ans	4.300	— 22 septembre 1902	Cercle de Mandritsara		
		6.300		— d'Ambatondrazaka		
Besson	30 ans	850	13 novembre 1902	Île Juan-de-Nova		
Cie coloniale de Madagascar	— gratuit en pleine propriété	29.735	Décret du 18 janvier 1903	Zone du chemin de fer de Tananarive à la mer	Délimitation non achevée	
Roziel	— — et provisoire	6.000	Convention du 17 mars 1903	Province d'Analalava	Mise en valeur reconnue pour une surface de 2.625 hectares	
Société « La grande Île »	— en pleine propriété	400.000	Décret du 20 mai 1903	30.000 hectares à prendre dans la zone du chemin de fer. 370.000 — à choisir dans les autres régions de l'île	Délimitation non achevée	
Cie occidentale de Madagascar (autrefois Cie coloniale des mines d'or de Suberbieville)		100.000	— 22 août 1904	Province de Majunga, Cercle de Maevatanana	En voie de délimitation	
Cie foncière et minière de Madagascar	— — —	100.000	Convention du 25 mai 1905	Au choix de la compagnie	Le choix des terrains devant composer la concession est à peine commencé	

XI

CULTURES EUROPÉENNES ET INDIGÈNES

MAIN-D'ŒUVRE

N° 63 — ÉTAT GÉNÉRAL DES CULTURES

ENTREPRISES PAR LES EUROPÉENS OU ASSIMILÉS AU 1er JANVIER 1906

DÉSIGNATION DES CULTURES	PIEDS	SUPERFICIE
		h. a. c.
Vanilliers	4.431.845	1.332 09 07
Caféiers	1.611.874	1.982 82 78
Cacaoyers	354.310	550 25 »
Cocotiers	1.177.008	11.641 84 79
Girofliers	38.627	77 10 »
Théiers	88.811	63 96 43
Kolatiers	304	2 » »
Caoutchouquiers	153.157	587 04 27
Totaux	7.853.936	16.237 72 34

DÉSIGNATION DES CULTURES	SUPERFICIE
	h. a. c.
Bananiers	643 94 91
Manguiers	23 95 25
Papayers	»
Arbres fruitiers	204 65 14
Vignes	92 83 55
Mûriers	145 22 92
Tabac	45 50 30
Canne à sucre	800 82 80
Riz	2.557 49 25
Manioc	1.643 13 00
Arrow-root	13 08 »
Pommes de terre	63 53 »
Patates	280 23 09
Avoine	1 50 »
Maïs	785 29 40
Sorgho	27 00 28
Blé	1 40 »
Orge	8 88 80
Mil	4 » »
Sarrazin	5 25 »
Haricots	91 91 90
Lentilles	»
Pois du Cap	71 94 56
Saonjo	14 40 48
Citrouille	»
Cultures maraîchères	272 00 65
Betteraves	2 » »
Luzerne	2 50 »
Ananas	87 36 50
Ramie	0 26 »
Aloès	51 14 »
Coton	147 26 10
Chanvre	»
Raphia	»
Ouatiers	279 55 »
Ambrevade	45 64 »
Tsiloavina	7 53 »
Tapia	»
Arachides	33 15 »
Voanjobory	»
Voemba	»
Cannelier	0 50 »
Poivriers	0 50 »
Gingembre	3 50 »
Eucalyptus	230 04 »
Divers	217 25 70
Total	11.995 31 96

Total général 28.233 04 30

N° 64 — ÉTAT PAR RÉGIONS DE L'ÉTENDUE DES CULTURES

ENTREPRISES A MADAGASCAR PAR DES EUROPÉENS OU ASSIMILÉS AU 1er JANVIER 1906

DÉSIGNATION DES CULTURES	NOMBRE D'HECTARES CULTIVÉS PAR RÉGIONS				
	RÉGION SEPTENTRIONALE	VERSANT EST	VERSANT OUEST	RÉGION CENTRALE	RÉGION MÉRIDIONALE
	h. a.	h. a. c.	h. a. c.	h. a. c.	h. a. c.
Vanilliers	»	896 82 07	433 21 »	0 16 »	2 50 »
Caféiers	3 »	1.472 » »	229 20 »	270 62 78	8 » »
Cacaoyers	»	540 » »	10 26 »	»	»
Cocotiers	5 »	156 28 64	11.480 56 »	0 00 15	»
Girofliers	»	77 10 »	»	»	»
Théiers	»	32 » »	»	31 96 43	»
Kolatiers	»	1 » »	1 » »	»	»
Caoutchouquiers	71 »	475 92 »	36 » »	4 12 27	3 » »
Bananiers	43 50	293 50 07	203 31 40	102 08 44	1 55 »
Manguiers	3 »	2 » »	»	18 95 25	»
Papayers	»	»	»	»	»
Arbres fruitiers	»	9 50 »	10 » »	185 15 14	»
Vignes	»	5 50 »	8 09 45	84 24 10	»
Mûriers	»	2 » »	0 57 »	142 65 92	»
Tabac	5 75	30 50 »	»	8 04 30	1 30 »
Canne à sucre	174 50	427 20 »	255 86 80	33 24 »	0 02 »
Riz	460 »	998 17 64	3.426 » »	632 81 61	20 50 »
Manioc	158 50	412 90 80	600 36 45	441 36 35	30 » »
Arrow-root	»	»	13 » »	»	0 08 »
Pommes de terre	26 »	1 50 »	4 » »	32 01 »	0 02 »
Patates	32 »	50 69 66	139 91 18	56 10 85	1 52 »
Avoine	»	»	»	1 50 »	»
Maïs	191 »	114 47 »	439 70 84	40 11 56	»
Sorgho	3 »	1 » »	22 50 »	0 50 28	»
Blé	»	»	»	1 40 »	»
Orge	»	»	»	8 88 80	»
Mil	»	»	4 » »	»	»
Sarrazin	»	»	»	5 26 »	»
Haricots	26 75	34 25 »	13 » »	17 88 99	0 03 »
Lentilles	»	»	»	»	»
Pois du Cap	11 50	»	57 09 56	3 35 »	»
Saonjo	»	2 » »	8 50 »	3 87 18	0 03 30
Citrouilles	»	»	»	»	»
Cultures maraîchères	154 20	11 35 »	40 07 »	58 36 65	»
Betteraves	»	»	»	2 » »	8 02 »
Luzerne	1 »	»	»	1 50 »	»
Ananas	»	33 52 »	9 08 »	42 24 34	»
Ramie	»	0 20 »	»	»	2 52 26
Aloès	»	40 » »	»	17 14 »	»
Coton	5 »	»	135 » »	7 26 10	»
Chanvre	»	»	»	»	»
Raphia	»	»	»	»	»
Ouatiers	»	3 » »	276 55 »	»	»
Ambrevade	35 50	»	1 » »	8 94 »	»
Tsitoavina	»	»	»	7 53 »	0 20 »
Tapia	»	»	»	»	»
Arachides	»	2 » »	20 » »	11 14 »	»
Voanjobory	»	»	»	»	0 01 »
Voomba	»	»	»	»	»
Canelier	»	0 50 »	»	»	»
Poivriers	»	0 50 »	»	»	»
Gingembre	»	»	»	3 50 »	»
Eucalyptus	»	»	»	230 04 »	»
Divers	24 50	72 » »	1 10 »	149 65 70	»
Totaux	1.434 70	6.194 45 88	17.878 94 68	2.645 53 19	79 30 55

CULTURES ENTREPRISES PAR DES EUROPÉENS

N° 65. — ÉTAT PAR PROVINCES DES CULTURES ENTREPRISES PAR LES EUROPÉENS OU ASSIMILÉS AU 1er JANVIER 1906

CIRCONSCRIPTIONS	SUPERFICIE totale occupée ou louée	SUPERFICIE totale cultivée ou boisée	NOMBRE D'HECTARES CULTIVÉS ET NOMBRE DE PIEDS PLANTÉS															
			Vanilliers		Caféiers		Cacaoyers		[illegible]		[illegible]		[illegible]		[illegible]		[illegible]	
			Hectares	Pieds	Hectares	Pieds	Hectares	Pieds	Hectares	Pieds	Hectares	Pieds	Hectares	Pieds	Hectares	Pieds	Hectares	Pieds
	h. a. c.	h. a. c.	h. a. c.		h. a. c.		h. a.		h. a. c.		h. a.		h. a. c.		h. a.		h. a. c.	
Diégo-Suarez	13.318 30	1.435 70 »	»	»	3 » »	350	»	»	5 » »	300		»	»	»	»	»	71 » »	30.000
Vohémar	1.223 27	240 85 »	151 » »	702.000	20 » »	15.700	1	500	31 50	2.900	»		»	»	»	»	12 »	3.000
Betsimisaraka du Nord	655 52 16	240 36 51	145 54 07	562.000	26 70 »	17.350	2 »	1.000	10 75 65	1.810	5 50	2.800	»	»	»	»	8	
Sainte-Marie	1.171 18 66	370 » »	67 » »	260.500	116 50 »	61.150	85 50	45.250	38 30 »	5.500	54 50	27.700	»			»	4 » »	1.000
Betsimisaraka du Centre	3.052 50 »	795 50 »	18 75 »	19.750	111 75 »	111.755	106 50	106.400	19 50 »	10.300	0 50	500	»	»	»	»	»	»
Tamatave-Ville	»	»	»	»	»	»	»	»	»	»	»	»	»	»	»	»	»	»
Fetraomby	39.854 44 75	272 50	2 » »	5.000	43 50 »	22.400	35 »	15.300	»	»	5 »	500	»	»	»	»	5	»
Beforona	2.340 57 »	97 » »	30 » »	132.000	8 » »	9.800	1 »	4.050	1 »	50	0 50	200	»	»	0 50	50	10 » »	10.000
Betanimena	1.205 17 91	515 59 17	30 » »	82.000	34 55 »	13.030	8 50	7.900	4 75 »	1.900	1 »	1.600	»	»	0 50	45	»	»
Betsimisaraka du Sud	21.500 59 »	1.707 50 »	200 »	534.700	615 » »	456.000	256 50	139.700	20 16 »	3.260	10 10	2.027	26 » »	12.820	»	»	56 52 »	50.158
Mananjary	8.045 97 13	1.768 50	155 »	329.100	461 » »	259.700	6 »	7.800	30 » »	27.000	»	»	»	»	»	»	308 50 »	55.929
Farafangana	1.352 57 12	187 91	17 53 »	100.150	49 » »	98.000	40 »	25.000	0 12 »	100	1 »	3.000	0 » »	18.000	»	»	23 » »	5.800
Nossi-Bé	30.020 73 »	12.982 35 »	531 » »	1.720.000	216 » »	323.000	10 25	12.250	0.561 » »	956.100			»	»	1	200	5 » »	1.200
Analalava	75.882 40 »	2.273 35 »	0 02 »	200	0 25 »	250	»	»	1.176 98 »	140.250	»	»	»	»	»	»	»	»
Majunga	30.778 73 99	970 01 »	»	»	12 95 »	2.500	»		70 60 »	4.125	»	»	»		»	»	32 » »	2.000
Maintirano	85 10 45	28 11 50	»	»	»	»	»	»	2 » »	220	»	»	»	»	»	»	»	»
Maevatanana	105.228 » »	420 » »	»	»			»	»	»	»	»	»	»	»	»	»	»	»
Morondava	845 81 88	813 70 »	»	»	»	»	»	»	758 » »	21.700	»	»	»		»	»	»	»
Tuléar	1.476 21 40	301 62 18	0 19 »	210	»	»	»	»	3 08 »	1.360	»	»	»	»	»	»	»	»
Mandritsara	5.300 »	3 85 »	0 16 »	100	»		»	»	»	»	»	»	»	»	»	»	»	»
Angavo-Mangoro	19.105 38 54	565 32 »	»	»	79 10 »	88.518	»	»	»	»	»	»	2 65 »	6.150	»	»	1 12 »	1.120
Imerina-Nord	2.078 49 65	182 70 »	»	»	10 85 »	15.000	»	»	»			»	0 90 »	»	»	»	»	»
Itasy	1.040 45 54	152 26 »	»	»	18 46 »	15.122	»	»	»	»	»	»	»	»	»	»	»	»
Imerina-Centrale	8.770 60 07	885 95 55	»	»	30 34 62	27.300	»			»	»	»	2 89 05	2.012	»	»	»	»
Tananarive-Ville	241 47 50	102 91 26		»	1 79 75	2.236	»	»	0 0 15	3		»	0 0 38	10	»	»	0 0 27	9
Vakinankaratra	1.272 90 05	177 03 00	»	»	6 92 73	5.635	»	»	»	»	»	»	»	»	»	»	»	»
Ambositra	6.186 20 06	152 75 »	»	»	15 » »	22.585	»	»	»	»	»	»	»	»	»	»	»	»
Fianarantsoa	1.782 07 20	503 72 80		»	108 17 80	61.006	»	»	»	»	»		26 02 »	50.780	»	»	»	»
Fort-Dauphin	783 08 71	76 80 55	2 50 »	5.525	8 » »	5.760	»	»	»				»		»	»	3 »	4.080
Mahafaly	10 »	2 50 »		»	»		»	»	»	»	»	»	»	»	»	»	»	»
TOTAUX GÉNÉRAUX	365.296 19 17	28.253 05 70	1.332 09 07	5.611.885	1.082 82 78	1.811.871	549 25	335.310	[illegible] 85 79	1.177.408	77 10	38.627	63 94 43	58.811	2	408	597 05 27	153.147

N° 65 — ÉTAT PAR PROVINCES DES CULTURES ENTREPRISES PAR LES EUROPÉENS OU ASSIMILÉS AU 1er JANVIER 1906 (Suite.)

(Suite p. 158.)

CIRCONSCRIPTIONS	NOMBRE D'HECTARES CULTIVÉS																						
	[illegible]	[illegible]	[illegible]	[illegible]	[illegible]	[illegible]	[illegible]	[illegible]	[illegible]	[illegible]	[illegible]	[illegible] de terre	[illegible]	[illegible]	[illegible]	[illegible]	[illegible]	[illegible]	[illegible]	[illegible]	[illegible]	[illegible]	[illegible]
	h. a. c.	h. a. c.		h. a. c.	h. a. c.	h. a. c.	h. a. c.	h. a. c.	h. a. c.	h. a. c.	h. a.	h. a.	h. a. c.	h. a.	h. a. c.	h. a. c.	h. a.	h. a. c.	hectares	h. a.	h. a. c.		h. a. c.
Diégo-Suarez	53 50 »	3 » »	»	»	»	»	5 75 »	174 60 »	400 » »	158 50 »	»	20 »	82 » »	»	191 » »	3 » »	»	»	»	»	26 75 »	»	11 50 »
Vohémar	1 50 »	»	»	»	»	»	»	0 60 »	18 50 »	1 » »	»	»	»	»	»	»	»	»	»	»	0 2[illegible] »	»	»
Betsimisaraka du Nord	»	»	»	4 » »	»	»	»	2 » »	6 » »	6 » »	»	»	2 » »	»	6 » »	»	»	»	»	»	8 » »	»	»
Sainte-Marie	»	»	»	»	»	»	»	»	2 » »	»	»	»	»	»	»	»	»	»	»	»	1 » »	»	»
Betsimisaraka du Centre	23 50 »	»	»	»	0 50 »	»	26 » »	162 » »	150 75 »	50 » »	»	1 »	10 » »	»	65 » »	»	»	»	»	»	22 » »	»	»
Tamatave-Ville	»	»	»	»	»	»	»	»	»	»	»	»	»	»	»	»	»	»	»	»	»	»	»
Fénérive	»	»	»	»	»	»	1 50 »	84 50 »	83 » »	15 50 »	»	»	7 » »	»	2 50	»	»	»	»	»	»	»	»
[illegible]	10 » »	»	»	»	»	2 » »	1 » »	0 » »	»	2 » »	»	»	»	»	»	»	»	»	»	»	»	»	»
Betanimena	25 02 07	»	»	5 50 »	»	»	2 » »	147 10 »	103 54 68	21 » 80	»	»	18 80 66	»	28 77 »	1 » »	»	»	»	»	»	»	»
Betsimisaraka du Sud	205 58 »	»	»	»	»	»	»	75 » »	126 » »	60 60 »	»	0 50	1 50 »	»	12 20 »	»	»	»	»	»	»	»	»
Mananjary	20 » »	»	»	»	»	»	»	»	493 » »	240 » »	»	»	2 » »	»	1 » »	»	»	»	»	»	3 » »	»	»
Farafangana	»	2 » »	»	»	»	»	»	»	23 50 »	15 » »	»	»	9 50 »	»	»	»	»	»	»	»	»	»	»
Nossi-Bé	35 » »	»	»	»	»	»	»	240 » »	1.800 » »	363 50 »	13 »	»	21 25 »	»	500 » »	12 50	»	»	»	»	3	»	»
Analalava	91 53 »	»	»	»	»	»	»	12 50 »	655 » »	123 » »	»	»	61 50 »	»	35 50 »	10 » »	»	»	5	»	»	»	»
Majunga	65 » »	»	»	»	3 25 »	»	»	»	586 » »	25 30 »	»	»	8 20 »	»	14 50 »	»	»	»	»	»	»	»	»
Maintirano	6 » »	»	»	»	»	»	»	»	»	7 11 50	»	»	»	»	1 » »	»	»	»	»	»	10 » »	»	2 » »
Maevatanana	5 » »	»	»	»	»	»	»	»	380 » »	10 » »	»	»	10 » »	»	1 » »	»	»	»	»	»	»	»	»
Morondava	»	»	»	10 » »	»	»	»	2 » »	21 » »	5 » »	»	»	3 » »	»	12 » »	»	»	»	»	»	»	»	»
Tuléar	2 78 59	»	»	»	4 84 85	0 57 »	»	1 35 80	119 » »	58 25 95	»	»	35 06 16	»	97 70 85	»	»	»	»	»	»	»	55 09 56
Mandritsara	0 50 »	»	»	»	2 40 »	0 60 »	»	»	»	»	»	0 04	»	»	0 20 »	»	»	»	»	»	0 62 »	»	»
Angavo-Mangoro	13 20 »	4 53 »	»	2 56 »	2 01 »	23 13 »	0 43 »	41 50 »	320 » »	33 75 »	»	3 12	2 80 »	»	7 70 »	0 50 »	»	»	»	»	5 80 »	»	3 » »
Imerina-Nord	2 98 »	»	»	»	1 43 »	11 15 »	1 33 »	0 52 »	45 85 »	61 33 »	»	8 20	13 13 »	»	0 95 »	»	0 20	0 20 »	»	2 »	2 65 »	»	»
Itasy	5 10 »	»	»	0 03 »	0 50 »	11 75 »	0 25 »	0 01 »	10 25 »	70 50 »	»	8 17	5 70 »	»	2 37 »	»	»	»	5	»	1 30 »	»	0 45 »
Imerina-Centrale	28 10 »	»	»	129 93 74	27 21 56	31 90 08	1 03 »	19 11 »	276 02 33	138 62 72	»	6 35	48 50 75	0 50	10 31 »	»	0 20	6 13 40	»	0 75	2 18 »	»	»
Tananarive-Ville	33 98 96	17 60 25	»	0 33 10	4 37 82	43 31 94	»	»	60 70 28	18 30 03	»	»	0 81 10	»	0 91 56	0 00 28	»	»	»	»	0 27 99	»	»
Vakinankaratra	0 20 48	»	»	32 25 »	0 87 73	21 00 90	»	1 50 »	11 80 »	10 15 »	»	»	2 » »	»	3 » »	»	0 50	2 25 »	»	»	»	»	»
Ambositra	6 » »	»	»	4 » »	9 » »	20 » »	0 00 30	0 42 »	1 50 »	6 50 »	»	5 30	1 08 »	»	5 » »	»	»	»	»	1 50	1 07 »	»	»
Fianarantsoa	11 16 »	»	»	10 » »	36 44 »	»	5 » »	0 18 »	17 70 »	98 20 »	»	1 63	12 » »	1 »	4 61 »	»	0 50	»	»	1 »	5 11 »	»	»
Fort-Dauphin	1 05 »	»	»	»	»	»	1 30 »	0 02 »	20 » »	20 » »	0 08	0 02	1 02 »	»	»	»	»	»	»	»	0 03 »	»	»
Mahafaly	0 50 »	»	»	»	2	»	»	»	0 50 »	1 » »	»	»	0 50 »	»	»	»	»	»	»	»	»	»	»
Totaux généraux	643 95 91	23 05 25	»	304 65 14	92 83 55	185 22 92	45 30 30	800 82 80	5.537 49 25	4.043 13 60	13 08	63 53	280 23 60	1 50	785 29 40	27 00 28	1 40	8 88 80	5	5 25	91 01 99	»	71 99 56

N° 65 — ÉTAT PAR PROVINCES DES CULTURES ENTREPRISES PAR LES EUROPÉENS OU ASSIMILÉS AU 1er JANVIER 1906 (Suite et fin.)

CIRCONSCRIPTIONS	NOMBRE D'HECTARES CULTIVÉS																						
	[illegible]	[illegible]	[illegible]	[illegible]	[illegible]	[illegible]	[illegible]	[illegible]	[illegible]	[illegible]	[illegible]	[illegible]	[illegible]	[illegible]	[illegible]	[illegible]	[illegible]	[illegible]	[illegible]	[illegible]	[illegible]	[illegible]	[illegible]
Diégo-Suarez	»	»	154 20 »	»	1 »	»	»	»	5 » »	»	»	»	26 50	»	»	»	»	»	»	»	»	»	29 50 »
Vohémar	»	»	0 50 »	»	»	»	»	»	»	»	»	3 »	»	»	»	»	»	»	»	»	»	»	»
Betsimisaraka du Nord	»	»	0 80 »	»	»	»	»	»	»	»	»	»	»	»	»	2 »	»	»	»	»	»	»	»
Sainte-Marie	»	»		»	»	3 »	»	»	»	»	»	»	»	»	»	»	»	»	»	»	»	»	»
Betsimisaraka du Centre	»	»	6 » »	»	»	11 77 »	»	»	»	»	»	»	»	»	»	»	»	»	»	»	»	»	10 » »
Tamatave-Ville	»	»	»	»	»	»	»	»	»	»	»	»	»	»	»	»	»	»	»	»	»	»	»
Fetrosaky	1 » »	»	»	»	»	»	»	50	»	»	»	»	»	»	»	»	»	»	»	»	»	»	3 » »
Befaroua	»	»	3 » »	»	»	17 »	»	»	»	»	»	»	»	»	»	»	»	»	»	»	»	»	»
Betanimena	1 » »	»	1 » »	»	»	1 75 »	»	»	»	»	»	»	»	»	»	»	»	»	»	»	»	»	3 »
Betsimisaraka du Sud	»	»	»	»	»	»	»	»	»	»	»	»	»	»	»	»	»	»	»	»	»	»	56 » »
Mananjary	»	»	»	»	»	»	3	»	»	»	»	»	»	»	»	»	»	»	»	»	»	»	»
Farafangana	»	»	»	»	»	»	0 20	»	»	»	»	»	»	»	»	»	»	»	0 50	0 50	»	»	»
Nossi-Bé	6 » »	»	2 » »	»	»	7 75 »	»	»	13 » »	»	»	»	»	»	»	»	»	»	»	»	»	»	0 10 »
Analalava	2 50 »	»	4 » »	»	»	1 02 »	»	»	12 » »	»	»	274 75	1 »	»	»	9 »	»	»	»	»	»	»	1 »
Majunga	»	»	26 80 »	»	»	0 34 »	»	»	107 » »	»	»	2 »	»	»	»	11 »	»	»	»	»	»	»	»
Maintirano	»	»	»	»	»	»	»	»	»	»	»	»	»	»	»	»	»	»	»	»	»	»	»
Maevatanana	»	»	2 » »	»	»	»	»	»	3 » »	»	»	»	»	»	»	»	»	»	»	»	»	»	»
Morondava	»	»	3 50 »	»	»	»	»	»	»	»	»	»	»	»	»	»	»	»	»	»	»	»	»
Tuléar	»	»	2 77 »	»	»	»	»	»	»	»	»	»	»	»	»	»	»	»	»	»	»	»	»
Mandritsara	»	»	0 10 »	»	»	0 02 »	»	»	»	»	»	»	»	»	»	»	»	»	»	»	»	»	»
Vagaino-Mangoro	0 20 »	»	8 75 »	2	»	2 63 »	»	»	6 » »	»	»	»	1 »	2 40	»	3 »	»	»	»	»	»	17 75	7 81 »
Imerina-Nord	0 50 »	»	3 25 »	»	1 50	2 76 »	»	0 05	»	»	»	»	0 91	»	»	0 75	»	»	»	»	»	»	3 50 »
Itasy	0 02 »	»	0 15 »	»	»	»	»	»	»	»	»	»	»	5 »	»	5 »	»	»	»	»	»	»	1 08 »
Imerina-Centrale	8 13 »	»	19 51 »	»	»	35 90 »	»	11 10	1 26 »	»	»	»	3 05	0 50	»	2 30	»	»	»	»	3 50	25 80	0 20 »
Tananarive-Ville	0 02 18	»	15 62 80	»	»	0 01 35	»	»	0 00 10	»	»	»	»	»	»	»	»	»	»	»	»	»	»
Vakinankaratra	»	»	1 56 76	»	»	»	»	»	»	»	»	»	»	»	»	»	»	»	»	»	»	54 »	30 »
Ambositra	»	»	0 67 »	»	»	»	»	»	»	»	»	»	»	»	»	»	»	»	»	»	»	»	60 30 70
Fianarantsoa	»	»	8 95 »	»	»	0 92 »	»	»	»	»	»	»	5 »	»	»	»	»	»	»	»	»	149 50	16 71 »
Fort-Dauphin	0 03 30	»	8 02 »	»	»	2 42 25	»	»	»	»	»	»	0 20	»	»	0 01	»	»	»	»	»	»	»
Mahafaly	»	»	»	»	»	»	»	»	»	»	»	»	»	»	»	»	»	»	»	»	»	»	»
TOTAUX GÉNÉRAUX	25 40 58	»	272 00 65	2	2 50	87 36 50	0 23	51 15	147 26 10	»	»	279 75	45 68	7 53	»	33 15	»	»	0 50	0 50	3 50	230 06	217 25 70

N° 66 — ÉTAT GÉNÉRAL DES CULTURES

ENTREPRISES PAR LES INDIGÈNES AU 1er JANVIER 1906

DÉSIGNATION DES CULTURES	PIEDS	SUPERFICIE h. a. c.
Vanilliers	222.000	50 65 »
Caféiers	402.825	374 70 67
Cacaoyers	1.000	1 60 »
Cocotiers	141.556	1.017 57 »
Girofliers	77.959	292 » »
Théiers	2.109	2 07 18
Kolatiers	»	»
Caoutchouquiers	2.390	20 01 50
Totaux	849.839	1.758 61 35

DÉSIGNATION DES CULTURES	SUPERFICIE h. a. c.
Bananiers	21.578 60 37
Manguiers	291 83 42
Papayers	11 50 »
Arbres fruitiers	1.037 44 64
Vigne	27 97 46
Mûriers	1.340 47 77
Tabac	2.636 49 91
Canne à sucre	12.037 03 92
Riz	352.894 68 29
Manioc	127.411 19 06
Arrow-root	45 01 50
Pommes de terre	9.422 11 48
Patates	82.542 49 76
Avoine	»
Maïs	58.178 53 21
Sorgho	66 88 90
Blé	13 88 20
Orge	9 54 90
Mil	11.108 04 »
Sarrazin	»
Haricots	15.081 42 51
Lentilles	1 » »
Pois du Cap	2.879 87 »
Saonjo	5.698 60 09
Citrouille	0 26 »
Cultures maraîchères	644 65 37
Betteraves	»
Luzerne	»
Ananas	788 01 60
Ramie	5 » »
Aloès	71 58 15
Coton	627 96 51
Chanvre	184 35 90
Raphia	20 40 »
Ouatiers	1 » »
Ambrevade	5.350 07 79
Tsitoavina	1.909 44 34
Tapia	2.496 69 »
Arachides	3.712 41 10
Voanjobory	508 20 12
Voemba	58 » »
Cannelier	»
Poivriers	»
Gingembre	86 24 08
Eucalyptus	128 65 29
Divers	697 66 85
Total	721.695 27 49

Total général : 723.453 88 84

N° 67 — ÉTAT PAR RÉGION DE L'ÉTENDUE DES CULTURES ENTREPRISES A MADAGASCAR PAR DES INDIGÈNES AU 1er JANVIER 1906

DÉSIGNATION DES CULTURES	NOMBRE D'HECTARES CULTIVÉS PAR RÉGIONS				
	RÉGION SEPTENTRIONALE	VERSANT EST	VERSANT OUEST	RÉGION CENTRALE	RÉGION MÉRIDIONALE
	h. a.	h. a. c.	h. a. c.	h. a. c.	h. a.
Vanilliers	»	46 65 »	4 » »	»	»
Caféiers	»	79 02 10	2 » »	292 18 57	1 50
Cacaoyers	»	1 60 »	»	»	»
Cocotiers	7 »	232 15 »	778 42 »	»	»
Girofliers	»	292 » »	»	»	»
Théiers	»	»	»	»	»
Kolatiers	»	»	»	2 07 18	»
Caoutchouquiers	»	20 » »	»	»	»
Bananiers	59 20	4.823 05 »	14.654 75 »	0 01 50	»
Manguiers	»	»	»	1.475 80 37	565 80
Papayers	11 50	»	»	291 83 42	»
Arbres fruitiers	»	»	»	»	»
Vignes	»	»	»	1.037 44 64	»
Mûriers	»	»	»	27 97 46	»
Tabac	»	2 22 »	0 20 »	1.338 05 77	»
Canne à sucre	10 50	759 41 »	285 73 »	1.349 67 91	231 18
Riz	41 »	4.971 68 »	4.309 71 »	2.437 64 92	277 »
Manioc	3.017 94	140.977 86 »	59.818 » »	135.828 88 29	4.252 »
Arrow-root	116 »	14.379 79 33	33.038 13 50	63.287 26 23	16.590 »
Pommes de terre	»	»	45 » »	0 01 50	»
Patates	4 »	1 50 »	»	9.415 61 48	1 »
Avoine	62 »	12.907 13 »	17.243 53 »	37.938 83 76	14.391 »
Maïs	»	»	»	»	»
Sorgho	97 »	2.916 42 »	28.828 90 »	19.878 21 21	6.458 »
Blé	1 75	»	40 » »	25 13 90	»
Orge	»	»	»	13 88 20	»
Mil	»	»	»	9 54 90	»
Sarrazin	»	»	148 04 »	»	10.960 »
Haricots	»	»	»	»	»
Lentilles	5 »	810 46 »	302 50 »	12.071 38 51	1.892 08
Pois du Cap	»	»	1 » »	»	»
Saonjo	5 50	88 89 »	2.541 15 »	36 32 »	208 01
Citrouilles	2 »	451 41 70	1.360 » »	3.788 38 39	96 80
Cultures maraîchères	»	»	»	0 26 »	»
Betteraves	24 »	96 41 »	47 50 »	476 74 37	»
Luzerne	»	»	»	»	»
Ananas	»	»	»	»	»
Ramie	»	68 80 02	34 52 »	660 01 58	24 59
Aloès	»	3 » »	»	»	2 »
Coton	»	»	»	71 58 15	»
Chanvre	»	16 » »	13 25 »	488 20 51	110 51
Raphia	»	»	»	184 35 90	»
Ouatiers	»	»	19 » »	1 40 »	»
Ambrevade	»	1 » »	»	»	»
Tsitoavina	18 »	133 65 »	67 » »	5.077 12 79	54 30
Tapia	»	»	»	1.909 44 34	»
Arachides	»	»	»	2.496 69 »	»
Voanjobory	1 50	63 64 »	1.238 20 »	2.014 99 10	394 08
Voemba	»	55 30 »	15 » »	521 90 12	6 »
Cannelier	»	58 » »	»	»	»
Poivriers	»	»	»	»	»
Gingembre	»	»	»	»	»
Eucalyptus	»	»	»	86 24 08	»
Divers	»	»	»	128 65 29	»
	»	102 » »	72 » »	159 76 85	363 90
TOTAUX	3.483 89	193.359 13 15	164.907 53 50	304.823 58 19	56.879 75

N° 68 — ÉTAT PAR PROVINCES DES CULTURES ENTREPRISES PAR LES INDIGÈNES AU 1er JANVIER 1906

(La suite p. 164.)

CIRCONSCRIPTIONS	SUPERFICIE totale cultivée en hectares.	NOMBRE D'HECTARES CULTIVÉS ET NOMBRE DE PIEDS PLANTÉS — VANILLIERS Hectares.	VANILLIERS Pieds.	CAFÉIERS Hectares.	CAFÉIERS Pieds.	CACAOYERS Hectares.	CACAOYERS Pieds.	COCOTIERS Hectares.	COCOTIERS Pieds.	GIROFLIERS Hectares.	GIROFLIERS Pieds.	[illegible] Hectares.	[illegible] Pieds.	[illegible] Hectares.	[illegible] Pieds.	CAOUTCHOUTIERS Hectares.	CAOUTCHOUTIERS Pieds.
	h. a. c.	h. a.		h. a. c.		h. a.		h. a.		h.		h. a. c.				h. a. c.	
Diégo-Suarez	3.583 89 »	»	»	»	»	»	»	7 »	700	»	»	»	»	»	»	»	»
Vohémar	7.092 89 »	21 »	99.500	4 40 »	20.800	»	»	107 »	9.300	»	»	»	»	»	»	»	»
Betsimisaraka du Nord	10.098 80 05	15 15	61.200	12 85 »	14.925	»	»	40 30	9.500	1	2.200	»	»	»	»	»	»
Sainte-Marie	505 »	7 »	35.000	20 » »	10.000	1	500	20 »	1.000	175	70.000	»	»	»	»	»	»
Betsimisaraka du Centre	85.775 » »	4 »	16.000	10 » »	7.000	»	»	10 »	5.000	115	5.730	»	»	»	»	10 » »	2.350
Tamatave-Ville	»		»	»	»	»	»	»	»	»	»	»	»	»	»	»	»
Fetraomby	21.936 50 »		»	4 »	1.000	»	»	»	»	»	»	»	»	»	»	»	»
Beforona	5.343 25 »	»	»	0 25 »	675	»	»	»	»	»	»	»	»	»	»	»	»
Betanimena	3.321 85 »	0 50	400	4 25 »	4.250	0 09	600	4 »	3.000	»	»	»	»	»	»	»	»
Betsimisaraka du Sud	32.006 05 »	»	»	20 65 »	17.508	»	»	»	»	»	»	»	»	»	»	»	»
Mananjary	3.960 » »	»	»	»	»	»	»	4 »	3.040	»	»	»	»	»	»	»	»
Farafangana	23.876 29 10	»	»	2 65 10	6.400	»	»	17 85	15.971	»	»	»	»	»	»	»	»
Nossi-Bé	12.356 75 »	4 »	9.900	»	»	»	»	355 »	42.300	»	»	»	»	»	»	»	»
Analalava	9.003 50 »	»	»	»	»	»	»	64 »	6.200	»	»	»	»	»	»	»	»
Majunga	8.630 05 »	»	»	»	»	»	»	13 25	2.460	»	»	»	»	»	»	»	»
Maintirano	2.435 38 50	»	»	2 » »	2.000	»	»	93 50	11.680	»	»	»	»	»	»	»	»
Mevatanana	10.385 67 »	»	»	»	»	»	»	0 45	130	»	»	»	»	»	»	»	»
Morondava	80.830 16 »	»	»	»	»	»	»	52 21	11.016	»	»	»	»	»	»	»	»
Tuléar	41.260 » »	»	»	»	»	»	»	»	»	»	»	»	»	»	»	»	»
Mandritsara	11.167 57 »	»	»	18 05 »	1.350	»	»	»	»	»	»	»	»	»	»	»	»
Angavo-Mangoro	26.330 52 18	»	»	56 51 »	64.390	»	»	»	»	»	»	2 04 »	2.025	»	»	»	»
Imerina-Nord	9.431 64 »	»	»	28 50 »	15.751	»	»	»	»	»	»	»	»	»	»	»	»
Itasy	35.030 83 »	»	»	31 11 »	25.176	»	»	»	»	»	»	»	»	»	»	»	»
Imerina-Centrale	71.811 82 87	»	»	63 03 80	70.806	»	»	»	»	»	»	0 02 02	71	»	»	»	»
Tananarive-Ville	1.757 37 40	»	»	7 29 43	9.906	»	»	»	»	»	»	0 00 26	13	»	»	»	»
Vakinankaratra	34.289 71 35	»	»	20 50 25	30.908	»	»	»	»	»	»	»	»	»	»	»	»
Ambositra	35.643 91 58	»	»	32 99 »	35.009	»	»	»	»	»	»	»	»	»	»	»	»
Fianarantsoa	81.109 98 61	»	»	31 18 »	63.035	»	»	»	»	»	»	»	»	»	»	0 01 50	10
Fort-Dauphin	61.130 75 »	»	»	1 50 »	1.520	»	»	»	»	»	»	»	»	»	»	»	»
Mahafaly	18.749 » »	»	»	»	»	»	»	»	»	»	»	»	»	»	»	»	»
Totaux généraux	727.453 88 81	50 65	222.090	374 70 07	403.833	1 60	1.100	1.017 57	141.506	292	77.930	2 07 18	2.109	»	»	20 01 50	2.360

N° 68 — ÉTAT PAR PROVINCES DES CULTURES ENTREPRISES PAR LES INDIGÈNES AU 1er JANVIER 1906 (Suite.)

CIRCONSCRIPTIONS	[illegible]	[illegible]	Plantes [illegible]	[illegible]	[illegible]	[illegible]	[illegible]	[illegible]
	h. a. c.	h. a. c.	h. a.	h. a. c.	h. a. c.	h. a. c.	h. a. c.	h. a. c.
Diégo Suarez	20 20 »	»	11 50	»	»	»	10 50 »	41 » »
Vohémar	13 50 »	»	»	»	»	»	9 » »	63 70
Betsimisaraka du Nord	53 55 »	»	»	»	»	»	8 20 »	56 48
Sainte-Marie	40 » »	»	»	»	»	»	1 » »	10 »
Betsimisaraka du Centre	4.000 » »	»	»	»	»	»	700 » »	1.500 »
Tamatave-Ville	»	»	»	»	»	»	»	»
[illegible]	»	»	»	»	»	»	2 50 »	2.000 »
[illegible]	»	»	»	»	»	1 » »	0 01 »	25 »
Betanimena	160 » »	»	»	»	»	1 » »	10 » »	210 »
Betsimisaraka du Sud	350 » »	»	»	»	»	0 22 »	15 70 »	1.096 50
Mananjary	»	»	»	»	»	»	»	10 » »
Farafangana	200 » »	»	»	»	»	»	15 » »	»
Nossi-Bé	296 » »	»	»	»	»	»	30 50 »	11 75
Analalava	235 » »	»	»	»	»	»	40 » »	36 »
Majunga	1.505 75 »	»	»	»	»	»	14 80 »	30 »
Maintirano	330 » »	»	»	»	»	»	14 90 »	11 25
Maevatanana	480 » »	»	»	»	»	»	138 05 »	52 21
Morondava	11.802 » »	»	»	»	»	0 30 »	37 » »	5.025 50
Tuléar	9 » »	»	»	»	»	»	41 » »	153 » »
Mandritsara	405 30 »	»	»	»	»	5 60 »	117 » »	105 90
[illegible]-Mangoro	65 66 »	27 88 »	»	36 13 »	0 18 18	83 54 »	203 43 »	56 76
Imerina Nord	54 75 »	53 20 »	»	»	1 » »	239 25 »	114 55 »	6 60
Itasy	100 91 »	182 53 »	»	482 15 »	0 41 »	216 52 »	268 87 »	19 85
Imerina-Centrale	158 55 02	»	»	350 98 34	4 14 97	517 01 84	86 30 15	620 97 69
Tananarive-Ville	106 65 60	3 82 42	»	1 38 30	0 79 07	3 15 09	0 02 40	33 31 02
Vakinankaratra	6 83 75	3 50 »	»	59 » »	0 63 29	194 06 04	317 82 30	80 25 27
Ambositra	62 14 »	»	»	»	1 55 »	42 39 »	30 94 »	128 04 08
Fianarantsoa	927 10 »	21 50 »	»	79 90 »	10 50 »	35 78 »	226 75 »	1.385 70 65
Fort-Dauphin	503 89 »	»	»	»	»	»	227 18 »	277 » »
Mahafaly	»	»	»	»	»	»	5 » »	»
Totaux généraux	21.578 66 37	201 83 42	11 50	1.087 55 65	27 07 46	1.340 47 77	2.046 40 01	12.107 03 [illegible]

NOMBRE D'HECTARES CULTIVÉS

CIRCONSCRIPTIONS	Riz	Manioc	[illegible]	[illegible] Cultures	[illegible]	[illegible]	Maïs	[illegible]	[illegible]	[illegible]	[illegible]	[illegible]	[illegible]	[illegible]	[illegible]
	h. a. c.	h. a. c.	h. a. c.	h. a. c.	h. a. c.		h. a. c.	h. a. c.	h. a. c.	h. a. c.	h. a.		h. a. c.	hectares	h. a.
Diégo Suarez	3.012 95 »	416 » »	»	4 » »	62 » »		97 » »	1 75 »	»	»	»	»	5 » »	»	4 50
Vohémar	7.220 » »	51 50 »	»	»	35 » »	»	93 » »	»	»	»	»	»	17 50 »	»	10 50
Betsimisaraka du Nord	8.818 80 »	507 00 32	»	»	200 13 »	»	58 » »	»	»	»	»	»	52 90 »	»	8 52
Sainte-Marie	60 » »	20 » »	»	»	50 » »	»	»	»	»	»	»	»	»	»	»
Betsimisaraka du Centre	75.845 » »	1.200 » »	»	»	185 » »	»	100 » »	»	»	»	»	»	50 » »	»	8 »
Tamatave-Ville	»	»	»	»	»	»	»	»	»	»	»	»	»	»	»
[illegible]	11.200 » »	2.100 » »	»		[illegible]	»	700 » »	»	»	»	»	»	»	»	»
[illegible]	4.200 » »	350 » »	»	»	60 » »	»	500 » »	»	»	»	»	»	175 » »	»	»
Betanimena	1.895 » »	600 » »	»	»	305 » »	»	28 » »	»	»	»	»	»	4 » »	»	»
Betsimisaraka du Sud	23.133 » »	3.930 39 »	»	»	2.115 » »	»	623 52 »	»	»	»	»	»	90 » »	»	32 87
Mananjary	2.130 » »	1.050 » »	»	»	123 » »	»	565 » »	»	»	»	»	»	80 » »	»	1 »
Farafangana	15.517 » »	4.500 » »	»	1 50 »	3.095 » »		115 » »	»	»	»	»	»	332 » »	»	12 »
Nossi-Bé	9.098 » »	920 » »	»	»	416 » »	»	540 » »	90 » »	»	»	»	»	27 » »	»	»
Analalava	3.400 » »	4.510 » »	»	»	350 » »	»	300 » »	»	»	»	4 »	»	18 » »	»	»
Majunga	6.050 » »	1.208 75 »	»	»	402 50 »	»	216 50 »	»	»	»	»	»	2 » »	»	»
Maintirano	250 » »	922 80 30	»	»	137 » »	»	402 » »	»	»	»	144 »	»	58 50 »	»	4 33
Maevatanana	7.223 » »	1.560 » »	»	»	420 53 »	»	209 » »	»	»	»	»	»	11 » »	»	»
Morondava	22.401 » »	18.379 50 »	85 » »	»	9.980 70 »	»	11.300 90 »	»	»	»	0 05	»	118 » »	1	722 86
Tuléar	11.750 » »	10.577 » »	»	»	6.125 » »	»	9.086 » »	»	»	»	»	»	70 » »	»	1.815 »
Mandritsara	7.324 60 »	1.112 » »	»	»	727 20 »	»	1.562 80 »	20 » »	»	»	»	»	36 08 »	»	»
[illegible]-Mangoro	17.206 60 »	4.073 61 »	»	328 75 »	[illegible]	»	445 38 »	»	»	»	»	»	423 43 »	»	31 01
Imerina Nord	8.256 04 »	2.062 08 »	»	4 08 »	204 57 »	»	252 40 »	0 25 »	»	»	»	»	87 61 »	»	»
Itasy	11.036 70 »	6.786 17 »	»	[illegible]	3.512 » »	»	2.299 50 »	»	»	»	»	»	815 06 »	»	1 39
Imerina-Centrale	37.238 02 »	19.125 25 52	»	[illegible]	[illegible]	»	809 62 15	2 28 »	»	»	»	»	905 81 30	»	0 02
Tananarive-Ville	1.318 35 20	193 58 90	»	0 02 57	49 65 60	»	8 80 07	0 00 40	»	»	»	»	7 10 21	»	»
Vakinankaratra	13.293 08 »	4.399 84 81	»	[illegible]	[illegible]	»	[illegible]	0 10 50	13 88 20	9 54 90	»	»	1.309 65 »	»	»
Ambositra	12.509 13 »	6.108 95 »	»	98 77 »	[illegible]	»	[illegible]	»	»	»	»	»	[illegible]	»	»
Fianarantsoa	28.868 07 »	10.025 75 »	0 01 50	577 07 »	[illegible]	»	[illegible]	2 50 »	»	»	»	»	[illegible]	»	3
Fort-Dauphin	4.242 » »	11.700 » »	»	1 » »	[illegible]	»	[illegible]	»	»	»	9.800	»	1.738 » »	»	203 01
Mahafaly	10 » »	5.000 » »	»		6.800 » »	»	[illegible]		»	»	1.000		150 » »	»	5 »
Totaux généraux	282.894 68 29	127.411 19 06	85 01 50	[illegible]	[illegible]	»	[illegible]	96 68 90	13 88 20	9 54 90	11.108 05	»	[illegible]	1	2.879 87

N° 68 — ÉTAT PAR PROVINCES DES CULTURES ENTREPRISES PAR LES INDIGÈNES AU 1er JANVIER 1906 (Suite et fin.)

NOMBRE D'HECTARES CULTIVÉS

CIRCONSCRIPTIONS	h. a. c.	h. a.	h. a. c.			h. a. c.	hectares.	h. a. c.
Diégo-Suarez	2 » »	»	24 » »	»	»	»	»	»
Vohémar	9 » »	»	0 20 »	»	»	18 50 »	»	»
Betsimisaraka du Nord	72 41 70	»	10 21 »	»	»	80 30 02	»	»
Sainte-Marie	»	»	»	»	»	»	»	»
Betsimisaraka du Centre	60 » »	»	6 » »	»	»	»	»	»
Tamatave-Ville	»	»	»	»	»	»	»	»
Vatomandry	50 » »	»	»	»	»	»	»	»
Beforona	30 » »	»	2 » »	»	»	»	»	»
Betanimena	2 » »	»	2 » »	»	»	2 » »	3	»
Betsimisaraka du Sud	142 » »	»	»	»	»	»	»	»
Mananjary	»	»	66 » »	»	»	»	»	»
Farafangana	79 » »	»	10 » »	»	»	12 » »	»	»
Nossi-Bé	25 » »	»	14 » »	»	»	9 » »	»	»
Analalava	55 » »	»	»	»	»	2 » »	»	»
Majunga	3 » »	»	13 » »	»	»	2 » »	»	»
Maintirano	28 » »	»	1 50 »	»	»	0 50 »	»	»
Mevatanana	426 » »	»	8 50 »	»	»	20 » »	»	»
Morondava	63 » »	»	8 30 »	»	»	1 02 »	»	»
Tuléar	1.000 » »	»	»	»	»	»	»	»
Mandritsara	10 30 »	»	21 90 »	»	»	2 68 »	»	»
Alaotra-Mangoro	188 14 »	»	56 52 »	»	»	10 26 »	»	»
Imerina-Nord	48 95 »	»	7 78 »	»	»	»	»	4 » »
Itasy	537 99 »	0 26	25 20 »	»	»	3 02 »	»	4 98 »
Imerina Centrale	407 29 90	»	170 25 77	»	»	609 20 99	»	54 37 15
Tananarive-Ville	0 95 49	»	21 43 20	»	»	0 25 07	»	»
Vakinankaratra	330 45 »	»	10 15 40	»	»	11 31 52	»	»
Ambositra	1.330 50 »	»	0 » »	»	»	4 17 »	»	»
Fianarantsoa	857 10 »	»	142 50 »	»	»	18 53 »	»	8 03 »
Fort-Dauphin	96 80 »	»	»	»	»	24 50 »	2	»
Mahafaly	»	»	»	»	»	»	»	»
Totaux généraux	5.898 60 09	0 26	644 65 37	»	»	788 01 00	5	71 58 10

CIRCONSCRIPTIONS	h. a. c.	h. a. c.	h. a.	hectares.	h. a. c.	h. a. c.	h. a.	h. a. c.	h. a. c.	hectares.			h. a. c.	h. a. c.	h. a. c.
Diégo-Suarez	»	»	»	»	18 » »	»	»	1 50 »	»	»	»	»	»	»	»
Vohémar	»	»	»	»	»	»	»	»	»	»	»	»	»	»	»
Betsimisaraka du Nord	»	»	»	1	33 65 »	»	»	9 34 »	»	»	»	»	»	»	»
Sainte-Marie	»	»	»	»	»	»	»	»	»	»	»	»	»	»	»
Betsimisaraka du Centre	»	»	»	»	15 » »	»	»	20 » »	»	»	»	»	»	»	»
Tamatave-Ville	»	»	»	»	»	»	»	»	»	»	»	»	»	»	»
Vatomandry	»	»	»	»	»	»	»	»	»	»	»	»	»	»	»
Beforona	»	»	»	»	»	»	»	»	»	»	»	»	»	»	»
Betanimena	»	»	»	»	1 » »	»	»	5 » »	»	»	»	»	»	»	»
Betsimisaraka du Sud	»	»	»	»	44 » »	»	»	14 » »	50 30 »	58	»	»	»	»	112 » »
Mananjary	»	»	»	»	»	»	»	»	»	»	»	»	»	»	»
Farafangana	18 » »	»	»	»	»	»	»	15 80 »	»	»	»	»	»	»	»
Nossi-Bé	»	»	»	»	21 » »	»	»	16 50 »	»	»	»	»	»	»	»
Analalava	2 30 »	»	»	»	»	»	»	23 » »	»	»	»	»	»	»	6 » »
Majunga	»	»	»	»	»	»	»	20 » »	»	»	»	»	»	»	»
Maintirano	»	»	»	»	»	»	»	30 » »	»	»	»	»	»	»	»
Mevatanana	4 75 »	»	19 »	»	»	»	»	70 20 »	10 » »	»	»	»	»	»	66 » »
Morondava	6 » »	»	»	»	1 » »	»	»	1.065 50 »	»	»	»	»	»	»	»
Tuléar	»	»	»	»	63 » »	»	»	»	»	»	»	»	»	»	»
Mandritsara	9 53 »	»	»	»	20 » »	»	»	24 » »	»	»	»	»	»	»	2 70 »
Alaotra-Mangoro	0 33 »	»	»	»	1 02 »	»	»	53 07 »	194 28 »	»	»	»	»	4 96 »	»
Imerina-Nord	0 03 »	»	»	»	1 » »	»	»	8 24 »	7 88 »	»	»	»	»	»	»
Itasy	»	18 97 »	1 40	»	93 95 »	1.507 91 »	2.406 00	88 92 »	107 55 »	»	»	»	0 02 »	4 08 »	122 25 »
Imerina Centrale	0 15 19	»	»	»	72 09 52	401 53 34	»	292 72 10	105 02 62	»	»	»	86 22 06	3 06 29	0 03 40
Tananarive-Ville	0 00 17	»	»	»	0 06 24	»	»	0 01 50	0 84 20	»	»	»	»	»	»
Vakinankaratra	1 14 15	90 90 00	»	»	0 10 03	»	»	3 82 44	15 73 30	»	»	»	»	»	»
Ambositra	»	74 48 »	»	»	4 » »	»	»	254 » »	»	»	»	»	»	»	»
Fianarantsoa	477 » »	»	»	»	»	»	»	1.248 99 »	»	»	»	»	»	14 75 »	34 10 25
Fort-Dauphin	110 54 »	»	»	»	54 30 »	»	»	304 08 »	6 » »	»	»	»	»	»	363 10 »
Mahafaly	»	»	»	»	»	»	»	»	»	»	»	»	»	»	»
Totaux généraux	647 96 54	184 35 90	20 40	1	5.350 07 59	1.909 85 36	2.496 60	3.733 11 10	598 20 12	58	»	»	86 24 08	128 05 29	697 66 85

N° 69 — ÉTAT INDIQUANT L'ÉTENDUE DES CULTURES DES EUROPÉENS ET DES INDIGÈNES AU 1er JANVIER 1906

CULTURES		EUROPÉENS	INDIGÈNES	TOTAL	CULTURES	EUROPÉENS	INDIGÈNES	TOTAL
						h. a. c.	h. a. c.	h. a. c.
Superficie totale cultivée...		28.233 04 30	723.453 88 84	751.686 03 14	Maïs	785 29 40	58.178 53 21	58.963 82 61
					Sorgho	27.00 28	66 88 90	93 89 18
Vanilliers	Hectares	1.332 69 07	50 65 »	1.383 34 07	Blé	1 40 »	13 88 20	15 28 20
	Pieds...	4.431.845	222.000	4.653.845	Orge	8 88 80	9 54 90	18 43 70
Caféiers	Hectares	1.982 82 78	374 70 67	2.357 53 45	Mil	4 » »	11.108 04 »	11.112 04 »
	Pieds...	1.611.874	402.825	2.014.699	Sarrazin	5 25 »	»	5 25 »
Cacaoyers	Hectares	550 25 »	1 60 »	551 85 »	Haricots	91 91 99	15.081 42 51	15.173 34 50
	Pieds...	354.310	1.000	355.310	Lentilles	»	1 » »	1 » »
Cocotiers	Hectares	11.641 84 79	1.017 57 »	12.659 41 79	Pois du Cap	71 94 66	2.879 87 »	2.951 81 56
	Pieds...	1.177.008	141.556	1.318.564	Saonjo	14 40 48	5.698 60 09	5.713 00 57
Girofliers	Hectares	77 10 »	292 » »	369 10 »	Citrouille	»	0 26 »	0 26 »
	Pieds...	38.627	77.959	116.586	Cultures maraîchères	272 00 65	644 65 37	916 66 02
Théiers	Hectares	63 96 43	2 07 18	66 03 31	Betteraves	2 » »	»	2 » »
	Pieds...	88.811	2.109	90.920	Luzerne	2 50 »	»	2 50 »
Kolatiers	Hectares	2 » »	»	2 » »	Ananas	87 36 59	788 01 60	875 38 19
	Pieds...	304	»	304	Ramie	0 26 »	5 » »	5 26 »
Caoutchouquiers	Hectares	587 04 27	20 01 50	607 05 77	Aloès	51 14 »	71 58 15	122 72 15
	Pieds...	153.157	2.390	155.547	Coton	147 26 10	627 96 51	775 22 61
Bananiers	Hectares	643 94 01	21.578 60 37	22.222 55 28	Chanvre	»	184 35 90	184 35 90
Manguiers	—	23 95 25	291 83 42	315 78 67	Raphia	»	20 40 »	20 40 »
Papayers	—	»	11 50 »	11 50 »	Ouatiers	279 55 »	1 » »	280 55 »
Arbres fruitiers	—	204 65 14	1.037 44 64	1.242 09 78	Ambrevade	45 64 »	5.350 07 79	5.395 71 79
Vignes	—	92 83 55	27 97 46	120 81 01	Tsitoavina	7 53 »	1.909 44 34	1.916 97 34
Mûriers	—	145 22 92	1.340 47 77	1.485 70 69	Tapia	»	2.496 69 »	2.496 69 »
Tabac	—	45 59 30	2.636 49 91	2.682 09 21	Arachides	33 15 »	3.712 41 10	3.745 56 10
Canne à sucre	—	890 82 80	12.037 03 92	12.927 86 72	Voanjobory	»	598 20 12	598 20 12
Riz	—	5.557 49 25	352.894 08 29	358.452 17 54	Voemba	»	58 » »	58 » »
Manioc	—	1.643 13 60	127.411 19 06	129.054 32 66	Cannelier	0 50 »	»	0 50 »
Arrow-root	—	13 08 »	45 01 50	58 09 50	Poivriers	0 50 »	»	0 50 »
Pommes de terre	—	63 53 »	9.422 11 48	9.485 64 48	Gingembre	3 50 »	86 24 08	89 74 08
Patates	—	280 23 69	82.542 49 76	82.822 73 45	Eucalyptus	230 04 »	128 65 29	358 69 29
Avoine	—	1 50 »	»	1 50 »	Divers	217 25 70	697 66 85	914 92 55

ÉTAT DES CULTURES ENTRÉES EN RAPPORT

N° 70 — ÉTAT COMPARATIF GÉNÉRAL DE LA SITUATION DES CULTURES ENTREPRISES PAR LES EUROPÉENS OU ASSIMILÉS ET LES INDIGÈNES AU POINT DE VUE DE L'ENTRÉE EN RAPPORT AU 1er JANVIER 1906

(La suite page [illegible])

ÉTAT DES CULTURES		SUPERFICIE [illegible] cultivée en hectares	NOMBRE D'HECTARES CULTIVÉS ET NOMBRE DE PIEDS PLANTÉS															
			[illegible]		[illegible]		[illegible]		[illegible]		[illegible]		[illegible]		[illegible]		[illegible]	
			Hectares	Pieds	Hectares	Pieds	Hectares	Pieds	Hectares	Pieds	Hectares	Pieds	Hectares	Pieds	Hectares	Pieds	Hectares	Pieds
		h. a. c.	h. a. c.		h. a. c.		h. a. c.		h. a. c.		h. a.		h. a. c.		hectares		h. a. c.	
Cultures entrées dans la période de production.	Région Septentrionale	4.850 34 »	»	»	0 02 »	250	»	»	0 00 10	1.000	»	»	»	»	»	»	56 » »	26.000
	Versant Est	166.607 50 27	739 24 07	2.081.948	1.404 50 »	968 150	250 » »	174.000	185 75 »	50.000	275 60	93.516	0 00 06	18.000	»	»	459 92 » »	100.058
	— Ouest	107.107 51 65	352 » »	1.389.900	116 25 »	174.040	0 00 25	250	794 15 »	85.347	»	»	»	»	»	»	5 » »	1.700
	Région Centrale	209.053 40 73	»	»	281 14 58	204.028	»	»	0 15 »	3	»	»	32 30 78	50.222	»	»	0 00 27	9
	— Méridionale	32.110 90 35	»	»	»	»	»	»	»	»	»	»	»	»	»	»	3 » »	5.500
	Total	809.709 72 90	1.091 24 07	3.471.848	1.757 89 58	1.367 063	250 25 »	174.910	988 90 15	127.210	275 60	93.516	32 30 78	68.222	»	»	504 92 27	132 337
Cultures qui ne sont pas encore entrées dans la période de production.	Région Septentrionale	59 25 »	»	»	1 50 »	100	»	»	0 00 02	200	»	»	»	»	»	»	23 » »	4 000
	Versant Est	2.980 08 76	204 23 »	437.052	142 58 »	100.158	291 60 »	168.100	192 68 63	68.000	93 50	23.070	26 » »	12.860	1	104	56 » »	16 550
	— Ouest	15.616 98 53	80 21 »	340.420	114 95 10	153.890	10 » »	12.000	114 64 83	1.122.104	»	»	»	»	1	200	30 » »	1.500
	Région Centrale	38.515 80 05	0 16 »	100	331 66 77	308.358	»	»	»	»	»	»	7 72 83	9.838	»	»	1 13 50	1.160
	— Méridionale	24.848 09 30	2 50 »	3.620	9 50 »	5.220	»	»	»	»	»	»	»	»	»	»	»	»
	Total	81.988 20 24	292 10 »	1.181.907	599 68 87	617.636	301 60 »	180.400	11.069 51 64	1.191.356	93 50	23.070	33 72 83	22.698	2	304	102 13 50	23.210
Total général		751.786 93 14	1.383 34 07	4.633.845	2.357 53 45	2.014.699	551 85 »	355.310	12.059 41 79	1.318.566	369 10	116.586	66 03 61	90.920	2	304	607 05 77	155.547

N° 70 — ÉTAT COMPARATIF GÉNÉRAL DE LA SITUATION DES CULTURES ENTREPRISES PAR LES EUROPÉENS OU ASSIMILÉS ET LES INDIGÈNES AU POINT DE VUE DE L'ENTRÉE EN RAPPORT AU 1er JANVIER 1906 (Suite.)

NOMBRE D'HECTARES CULTIVÉS

ÉTAT DES CULTURES								
	h. a. c.	h. a. c.	h. a.	h. a. c.	h. a. c.	h. a. c.	h. a. c.	h. a. c.
Cultures entrées dans la période de production. — Région Septentrionale	97 20 »	8 » »	11 50	»		»	16 25 »	213 30 »
Versant Est	4.984 35 07	»	»	5 50 »	0 50 »	0 22 »	667 91 »	5.091 78 »
— Ouest	15.708 78 50	»	»	10 » »	3 80 45	0 20 »	285 73 »	6.556 07 82
Région Centrale	4.310 50 27	275 45 07	»	974 63 49	87 30 84	105 84 02	1.155 51 84	2.150 93 72
Méridionale	567 35 »	»	»	»		»	220 58 »	»
Total	21.674 28 74	237 45 67	11 50	990 13 49	91 00 00	115 76 02	2.375 88 81	13 013 29 51
Cultures qui ne sont pas encore entrées dans la période de production. — Région Septentrionale	5 30 »	»	»	»	»	»	»	»
Versant Est	132 28 »	2 » »	»	5 » »	»	5 » »	102 » »	307 10
— Ouest	119 58 55	»	»	»	5 29 »	6 57 »	»	10 30
Région Centrale	201 » »	76 30 »	»	157 96 29	26 61 93	315 37 67	202 20 50	310 15 29
— Méridionale	»	»	»	»	»	»	1 » »	177 02
Total	558 26 55	78 30 »	»	251 96 29	38 00 02	315 94 67	300 10 40	015 57 29
Total général	22.232 50 28	315 76 07	11 50	1.250 00 78	130 81 01	1.485 70 09	06 03 61	000 20 »

ÉTAT DES CULTURES															
	h. a. c.	h. a. c.	h. a. c.	h. a.	h. a. c.	h. a.	h. a. c.	h. a. c.	h. a. c.	h. a. c.	h. a. c.	h. a.	h. a. c.	Hectare	h. a.
Cultures entrées dans la période de production. — Région Septentrionale	3.477 95 »	274 50 »	»	27 » »	99 » »	»	289 » »	5 7. »	»	»	»	»	30 » »	»	14 50
Versant Est	150.276 00 05	14.431 20 18	»	3 » »	12.7[illegible]	»	2.165 [illegible]	1 » »	»	»	»	»	819 71 »	»	83 80
— Ouest	68.580 » »	32.275 25 »	76 » »	5 » »	16.992 [illegible]	»	[illegible]	62 50 »	»	»	151 05 »	»	202 70 »	1	[illegible]
Région Centrale	122.734 25 90	58.193 54 35	0 01 50	[illegible]	[illegible]	1 50	[illegible]	25 03 78	15 28 20	18 43 70	»	0 25	[illegible]	»	30 66
Méridionale	4.272 50 »	2.001 » »	»	»	11.392 52 »	»	2.500 » »	»	»	»	16.908 » »	»	130 » »	»	5 »
Total	366.056 73 55	97.075 49 68	76 01 50	[illegible]	76.309 [illegible]	1 50	[illegible]	93 88 78	15 28 20	18 43 70	11.112 06 »	0 25	[illegible]	1	2.791 87
Cultures qui ne sont pas encore entrées dans la période de production. — Région Septentrionale	»	»	»	3 » »	»	»	5 » »	»	»	»	»	»	1 75 »	»	2 00
Versant Est	»	461 50 »	»	»	230 » »	»	135 » »	»	»	»	»	»	25 » »	»	»
— Ouest	658 » »	1.303 25 10	»	»	300 06 18	»	573 70 84	»	»	»	»	»	113 22 80	»	5 »
Région Centrale	137 47 44	15.585 08 23	»	308 33 89	2.331 [illegible]	»	2.6[illegible]	0 00 40	»	»	»	»	458 14 »	»	0 03 50
— Méridionale	»	14.019 » »	0 08 »	102 » »	3.[illegible]	»	3.100 » »	»	»	»	»	»	1.7[illegible]	»	203 41
Total	145 05 44	31.978 83 18	0 08 »	412 35 89	[illegible]	»	7.322 [illegible]	0 00 40	»	»	»	»	2.360 [illegible]	»	210 35 50
Total général	2.082 09 21	120.054 32 00	76 09 50	[illegible]	[illegible]	1 50	[illegible]	93 89 18	15 28 20	18 43 70	11.1[illegible]	3 25	[illegible]	1	[illegible]

N° 70 — ÉTAT COMPARATIF GÉNÉRAL DE LA SITUATION DES CULTURES ENTREPRISES PAR LES EUROPÉENS OU ASSIMILÉS ET LES INDIGÈNES AU POINT DE VUE DE L'ENTRÉE EN RAPPORT AU 1er JANVIER 1906 (Suite et fin.)

ÉTAT DES CULTURES		NOMBRE D'HECTARES CULTIVÉS																					
		[illegible]	[illegible]	[illegible] saccharifères	[illegible]	[illegible]	[illegible]	[illegible]	[illegible]	[illegible]	[illegible]	[illegible]	[illegible]	[illegible]	[illegible]	[illegible]	[illegible]	[illegible]	[illegible]	[illegible]	[illegible]	[illegible]	[illegible]	[illegible]
		h. a. c.	pieds	h. a. c.	hectares	h. a.	h. a. c.	h. a.	h. a. c.	h. a. c.	h. a. c.	h. a.	h. a.	h. a. c.	h. a. c.	h. a. c.	h. a. c.	h. a. c.	pieds	pieds	pieds	h. a. c.	h. a. c.	h. a. c.
Cultures entrées dans la période de production.	Région Septentrionale	2 » »	»	175 20 »	»	1	»	»	»	3 » »	»	»	»	52 » »	»	»	1 50 »	»	»	»	»	»	»	17 50 »
	Versant Est	400 41 70	»	107 70 »	»	»	85 52 »	3 »	»	0 12 »	»	»	»	130 65 »	»	»	50 65 »	55 30 »	58	»	»	»	»	174 » »
	— Ouest	1.368 50 »	»	88 57 »	»	»	52 27 »	»	»	190 25 »	»	19 »	»	68 » »	»	»	1.025 20 »	15 » »	»	»	»	»	»	66 10 »
	Région Centrale	3.563 22 01	26	453 25 08	2	1 50	678 43 71	»	47 38 70	491 77 51	183 38 00	1 50	»	3.565 08 50	1.5[illegible] 29 2[illegible]	2.567 00 »	1.880 65 64	521 90 12	»	»	»	89 74 08	345 69 29	166 55 85
	— Méridionale	»	»	»	»	»	27 11 25	2 »	»	»	»	»	»	»	»	»	»	»	»	»	»	»	»	»
	Total	5.374 13 71	26	823 77 08	2	2 50	833 03 96	5 »	47 38 70	635 14 51	183 38 00	20 40	»	3.345 34 50	1.596 29 2[illegible]	2.567 00 »	2.505 75 64	592 20 12	58	»	»	89 74 08	345 69 29	424 05 85
Cultures qui ne sont pas encore entrées dans la période de production.	Région Septentrionale	»	»	4 » »	»	»	»	»	»	2 » »	»	»	»	1 50 »	»	»	»	»	»	»	»	»	»	7 » »
	Versant Est	13 » »	»	»	»	»	16 89 02	0 26	40 » »	15 88 »	»	»	4 »	3 » »	»	»	15 » »	»	»	50	50	»	»	»
	— Ouest	»	»	»	»	»	1 33 21	»	»	8 » »	»	»	270 55	»	»	»	235 » »	»	»	»	»	»	»	7 » »
	Région Centrale	229 03 56	»	80 86 04	»	»	24 13 »	»	35 33 36	3 09 20	0 97 »	»	»	21 38 24	368 58 »	20 » »	375 67 40	»	»	»	»	»	13 » »	112 97 70
	— Méridionale	96 83 30	»	8 02 »	»	»	»	»	»	110 51 »	»	»	»	34 50 »	»	»	304 00 »	0 » »	»	»	»	»	»	303 00 »
	Total	338 80 86	»	92 88 04	»	»	42 35 23	0 26	75 33 36	140 08 20	0 97 »	»	280 55	80 38 24	368 58 »	20 » »	1.019 70 00	0 » »	»	50	50	»	13 » »	400 67 70
Total général		5.715 00 57	26	916 66 02	2	2 50	875 38 19	5 26	122 72 15	775 22 01	184 35 90	20 40	280 55	3.385 14 50	1.966 97 2[illegible]	2.606 00 »	3.310 56 10	508 20 12	58	50	50	89 74 08	358 69 29	914 92 55

N° 71 — ÉTAT COMPARATIF, PAR PROVINCES, DE LA SITUATION DES CULTURES ENTREPRISES PAR LES EUROPÉENS OU ASSIMILÉS ET LES INDIGÈNES AU POINT DE VUE DE L'ENTRÉE EN RAPPORT AU 1er JANVIER 1906

CIRCONSCRIPTIONS		SUPERFICIE totale cultivée en hectares	[illegible]		[illegible]		NOMBRE D'HECTARES CULTIVÉS ET NOMBRE DE PIEDS PLANTÉS											
							[illegible]		[illegible]		[illegible]		[illegible]		[illegible]		[illegible]	
			Hectares	Pieds	Hectares	Pieds	Hectares	Pieds	Hectares	Pieds	Hectares	Pieds	Hectares	Pieds	Hectares	Pieds	Hectares	Pieds
		h. a. c.	h. a. c.		h. a.		h. a.		h. a. c.		h. a.		hectares		h. a.		h. a.	
Diégo-Suarez	Cultures entrées dans la période de production	4.850 34 »	»	»	2 »	250	»	»	10 » »	1.050	»	»	»	»	»	»	46 »	25.000
	Cultures qui ne sont pas encore entrées dans la période de production	50 25 »	»	»	1 »	100	»	»	2 » »	200	»	»	»	»	»	»	25 »	5.000
	Totaux	4.918 59 »	»	»	3 »	350	»	»	12 » »	1.200	»	»	»	»	»	»	71 »	30.000
Vohémar	Cultures entrées dans la période de production	7.740 55 »	125 »	582.100	13 50	24.000	»	»	95 50 »	7.000	»	»	»	»	»	»	12 »	3.000
	Cultures qui ne sont pas encore entrées dans la période de production	143 10 »	47 »	220.000	11 »	12.500	1 »	500	33 »	5.200	»	»	»	»	»	»	»	»
	Totaux	7.883 65 »	172 » »	802.100	24 50	36.500	1 »	500	128 50 »	12.200	»	»	»	»	»	»	12 »	3.000
Betsimisaraka du Nord	Cultures entrées dans la période de production	10.087 71 10	92 99 07	376.600	13 04	8.670	»	»	8 » »	1.650	1 »	1.200	»	»	»	»	»	»
	Cultures qui ne sont pas encore entrées dans la période de production	151 52 66	66 70 »	246.600	25 89	23.075	2 »	1.000	43 05 05	9.729	7 50	4.600	»	»	»	»	»	»
	Totaux	10.239 23 76	159 69 07	623.200	39 34	31.745	2 »	1.000	51 05 05	11.379	8 50	5.800	»	»	»	»	»	»
Sainte-Marie	Cultures entrées dans la période de production	624 » »	30 » »	123.000	135 »	70.600	30	12.000	52 » »	5.550	200 »	83.950	»	»	»	»	»	»
	Cultures qui ne sont pas encore entrées dans la période de production	150 » »	44 » »	172.500	1 50	550	55 50	22.050	16 50 »	1.850	20 50	13.750	»	»	»	»	3	1.000
	Totaux	774 » »	74 » »	295.500	136 50	71.150	85 50	34.050	68 50 »	6.500	220 50	97.700	»	»	»	»	3 »	1.000
Betsimisaraka du Centre	Cultures entrées dans la période de production	84.316 50 »	17 75 »	25.750	103 75	108.500	105 50	106.400	43 50 »	24.680	80 50	5.030	»	»	»	»	15 »	1.500
	Cultures qui ne sont pas encore entrées dans la période de production	1.192 » »	5 » »	10.000	18 »	10.220	2	100	16 » »	120	33 »	1.220	»	»	»	»	5 »	750
	Totaux	85.508 50 »	22 75 »	35.750	121 75	118.720	106 50	106.500	59 50 »	24.800	113 50	6.250	»	»	»	»	20 »	2.250
Tananarive-Ville	Cultures entrées dans la période de production	»	»	»	»	»	»	»	»	»	»	»	»	»	»	»	»	»
	Cultures qui ne sont pas encore entrées dans la période de production	»	»	»	»	»	»	»	»	»	»	»	»	»	»	»	»	»
	Totaux	»	»	»	»	»	»	»	»	»	»	»	»	»	»	»	»	»
Fetraomby	Cultures entrées dans la période de production	12.164 50 »	2 » »	5.000	38 »	18.600	20 »	9.000	»	»	5	400	»	»	»	»	»	»
	Cultures qui ne sont pas encore entrées dans la période de production	64 50 »	»	»	9 50	5.400	15 »	6.300	»	»	1 »	100	»	»	»	»	»	»
	Totaux	12.229 » »	2 » »	5.000	47 50	24.000	35 »	15.300	»	»	5 »	500	»	»	»	»	»	»
Beforona	Cultures entrées dans la période de production	5.338 25 »	22 » »	96.800	2 25	4.250	»	»	»	»	»	»	»	»	»	»	»	»
	Cultures qui ne sont pas encore entrées dans la période de production	102 01 »	8 » »	35.200	3 »	6.225	1 »	4.050	1 » »	50	0 50	200	»	»	0 50	50	15 »	10.000
	Totaux	5.440 26 »	30 » »	132.000	5 25	10.475	1 »	4.050	1 » »	50	0 50	200	»	»	0 50	50	15 »	10.000
Betanimena	Cultures entrées dans la période de production	3.524 34 17	21 50 »	42.500	13 80	9.800	»	»	2 75 »	2.000	»	»	»	»	»	»	»	»
	Cultures qui ne sont pas encore entrées dans la période de production	212 60 »	9 » »	39.900	12 »	8.080	9 10	6.500	6 » »	2.040	1 »	1.000	»	»	0 50	34	»	»
	Totaux	3.736 94 17	30 50 »	82.400	25 80	17.880	9 10	6.500	8 75 »	4.040	1 »	1.000	»	»	0 50	34	»	»
Betsimisaraka du Sud	Cultures entrées dans la période de production	33.560 73 »	271 » »	498.000	623 65	480.000	89 50	39.700	4 » »	780	10 10	2.927	»	»	»	»	34 42	10.148
	Cultures qui ne sont pas encore entrées dans la période de production	294 58 »	9 » »	16.702	10 »	13.648	167 »	100.000	16 10 »	3.000	»	»	26	12.800	»	»	»	»
	Totaux	33.855 31 »	280 » »	514.700	633 65	493.648	256 50	139.700	20 10 »	3.780	10 10	2.927	26	12.800	»	»	34 42	10.158
Mananjary	Cultures entrées dans la période de production	5.354 » »	155 » »	320.100	561 »	250.700	6 »	7.800	»	»	»	»	»	»	»	»	368 50	55.300
	Cultures qui ne sont pas encore entrées dans la période de production	401 50 »	»	»	»	»	»	»	33 » »	30.050	»	»	»	»	»	»	»	»
	Totaux	5.755 50 »	155 » »	320.100	561 »	250.700	6 »	7.800	33 » »	30.050	»	»	»	»	»	»	368 50	55.300

N° 71. — ÉTAT COMPARATIF, PAR PROVINCES, DE LA SITUATION DES CULTURES ENTREPRISES PAR LES EUROPÉENS OU ASSIMILÉS ET LES INDIGÈNES AU POINT DE VUE DE L'ENTRÉE EN RAPPORT AU 1er JANVIER 1906

NOMBRE D'HECTARES CULTIVÉS

CIRCONSCRIPTIONS		[illegible]	[illegible]	[illegible]	[illegible]	[illegible]	[illegible]	[illegible]	[illegible]	[illegible]	[illegible]	[illegible]	[illegible]	[illegible]	[illegible]	[illegible]	[illegible]	[illegible]	[illegible]	[illegible]	[illegible]	[illegible]	[illegible]	[illegible]
		h. a. c.	hectares	h. a.	h. a.	h. a.	h. a.	h. a.	h. a.	h. a. c.	h. a. c.	hectares	h. a.	h. a.	hectares	h. a.	h. a.	hectares	hectares	hectares	hectares	h. a.	hectares	h. a.
Diégo-Suarez	Cultures entrées dans la période de production	97 20	3	11 50	»	»	»	16 25	215 50	3.477 06	274 50	»	27 »	95 »	»	203 »	4 75	»	»	»	»	30 »	»	15 50
	Cultures qui ne sont pas encore entrées dans la période de production	5 50	»	»	»	»	»	»	»	»	»	»	3	»	»	5 »	»	»	»	»	»	1 75	»	2 50
	Totaux	102 70	3	11 50	»	»	»	18 25	215 50	3.477 06	274 50	»	30 »	95 »	»	208 »	4 75	»	»	»	»	31 75	»	17 »
Vohémar	Cultures entrées dans la période de production	13 »	»	»	»	»	»	9 »	58 20	7.238 50	58 »	»		35	»	62 »	»	»	»	»	»	17 75	»	10 50
	Cultures qui ne sont pas encore entrées dans la période de production	2 »	»	»	»	»	»	»	11 10	»	5 50	»	»	»	»		»	»	»	»	»	»	»	»
	Totaux	15 »	»	»	»	»	»	9 »	69 30	7.238 50	63 50	»	»	35 »	»	62 »	»	»	»	»	»	17 75	»	10 50
Betsimisaraka du Nord	Cultures entrées dans la période de production	50 50	»	»	1	»	»	8 20	58 68	8.820 86	575 90 43	»	»	262 13	»	55 »	»	»	»	»	»	60 16	»	8 52
	Cultures qui ne sont pas encore entrées dans la période de production	»	»	»	2	»	»	»	»	»	»	»	»	»	»	»	»	»	»	»	»	»	»	»
	Totaux	50 50	»	»	3	»	»	8 20	58 68	8.820 86	575 90 43	»	»	262 13	»	55 »	»	»	»	»	»	60 16	»	8 52
Sainte-Marie	Cultures entrées dans la période de production	40 »	»	»	»	»	»	1 »	10 »	62 »	20 »	»	»	50 »	»	»	»	»	»	»	»	1 »	»	»
	Cultures qui ne sont pas encore entrées dans la période de production	»	»	»	»	»	»	»	»	»	»	»	»	»	»	»	»	»	»	»	»	»	»	»
	Totaux	40 »	»	»	»	»	»	1 »	10 »	62 »	20 »	»	»	50 »	»	»	»	»	»	»	»	1 »	»	»
Betsimisaraka du Centre	Cultures entrées dans la période de production	3.948 50	»	»	»	0 50	»	626 »	1.502 »	55.965 73	835 »	»	1 »	814 »	»	119 »	»	»	»	»	»	47 »	»	3 »
	Cultures qui ne sont pas encore entrées dans la période de production	75 »	»	»	»	»	»	100	100 »	»	405 »	»	»	230 »	»	125 »	»	»	»	»	»	25 »	»	5 »
	Totaux	4.023 50	»	»	»	0 50	»	726 »	1.602 »	55.965 73	1.230 »	»	1 »	1.044 »	»	244 »	»	»	»	»	»	72 »	»	8 »
Tamatave-Ville	Cultures entrées dans la période de production	»	»	»	»	»	»	»	»	»	»	»	»	»	»	»	»	»	»	»	»	»	»	»
	Cultures qui ne sont pas encore entrées dans la période de production	»	»	»	»	»	»	»	»	»	»	»	»	»	»	»	»	»	»	»	»	»	»	»
	Totaux	»	»	»	»	»	»	»	»	»	»	»	»	»	»	»	»	»	»	»	»	»	»	»
Fénérive	Cultures entrées dans la période de production	»	»	»	»	»	»	4 »	2.034 50	11.283 »	2.115 50	»	»	5.980 »	»	702 50	»	»	»	»	»	»	»	»
	Cultures qui ne sont pas encore entrées dans la période de production	»	»	»	»	»	»	»	»	»	»	»	»	»	»	»	»	»	»	»	»	»	»	»
	Totaux	»	»	»	»	»	»	4 »	2.034 50	11.283 »	2.115 50	»	»	5.980 »	»	702 50	»	»	»	»	»	»	»	»
[illegible]	Cultures entrées dans la période de production	5 »	»	»	»	»	»	1 01	21 »	4.200 »	300 »	»	»	60 »	»	300 »	»	»	»	»	»	175 »	»	»
	Cultures qui ne sont pas encore entrées dans la période de production	5 »	»	»	»	»	3	»	10 »	»	32 »	»	»	»	»	»	»	»	»	»	»	»	»	»
	Totaux	10 »	»	»	»	»	3	1 01	31 »	4.200 »	332 »	»	»	60 »	»	300 »	»	»	»	»	»	175 »	»	»
Betanimena	Cultures entrées dans la période de production	135 02 07	»	»	3 50	»	»	10 »	237 10	1.078 44 04	711 » 80	»	»	324 69 66	»	52 77	1	»	»	»	»	5 »	»	»
	Cultures qui ne sont pas encore entrées dans la période de production	50 »	»	»	2 »	»	1	2 »	120 »	»	»	»	»	»	»	»	»	»	»	»	»	»	»	»
	Totaux	185 02 07	»	»	5 50	»	1	12 »	357 10	1.078 44 04	711 » 80	»	»	324 69 66	»	52 77	1	»	»	»	»	5 »	»	»
Betsimisaraka du Sud	Cultures entrées dans la période de production	554 58	»	»	»	»	0 22	13 70	1.163 50	23.250 »	3.990 79	»	0 50	2.115 50	»	835 02	»	»	»	»	»	90 »	»	8 87
	Cultures qui ne sont pas encore entrées dans la période de production	»	»	»	»	»	»	»	8 »	»	»	»	»	»	»	»	»	»	»	»	»	»	»	»
	Totaux	554 58	»	»	»	»	0 22	13 70	1.171 50	23.250 »	3.990 79	»	0 50	2.115 50	»	835 02	»	»	»	»	»	90 »	»	38 87
Mananjary	Cultures entrées dans la période de production	20 »	»	»	»	»	»	»	10 »	3.623 »	1.310 »	»	»	125 »	»	565 »	»	»	»	»	»	92 »	»	11 »
	Cultures qui ne sont pas encore entrées dans la période de production	»	»	»	»	»	»	»	»	»	»	»	»	»	»	»	»	»	»	»	»	»	»	»
	Totaux	20 »	»	»	»	»	»	»	10 »	3.623 »	1.310 »	»	»	125 »	»	565 »	»	»	»	»	»	92 »	»	11 »

N° 71 — ÉTAT COMPARATIF, PAR PROVINCES, DE LA SITUATION DES CULTURES ENTREPRISES PAR LES EUROPÉENS OU ASSIMILÉS ET LES INDIGÈNES AU POINT DE VUE DE L'ENTRÉE EN RAPPORT AU 1er JANVIER 1906

NOMBRE D'HECTARES CULTIVÉS

(La suite p. 182.)

CIRCONSCRIPTIONS		[illegible]	[illegible]	[illegible]	[illegible]	[illegible]	[illegible]	[illegible]	[illegible]
		h. a. c.	hectares.	h. a.	hectares.	hectares.	h. a. c.	hectares.	hectares.
Diégo-Suarez	Cultures entrées dans la période de production	2 » »	»	174 20	»	1	»	»	»
	Cultures qui ne sont pas encore entrées dans la période de production	»	»	4 »	»	»	»	»	»
	TOTAUX	2 » »	»	178 20	»	1	»	»	»
Vohémar	Cultures entrées dans la période de production	9 » »	»	0 70	»	»	11 » »	»	»
	Cultures qui ne sont pas encore entrées dans la période de production	»	»	»	»	»	7 50 »	»	»
	TOTAUX	9 » »	»	0 70	»	»	18 50 »	»	»
Betsimisaraka du Nord	Cultures entrées dans la période de production	72 41 70	»	11 06	»	»	32 » »	»	»
	Cultures qui ne sont pas encore entrées dans la période de production	»	»	»	»	»	4 30 02	»	»
	TOTAUX	72 41 70	»	11 06	»	»	36 30 02	»	»
Sainte-Marie	Cultures entrées dans la période de production	»	»	»	»	»	3 » »	»	»
	Cultures qui ne sont pas encore entrées dans la période de production	»	»	»	»	»	»	»	»
	TOTAUX	»	»	»	»	»	3 » »	»	»
Betsimisaraka du Centre	Cultures entrées dans la période de production	47 » »	»	12 »	»	»	6 77 »	»	»
	Cultures qui ne sont pas encore entrées dans la période de production	13 » »	»	»	»	»	5 » »	»	»
	TOTAUX	60 » »	»	12 »	»	»	11 77 »	»	»
Tamatave-Ville	Cultures entrées dans la période de production	»	»	»	»	»	»	»	»
	Cultures qui ne sont pas encore entrées dans la période de production	»	»	»	»	»	»	»	»
	TOTAUX	»	»	»	»	»	»	»	»
Fotroomby	Cultures entrées dans la période de production	51 » »	»	»	»	»	»	»	»
	Cultures qui ne sont pas encore entrées dans la période de production	»	»	»	»	»	»	»	40
	TOTAUX	51 » »	»	»	»	»	»	»	40
Beforona	Cultures entrées dans la période de production	30 » »	»	5 »	»	»	17 » »	»	»
	Cultures qui ne sont pas encore entrées dans la période de production	»	»	»	»	»	»	»	»
	TOTAUX	30 » »	»	5 »	»	»	17 » »	»	»
Betsimena	Cultures entrées dans la période de production	40 » »	»	3 »	»	»	3 75 »	3	»
	Cultures qui ne sont pas encore entrées dans la période de production	»	»	»	»	»	»	»	»
	TOTAUX	40 » »	»	3 »	»	»	3 75 »	3	»
Betsimisaraka du Sud	Cultures entrées dans la période de production	142 » »	»	»	»	»	»	»	»
	Cultures qui ne sont pas encore entrées dans la période de production	»	»	»	»	»	»	»	»
	TOTAUX	142 » »	»	»	»	»	»	»	»
Mananjary	Cultures entrées dans la période de production	»	»	66 »	»	»	»	»	»
	Cultures qui ne sont pas encore entrées dans la période de production	»	»	»	»	»	»	»	»
	TOTAUX	»	»	66 »	»	»	»	»	»

CIRCONSCRIPTIONS		[illegible]	[illegible]	[illegible]	[illegible]	[illegible]	[illegible]	[illegible]	[illegible]	[illegible]	[illegible]	[illegible]	[illegible]	[illegible]	[illegible]	[illegible]
		hectares.	hectares.	hectares.	hectares.	h. a.	hectares.	hectares.	h. a.	h. a.	hectares.	hectares.	hectares.	hectares.	hectares.	h. a.
Diégo-Suarez	Cultures entrées dans la période de production	3	»	»	»	53 »	»	»	1 30	»	»	»	»	»	»	17 50
	Cultures qui ne sont pas encore entrées dans la période de production	2	»	»	»	1 60	»	»	»	»	»	»	»	»	»	7 »
	TOTAUX	3	»	»	»	53 50	»	»	1 50	»	»	»	»	»	»	24 50
Vohémar	Cultures entrées dans la période de production	»	»	»	»	»	»	»	»	»	»	»	»	»	»	»
	Cultures qui ne sont pas encore entrées dans la période de production	»	»	»	3	»	»	»	»	»	»	»	»	»	»	»
	TOTAUX	»	»	»	3	»	»	»	»	»	»	»	»	»	»	»
Betsimisaraka du Nord	Cultures entrées dans la période de production	»	»	»	»	33 65	»	»	11 34	»	»	»	»	»	»	»
	Cultures qui ne sont pas encore entrées dans la période de production	»	»	»	1	»	»	»	»	»	»	»	»	»	»	»
	TOTAUX	»	»	»	1	33 65	»	»	11 34	»	»	»	»	»	»	»
Sainte-Marie	Cultures entrées dans la période de production	»	»	»	»	»	»	»	»	»	»	»	»	»	»	»
	Cultures qui ne sont pas encore entrées dans la période de production	»	»	»	»	»	»	»	»	»	»	»	»	»	»	»
	TOTAUX	»	»	»	»	»	»	»	»	»	»	»	»	»	»	»
Betsimisaraka du Centre	Cultures entrées dans la période de production	»	»	»	»	12 »	»	»	13 »	»	»	»	»	»	»	10 »
	Cultures qui ne sont pas encore entrées dans la période de production	»	»	»	»	3 »	»	»	7 »	»	»	»	»	»	»	»
	TOTAUX	»	»	»	»	15 »	»	»	20 »	»	»	»	»	»	»	10 »
Tamatave-Ville	Cultures entrées dans la période de production	»	»	»	»	»	»	»	»	»	»	»	»	»	»	»
	Cultures qui ne sont pas encore entrées dans la période de production	»	»	»	»	»	»	»	»	»	»	»	»	»	»	»
	TOTAUX	»	»	»	»	»	»	»	»	»	»	»	»	»	»	»
Fotroomby	Cultures entrées dans la période de production	»	»	»	»	»	»	»	»	»	»	»	»	»	»	3 »
	Cultures qui ne sont pas encore entrées dans la période de production	»	»	»	»	»	»	»	»	»	»	»	»	»	»	»
	TOTAUX	»	»	»	»	»	»	»	»	»	»	»	»	»	»	3 »
Beforona	Cultures entrées dans la période de production	»	»	»	»	»	»	»	»	»	»	»	»	»	»	»
	Cultures qui ne sont pas encore entrées dans la période de production	»	»	»	»	»	»	»	»	»	»	»	»	»	»	»
	TOTAUX	»	»	»	»	»	»	»	»	»	»	»	»	»	»	»
Betsimena	Cultures entrées dans la période de production	»	»	»	»	1 »	»	»	5 »	»	»	»	»	»	»	3 »
	Cultures qui ne sont pas encore entrées dans la période de production	»	»	»	»	»	»	»	»	»	»	»	»	»	»	»
	TOTAUX	»	»	»	»	1 »	»	»	5 »	»	»	»	»	»	»	3 »
Betsimisaraka du Sud	Cultures entrées dans la période de production	»	»	»	»	84 »	»	»	6 »	55 30	58	»	»	»	»	138 »
	Cultures qui ne sont pas encore entrées dans la période de production	»	»	»	»	»	»	»	8 »	»	»	»	»	»	»	»
	TOTAUX	»	»	»	»	84 »	»	»	14 »	55 30	58	»	»	»	»	138 »
Mananjary	Cultures entrées dans la période de production	»	»	»	»	»	»	»	»	»	»	»	»	»	»	»
	Cultures qui ne sont pas encore entrées dans la période de production	»	»	»	»	»	»	»	»	»	»	»	»	»	»	»
	TOTAUX	»	»	»	»	»	»	»	»	»	»	»	»	»	»	»

N° 71 — ÉTAT COMPARATIF, PAR PROVINCES, DE LA SITUATION DES CULTURES ENTREPRISES PAR LES EUROPÉENS OU ASSIMILÉS ET LES INDIGÈNES AU POINT DE VUE DE L'ENTRÉE EN RAPPORT AU 1er JANVIER 1906

CIRCONSCRIPTIONS		SUPERFICIE totale cultivée en hectares	NOMBRE D'HECTARES CULTIVÉS ET NOMBRE DE PIEDS PLANTÉS															
			[illegible]		[illegible]		[illegible]		[illegible]		[illegible]		[illegible]		[illegible]		[illegible]	
			Hectares	Pieds	Hectares	Pieds	Hectares	Pieds	Hectares	Pieds	Hectares	Pieds	Hectares	Pieds	Hectares	Pieds	Hectares	Pieds
Farafangana	Cultures entrées dans la période de production	23.891 92 »	2 »	12.000	2 » »	5.000	»	»	»	»	»	»	6 »	18.000	»	»	»	»
	Cultures qui ne sont pas encore entrées dans la période de production	172 27 10	15 53	97 150	49 83 10	100.460	40 »	25.000	17 97	16 071	1	3.000	»	»	»	»	22 »	4.800
	Totaux	24.064 19 10	17 53	109 150	51 83 10	105.460	40 »	25.000	17 97	16 071	1	3.000	6 »	18.000	»	»	22 »	4.800
Nossi-Bé	Cultures entrées dans la période de production	15.337 60 »	452 »	1.399.900	116 » »	174.000	0 25	250	220 »	28.800	»	»	»	»	»	»	5 »	1.200
	Cultures qui ne sont pas encore entrées dans la période de production	9.991 50 »	85 »	330.000	100 » »	149.000	10 »	12.000	9.796 »	979.600	»	»	»	»	1	200	»	»
	Totaux	25.329 10 »	537 »	1.729.900	216 » »	323.000	10 25	12 250	10 016 »	1.008.400	»	»	»	»	1	200	5 »	1 200
Analalava	Cultures entrées dans la période de production	9.508 98 »	»	»	»	»	»	»	480 98	46.730	»	»	»	»	»	»	»	»
	Cultures qui ne sont pas encore entrées dans la période de production	1.779 87 »	0 02	200	0 25 »	250	»	»	700 »	100.000	»	»	»	»	»	»	»	»
	Totaux	11.278 85 »	0 02	200	0 25 »	250	»	»	1 180 98	146.730	»	»	»	»	»	»	»	»
Majunga	Cultures entrées dans la période de production	8.834 05 »	»	»	0 25 »	30	»	»	28 75	1.500	»	»	»	»	»	»	2 »	500
	Cultures qui ne sont pas encore entrées dans la période de production	772 01 »	»	»	12 70 »	2.550	»	»	64 »	5.285	»	»	»	»	»	»	30 »	1.500
	Totaux	9.606 06 »	»	»	12 95 »	2.580	»	»	92 75	6.785	»	»	»	»	»	»	32 »	2.000
Maintirano	Cultures entrées dans la période de production	2.418 97 »	»	»	»	»	»	»	51 97	4.877	»	»	»	»	»	»	»	»
	Cultures qui ne sont pas encore entrées dans la période de production	43 53 »	»	»	2 » »	2.000	»	»	41 53	6.123	»	»	»	»	»	»	»	»
	Totaux	2.462 50 »	»	»	2 » »	2.000	»	»	93 50	11.000	»	»	»	»	»	»	»	»
Maevatanana	Cultures entrées dans la période de production	10.796 67 »	»	»	»	»	»	»	0 85	120	»	»	»	»	»	»	»	»
	Cultures qui ne sont pas encore entrées dans la période de production	9 » »	»	»	»	»	»	»	»	»	»	»	»	»	»	»	»	»
	Totaux	10.805 67 »	»	»	»	»	»	»	0 85	120	»	»	»	»	»	»	»	»
Morondava	Cultures entrées dans la période de production	79.540 46 »	»	»	»	»	»	»	30 »	2.700	»	»	»	»	»	»	»	»
	Cultures qui ne sont pas encore entrées dans la période de production	2.112 22 »	»	»	»	»	»	»	800 22	30.016	»	»	»	»	»	»	»	»
	Totaux	81.652 68 »	»	»	»	»	»	»	830 22	32.716	»	»	»	»	»	»	»	»
Tuléar	Cultures entrées dans la période de production	40.735 78 65	»	»	»	»	»	»	»	»	»	»	»	»	»	»	»	»
	Cultures qui ne sont pas encore entrées dans la période de production	915 83 53	0 19	220	»	»	»	»	3 08	1.380	»	»	»	»	»	»	»	»
	Totaux	41.651 62 18	0 19	220	»	»	»	»	3 08	1.380	»	»	»	»	»	»	»	»
Mandritsara	Cultures entrées dans la période de production	11.130 35 »	»	»	0 06 »	150	»	»	»	»	»	»	»	»	»	»	»	»
	Cultures qui ne sont pas encore entrées dans la période de production	21 06 »	0 10	100	18 » »	1.200	»	»	»	»	»	»	»	»	»	»	»	»
	Totaux	11.151 41 »	0 10	100	18 06 »	1.350	»	»	»	»	»	»	»	»	»	»	»	»
Angavo-Mangoro	Cultures entrées dans la période de production	30.295 15 »	»	»	49 32 »	45.547	»	»	»	»	»	»	»	»	»	»	»	»
	Cultures qui ne sont pas encore entrées dans la période de production	6.700 69 18	»	»	86 29 »	86.561	»	»	»	»	»	»	4 09	8.405	»	»	1 12	1.120
	Totaux	36.995 84 18	»	»	135 61 »	132.108	»	»	»	»	»	»	4 09	8.405	»	»	1 12	1.120

N° 71 — ÉTAT COMPARATIF, PAR PROVINCES, DE LA SITUATION DES CULTURES ENTREPRISES PAR LES EUROPÉENS OU ASSIMILÉS ET LES INDIGÈNES AU POINT DE VUE DE L'ENTRÉE EN RAPPORT AU 1er JANVIER 1906

NOMBRE D'HECTARES CULTIVÉS

Voir la suite p. [illegible]

CIRCONSCRIPTIONS		[illegible]	[illegible]	[illegible]	[illegible]	[illegible]	[illegible]	[illegible]	[illegible]	[illegible]	[illegible]	[illegible]	Pommes de terre	[illegible]	[illegible]	[illegible]	[illegible]	[illegible]	[illegible]	[illegible]	[illegible]	[illegible]	[illegible]	[illegible]
		h. a. c.	h. a. c.	hectares	h. a. c.	h. a. c.	h. a. c.	h. a.	h. a. c.	h. a.	h. a. c.	hectares	h. a.	h. a. c.	hectares	h. a. c.	h. a.	hectares	hectares	h. a.	hectares	h. a.	hectares	h. a. c.
Farafangana	Cultures entrées dans la période de production	216 » »	2 »	»	»	»		15 »	»	15.540 50	4.515 » »	»	1 50	365 50 »		115 » »	»	»	»		»	332 »	»	12 » »
	Cultures qui ne sont pas encore entrées dans la période de production	»	»	»	»	»	»	»	»	»	»	»	»	»	»	»	»	»	»	»	»	»	»	»
	Totaux	206 » »	2	»	»	»	»	15 »	»	15.540 50	4.515 » »	»	1 50	365 50 »	»	115 »	»	»	»	»	»	332 »	»	12 »
Nossi-Bé	Cultures entrées dans la période de production	239 » »	»	»	»	»	»	30 50	251 75 »	11.555 »	1.183 50 »	14	5 »	547 25 »	»	735 » »	52 50	»	»	»	»	30 »	»	»
	Cultures qui ne sont pas encore entrées dans la période de production	»	»	»	»	»	»	»	»	»	»	»	»	»	»	»	»	»	»	»	»	»	»	»
	Totaux	239 » »	»	»	»	»	»	30 50	251 75 »	11.555 »	1.183 50 »	14	5 »	547 25 »		735 » »	52 50	»	»	»	»	30 »	»	»
Analalava	Cultures entrées dans la période de production	240 » »	»	»		»	»	10 »	36 » »	3.655 »	5.000 » »	»	»	401 50 »	»	334 50 »	10 »		»	8 »	»	16 »	»	»
	Cultures qui ne sont pas encore entrées dans la période de production	80 53 »	»	»		»	»	»	12 50 »	»	633 » »	»	»	»	»	»	»	»	»	»	»	»	»	»
	Totaux	320 53 »	»	»	»	»	»	10	48 50 »	3.655 »	5.633 » »	»	»	401 50 »	»	334 50 »	10 »	»	»	8 »	»	16 »	»	»
Majunga	Cultures entrées dans la période de production	1.586 » »	»	»	»	3 »	»	15 30	25 » »	5.632 »	816 25 »	»	»	317 70 »		230 » »		»	»	»	»	2 »	»	»
	Cultures qui ne sont pas encore entrées dans la période de production	62 75 »	»	»		0 25	»	»	5 » »	»	477 » »	»	»	100 » »	»	»	»	»	»	»	»	»	»	»
	Totaux	1.648 75 »	»	»	»	3 25	»	15 30	30 » »	5.632 »	1.293 25 »	»	»	417 70 »	»	230 » »	»	»	»	»	»	2 »	»	»
Maintirano	Cultures entrées dans la période de production	336 » »	»	»	»	»	»	15 90	11 25 »	250 »	930 » »	»	»	137 » »	»	403 » »	»	»	»	144 »	»	84 50	»	5 35
	Cultures qui ne sont pas encore entrées dans la période de production	»	»	»	»	»	»	»	»	»	»	»	»	»	»	»	»	»	»	»	»	»	»	»
	Totaux	336 » »	»	»	»	»	»	15 90	11 25 »	250 »	930 »	»	»	137 »	»	403 »	»	»	»	144 »	»	84 50	»	5 35 »
Maevatanana	Cultures entrées dans la période de production	583 » »	»	»		»	»	138 03	39 21 »	7.612 »	1.570 » »	»	»	336 53 »	»	270 » »	»	»	»	»	»	11 »	»	»
	Cultures qui ne sont pas encore entrées dans la période de production	»	»	»	»	»	»		3 » »	»		»	»	»	»	»	»	»	»	»	»	»	»	»
	Totaux	583 » »	»	»	»	»	»	138 03	42 21 »	7.612 »	1.570 » »	»	»	336 53 »	»	270 » »	»	»	»	»	»	11 »	»	»
Morondava	Cultures entrées dans la période de production	11.801 » »	»	»	10 »	»	0 20	37 »	5.027 50 »	22.233 »	13.275 50 »	45	»	9.900 50 »	»	[illegible]	»	»	»	0 04	»	5 »	1	712 80
	Cultures qui ne sont pas encore entrées dans la période de production	»	»	»	»	»	»	»	»	249 »	108 » »	»	»	201 » »	»	330 » »	»	»	»	»	»	113 »	»	»
	Totaux	11.801 » »	»	»	10 »	»	0 20	37 »	5.027 50 »	22.482 »	13.383 50 »	45	»	[illegible]	»	[illegible]	»	»	»	0 04	»	116 »	1	722 80
Tuléar	Cultures entrées dans la période de production	11 78 40	»	»	»	0 80 15	»	61 »	154 36 80	11.550 »	10.500 » »	»	»	6.000 » »	»	[illegible]	»	»	»	»	»	70 »	»	[illegible]
	Cultures qui ne sont pas encore entrées dans la période de production	»	»	»	»	4 04 »	0 57		»	600 »	145 24 95	»	»	109 96 18	»	253 70 84	»	»	»	»	»	»	»	0 05 30
	Totaux	11 78 40	»	»	»	4 84 15	0 57	61 »	154 36 80	11.850 »	10.645 24 95	»	»	[illegible]	»	[illegible]	»	»	»	»	»	70 »	»	[illegible]
Mandritsara	Cultures entrées dans la période de production	403 30 »	»	»	»	»	6 »	117 »	106 90 »	7.324 60	1.112 » »	»	0 04	727 20 »	»	[illegible]	20 »	»	»	»	»	37 »	»	»
	Cultures qui ne sont pas encore entrées dans la période de production	0 50 »	»	»	»	2 40 »	»	»	»	»	»	»	»	»	»	»	»	»	»	»	»	»	»	»
	Totaux	403 80 »	»	»	»	2 40 »	6 »	117 »	106 90 »	7.324 60	1.112 » »	»	0 04	727 20 »	»	[illegible]	20 »	»	»	»	»	37 »	»	»
Angavo-Mangoro	Cultures entrées dans la période de production	58 93 »	1 00	»	22 54	1 87 »	85 11	167 37	39 99 »	12.006 25	3.561 24 »	»	330 87	[illegible]	»	278 63 »	0 50	»	»	»	»	404 87	»	34 91
	Cultures qui ne sont pas encore entrées dans la période de production	28 93 »	27 03	»	35 15	0 32 18	21 56	36 49	28 27 »	5.570 35	546 12 »	»	1 »	50 01 »	»	164 51 »	»	»	»	»	»	25 65	»	»
	Totaux	77 80 »	28 03	»	57 69	2 19 18	106 67	203 86	68 26 »	17.584 60	4.107 36 »	»	331 87	[illegible]	»	443 14 »	0 50	»	»	»	»	430 52	»	34 91

N° 71 — ÉTAT COMPARATIF, PAR PROVINCES, DE LA SITUATION DES CULTURES ENTREPRISES PAR LES EUROPÉENS OU ASSIMILÉS ET LES INDIGÈNES AU POINT DE VUE DE L'ENTRÉE EN RAPPORT AU 1er JANVIER 1906

(La suite p. [illegible])

CIRCONSCRIPTIONS										NOMBRE D'HECTARES CULTIVÉS														
		h. a.	hectares	h. a.	hectares	hectares	h. a.	h. a.	hectares	h. a.	hectares	hectares	h. a.	h. a.	h. a.	hectares	h. a.	h. a.	hectares	h. a.	h. a.	hectares	h. a.	h. a.
Farafangana	Cultures entrées dans la période de production	70 »	»	10 »	»	»	12 »	»	»	0 12	»	»	»	»	»	»	15 30	»	»	»	»	»	»	»
	Cultures qui ne sont pas encore entrées dans la période de production	»	»	»	»	»	»	0 26	»	15 88	»	»	»	»	»	»	»	»	»	0 50	0 30	»	»	»
	Totaux	70 »	»	10 »	»	»	12 »	0 26	»	16 »	»	»	»	»	»	»	15 30	»	»	0 50	0 60	»	»	»
Nossi-Bé	Cultures entrées dans la période de production	31 »	»	16 »	»	»	16 75	»	»	13 »	»	»		21	»	»	16 50	»	»	»	»	»	»	0 10
	Cultures qui ne sont pas encore entrées dans la période de production	»	»	»	»	»	»	»	»	»	»	»	»	»	»	»	»	»	»	»	»	»	»	»
	Totaux	31 »	»	16 »	»	»	16 75	»	»	13 »	»	»	»	21 »	»	»	16 50	»	»	»	»	»	»	0 10
Analalava	Cultures entrées dans la période de production	57 50	»	3 »	»	»	2 »	»	»	14 50	»	»	»	1 »	»	»	34 »	»	»	»	»	»	»	»
	Cultures qui ne sont pas encore entrées dans la période de production	»	»	»	»	»	1 02	»	»	»	»	»	274 55	»	»	»	»	»	»	»	»	»	»	7 »
	Totaux	57 50	»	3 »	»	»	3 02	»	»	14 50	»	»	274 55	1 »	»	»	34 »	»	»	»	»	»	»	7 »
Majunga	Cultures entrées dans la période de production	3 »	»	51 80	»	»	2 »	»	»	105 »	»	»	»	»	»	»	14 »	»	»	»	»	»	»	»
	Cultures qui ne sont pas encore entrées dans la période de production	»	»	»	»	»	0 31	»	»	2 »	»	»	2	»	»	»	17 »	»	»	»	»	»	»	»
	Totaux	3 »	»	51 80	»	»	2 31	»	»	107 »	»	»	2 »	»	»	»	31 »	»	»	»	»	»	»	»
Maintirano	Cultures entrées dans la période de production	25 »	»	1 50	»	»	0 50	»	»	»	»	»		»	»	»	35 »	»	»	»	»	»	»	»
	Cultures qui ne sont pas encore entrées dans la période de production	»	»	»	»	»	»	»	»	»	»	»	»	»	»	»	»	»	»	»	»	»	»	»
	Totaux	25 »	»	1 50	»	»	0 50	»	»	»	»	»	»	»	»	»	35 »	»	»	»	»	»	»	»
Maevatanana	Cultures entrées dans la période de production	126 »	»	10 50	»	»	20 »	»	»	1 75	»	19	»	»	»	»	76 20	15 »	»	»	»	»	»	66 »
	Cultures qui ne sont pas encore entrées dans la période de production	»	»	»	»	»	»	»	»	6 »	»	»	»	»	»	»	»	»	»	»	»	»	»	»
	Totaux	126 »	»	10 50	»	»	20 »	»	»	7 75	»	19	»	»	»	»	76 20	15 »	»	»	»	»	»	66 »
Morondava	Cultures entrées dans la période de production	65 »	»	12 »	»	»	1 02	»	»	8 »	»	»	»	1	»	»	847 50	»	»	»	»	»	»	»
	Cultures qui ne sont pas encore entrées dans la période de production	»	»	»	»	»	»	»	»	»	»	»	»	»	»	»	218 »	»	»	»	»	»	»	»
	Totaux	65 »	»	12 »	»	»	1 02	»	»	8 »	»	»	»	1	»	»	1.065 50	»	»	»	»	»	»	»
Tuléar	Cultures entrées dans la période de production	1.000 »	»	2 77	»	»	»	»	»	»	»	»	»	45 »	»	»	»	»	»	»	»	»	»	»
	Cultures qui ne sont pas encore entrées dans la période de production	»	»	»	»	»	»	»	»	»	»	»	»	»	»	»	»	»	»	»	»	»	»	»
	Totaux	1.000 »	»	2 77	»	»	»	»	»	»	»	»	»	45 »	»	»	»	»	»	»	»	»	»	»
Mandritsara	Cultures entrées dans la période de production	19 30	»	22 »	»	»	2 70	»	»	9 55	»	»	»	30 »	»	»	24 »	»	»	»	»	»	»	2 70
	Cultures qui ne sont pas encore entrées dans la période de production	»	»	»	»	»	»	»	»	»	»	»	»	»	»	»	»	»	»	»	»	»	»	»
	Totaux	19 30	»	22 »	»	»	2 70	»	»	9 55	»	»	»	30 »	»	»	24 »	»	»	»	»	»	»	2 70
Angavo-Mangoro	Cultures entrées dans la période de production	180 47	»	60 54	2	»	7 80	»	»	5 »	»	»	»	2 »	2 03	»	40 80	105 20	»	»	»	»	22 60	»
	Cultures qui ne sont pas encore entrées dans la période de production	7 87	»	2 73	»	»	0 31	»	»	1 33	»	»	»	0 02	»	»	14 27	»	»	»	»	»	»	7 81
	Totaux	188 34	»	63 27	2	»	11 87	»	»	6 33	»	»	»	2 02	2 03	»	55 07	105 20	»	»	»	»	22 60	7 81

N° 71 — ÉTAT COMPARATIF, PAR PROVINCES, DE LA SITUATION DES CULTURES ENTREPRISES PAR LES EUROPÉENS OU ASSIMILÉS ET LES INDIGÈNES AU POINT DE VUE DE L'ENTRÉE EN RAPPORT AU 1er JANVIER 1906

(A suivre.)

CIRCONSCRIPTIONS		SUPERFICIE totale [illegible]	NOMBRE D'HECTARES CULTIVÉS ET NOMBRE DE PIEDS PLANTÉS															
			[illegible]		[illegible]		[illegible]		[illegible]		[illegible]		[illegible]		[illegible]		[illegible]	
			Hectares	Pieds	Hectares	Pieds	Hectares	Pieds	Hectares	Pieds	Hectares	Pieds	Hectares	Pieds	Hectares	Pieds	Hectares	Pieds
		h. a. c.	h. a. c.		h. a. c.		h. a.		h. a. c.		h. a.		h. a. c.		Hectares		h. a. c.	
Imerina-Nord	Cultures entrées dans la période de production	8.607 64 »	»	»	37 » »	24.000	»	»	»	»	»	»	0 15 »	»	»	»	»	»
	Cultures qui ne sont pas encore entrées dans la période de production	916 76 »	»	»	8 35 »	6.751	»	»	»	»	»	»	0 75 »	»	»	»	»	»
	Totaux	9.514 40 »	»	»	45 35 »	30.751	»	»	»	»	»	»	0 90 »	»	»	»	»	»
Itasy	Cultures entrées dans la période de production	29 896 88 »	»	»	11 23 »	9.476	»	»	»	»	»	»	»	»	»	»	»	»
	Cultures qui ne sont pas encore entrées dans la période de production	5.286 19 »	»	»	38 34 »	30.824	»	»	»	»	»	»	»	»	»	»	»	»
	Totaux	35.183 07 »	»	»	49 57 »	40.300	»	»	»	»	»	»	»	»	»	»	»	»
Imerina-Centrale	Cultures entrées dans la période de production	65.282 08 »	»	»	29 79 22	33.354	»	»	»	»	»	»	0 13 50	423	»	»	»	»
	Cultures qui ne sont pas encore entrées dans la période de production	7.365 72 31	»	»	66 56 09	64.862	»	»	»	»	»	»	2 28 57	1.660	»	»	»	»
	Totaux	72.647 80 31	»	»	96 35 31	98.216	»	»	»	»	»	»	2 41 07	2.081	»	»	»	»
Tananarive-Ville	Cultures entrées dans la période de production	1.706 05 65	»	»	1 70 74	2.000	»	»	0 00 15	3	»	»	0 00 38	19	»	»	0 00 27	9
	Cultures qui ne sont pas encore entrées dans la période de production	224 43 21	»	»	7 29 43	10.200	»	»	»	»	»	»	0 00 26	13	»	»	»	»
	Totaux	1 930 48 86	»	»	9 00 17	12.200	»	»	0 00 15	3	»	»	0 00 64	32	»	»	0 00 27	9
Vakinankaratra	Cultures entrées dans la période de production	32 222 20 31	»	»	21 41 75	27.084	»	»	»	»	»	»	»	»	»	»	»	»
	Cultures qui ne sont pas encore entrées dans la période de production	224 54 84	»	»	6 01 23	7.937	»	»	»	»	»	»	»	»	»	»	»	»
	Totaux	32 446 75 15	»	»	27 42 98	35.021	»	»	»	»	»	»	»	»	»	»	»	»
Ambositra	Cultures entrées dans la période de production	33 554 31 30	»	»	20 » »	20.512	»	»	»	»	»	»	»	»	»	»	»	»
	Cultures qui ne sont pas encore entrées dans la période de production	2 222 35 28	»	»	36 99 »	37.073	»	»	»	»	»	»	»	»	»	»	0 01 50	50
	Totaux	35.776 66 58	»	»	56 99 »	57.585	»	»	»	»	»	»	»	»	»	»	0 01 50	50
Fianarantsoa	Cultures entrées dans la période de production	66 170 73 67	»	»	60 52 80	41.000	»	»	»	»	»	»	26 02 »	49.780	»	»	»	»
	Cultures qui ne sont pas encore entrées dans la période de production	15 535 04 83	»	»	73 83 »	65.050	»	»	»	»	»	»	»	»	»	»	»	»
	Totaux	81.705 78 50	»	»	134 35 80	106.050	»	»	»	»	»	»	26 02 »	49.780	»	»	»	»
Fort-Dauphin	Cultures entrées dans la période de production	23.461 46 25	»	»	»	»	»	»	»	»	»	»	»	»	»	»	3	4.500
	Cultures qui ne sont pas encore entrées dans la période de production	18.836 09 30	2 50 »	3.535	9 50 »	5.220	»	»	»	»	»	»	»	»	»	»	»	»
	Totaux	42.297 55 55	2 50 »	3.535	9 50 »	5.220	»	»	»	»	»	»	»	»	»	»	3	4.500
Mahafaly	Cultures entrées dans la période de production	8.749 50 »	»	»	»	»	»	»	»	»	»	»	»	»	»	»	»	»
	Cultures qui ne sont pas encore entrées dans la période de production	6.002 » »	»	»	»	»	»	»	»	»	»	»	»	»	»	»	»	»
	Totaux	14.751 50 »	»	»	»	»	»	»	»	»	»	»	»	»	»	»	»	»
Totaux généraux	Cultures entrées dans la période de production	669.798 72 90	1.091 24 07	3.471.848	1.757 89 58	1.367.063	250 23	174.910	999 90 15	127.210	275 60	93.310	32 30 78	68.222	»	»	500 02 37	132.337
	Cultures qui ne sont pas encore entrées dans la période de production	81.988 20 24	292 10 »	1.191.997	609 63 87	647.036	301 60	180.400	11.050 51 64	1.191.354	93 50	23.070	53 72 83	21.798	2	304	106 43 50	23.210
	Totaux	751.786 93 14	1.383 34 07	4.663.845	2.367 53 45	2.014.099	551 83	355.310	12.050 41 79	1.318.564	369 10	116.380	86 03 61	90.020	2	304	607 65 77	155.547

N° 71 — ÉTAT COMPARATIF, PAR PROVINCES, DE LA SITUATION DES CULTURES ENTREPRISES PAR LES EUROPÉENS OU ASSIMILÉS ET LES INDIGÈNES AU POINT DE VUE DE L'ENTRÉE EN RAPPORT AU 1er JANVIER 1906

CIRCONSCRIPTIONS		[illegible]	[illegible]	[illegible]	[illegible]	[illegible]	[illegible]	[illegible]	[illegible]
		h. a. c.	h. a. c.	h. a.	h. a. c.	h. a. c.	h. a. c.	h. a. c.	h. a. c.
Imerina-Nord	Cultures entrées dans la période de production	56 73 »	40 » »	»	»	2 05 »	150 80 »	92 87 »	5 »
	Cultures qui ne sont pas encore entrées dans la période de production	»	13 20 »	»	»	0 37 »	90 01	23 »	2 21
	Totaux	56 73 »	53 20 »	»	»	2 42 »	240 81	115 87 »	7 21
Itasy	Cultures entrées dans la période de production	67 92 »	156 30 »	»	386 21 »	0 74 »	188 81 »	106 53 »	11 25
	Cultures qui ne sont pas encore entrées dans la période de production	38 09 »	36 13 »	»	95 99 »	0 17 »	53 36 »	152 09 »	8 61
	Totaux	106 01 »	192 43 »	»	482 20 »	0 91 »	238 17 »	259 12 »	19 86 »
Imerina-Centrale	Cultures entrées dans la période de production	124 14 94	»	»	377 40 09	20 60 37	482 20 15	85 33 15	475 70 60
	Cultures qui ne sont pas encore entrées dans la période de production	53 25 08	»	»	112 53 09	10 70 15	66 76 77	»	163 48 »
	Totaux	177 40 02	»	»	490 94 08	31 30 52	548 96 92	85 33 15	639 18 60
Tananarive-Ville	Cultures entrées dans la période de production	33 98 96	21 22 67	»	0 34 46	4 37 84	23 31 95	»	»
	Cultures qui ne sont pas encore entrées dans la période de production	106 65 60	»	»	1 26 30	0 70 03	3 15 90	0 02 40	33 31 02
	Totaux	140 64 56	21 22 67	»	1 61 76	5 16 80	26 47 93	0 02 40	33 31 02
Vakinankaratra	Cultures entrées dans la période de production	3 87 37	3 50 »	»	91 25 »	1 24 75	173 59 93	317 82 36	51 18
	Cultures qui ne sont pas encore entrées dans la période de production	3 06 86	»	»	»	0 06 22	42 07 91	»	30 57 27
	Totaux	7 04 23	3 50 »	»	91 25 »	1 30 97	215 67 84	317 82 36	81 75 37
Ambositra	Cultures entrées dans la période de production	38 10 »	»	»	1 » »	1 25 »	30 » »	36 94 30	84 » »
	Cultures qui ne sont pas encore entrées dans la période de production	30 05 »	»	»	3 » »	9 30 »	34 50 »	»	44 46 08
	Totaux	68 15 »	»	»	4 » »	10 55 »	64 50 »	36 94 30	128 46 08
Fianarantsoa	Cultures entrées dans la période de production	537 91 »	21 50 »	»	95 00 »	55 40 »	20 50 »	231 75 »	1.185 91 03
	Cultures qui ne sont pas encore entrées dans la période de production	0 35 »	»	»	»	0 30 »	15 26 »	»	0 03 85
	Totaux	538 26 »	21 50 »	»	95 00 »	[illegible]	35 76 »	231 75 »	1.185 94 88
Fort-Dauphin	Cultures entrées dans la période de production	306 85 »	»	»	»	»	»	228 98 »	»
	Cultures qui ne sont pas encore entrées dans la période de production	»	»	»	»	»	»	»	277 02 »
	Totaux	306 85 »	»	»	»	»	»	228 98	277 02 »
Mahafaly	Cultures entrées dans la période de production	0 30 »	»	»	»	»	»	2 » »	»
	Cultures qui ne sont pas encore entrées dans la période de production	»	»	»	»	»	»	2 » »	»
	Totaux	0 30 »	»	»	»	»	»	4 » »	»
Totaux généraux	Cultures entrées dans la période de production	21.674 28 74	237 42 67	11 50	990 13 [illegible]	91 90 [illegible]	1.166 76 [illegible]	2.375 88 81	12.013 29 [illegible]
	Cultures qui ne sont pas encore entrées dans la période de production	348 26 [illegible]	78 36 »	»	251 96 29	28 90 02	319 94 07	306 20 40	914 07 20
	Totaux	22.[illegible] 55 28	315 78 67	11 50	1.242 09 78	120 81 01	3.485 70 09	2.682 08 21	12.927 [illegible] 72

NOMBRE D'HECTARES CULTIVÉS (suite)

CIRCONSCRIPTIONS		[illegible]	[illegible]	[illegible]	[illegible] de terre	[illegible]	[illegible]	[illegible]	[illegible]	[illegible]	[illegible]	[illegible]	[illegible]	[illegible]	[illegible]	[illegible]
		h. a. c.	h. a. c.	h. a. c.	h. a. c.	h. a. c.	h. a.	h. a. c.	h. a. c.	h. a. c.	h. a. c.	h. a.	h. a.	h. a. c.	[illegible]	h. a. c.
Imerina-Nord	Cultures entrées dans la période de production	6.151 36	1.590 »	»	8 29 »	1.40 » »	»	253 35 »	0 25 »	0 20 »	0 20 »	»	2 »	87 51 »	»	»
	Cultures qui ne sont pas encore entrées dans la période de production	140 52 »	563 41	»	4 » »	67 70	»	»	»	»	»	»	»	2 65 »	»	»
	Totaux	6.291 88 »	2.123 41	»	12 28 »	217 70	»	253 35	0 25 »	0 20 »	0 20 »	»	2 »	90 06	»	»
Itasy	Cultures entrées dans la période de production	10.059 71 »	5.121 06 »	»	2.646 33 »	2.517 50 »	»	1.385 51 »	»	»	»	»	»	696 71 »	»	1 74 »
	Cultures qui ne sont pas encore entrées dans la période de production	1.007 33 »	1.441 71 »	»	33 57 »	0 19	»	247 41	»	»	»	»	»	119 94	»	»
	Totaux	11.067 04 »	6.562 77 »	»	2.679 92	2.517 [illegible]	»	1.632 92 »	»	»	»	»	»	816 65	»	1 74 »
Imerina-Centrale	Cultures entrées dans la période de production	37.515 04 33	12.515 97 83	»	1.151 25 88	8.309 71 10	0 50	864 07 30	2 28 »	0 20 »	6 43 60	»	0 75	889 20 63	»	0 02 »
	Cultures qui ne sont pas encore entrées dans la période de production	»	6.747 89 83	»	6 24 32	»	»	18 25 84	»	»	»	»	»	18 84 68	»	»
	Totaux	37.515 04 33	19.261 87 25	»	1.157 50 20	8.309 71 10	0 50	879 93 15	2 28	0 20 »	6 43 60	»	0 75	908 09 30	»	0 02 »
Tananarive-Ville	Cultures entrées dans la période de production	1.388 25 57	211 89 53	»	»	0 81 10	»	6 91 56	0 00 28	»	»	»	»	0 27 99	»	»
	Cultures qui ne sont pas encore entrées dans la période de production	»	»	»	0 02 57	29 65 60	»	8 80 07	0 00 40	»	»	»	»	7 10 21	»	»
	Totaux	1.388 25 57	211 89 53	»	0 02 57	30 56 70	»	15 71 63	0 00 68	»	»	»	»	7 38 20	»	»
Vakinankaratra	Cultures entrées dans la période de production	13.254 88 »	4.292 37 »	»	2.540 92 31	3.502 45 [illegible]	»	3.076 96 »	0 10 50	15 38 20	11 70 00	»	»	[illegible] 65 »	»	»
	Cultures qui ne sont pas encore entrées dans la période de production	»	117 39 81	»	»	»	»	»	»	»	»	»	»	»	»	»
	Totaux	13.254 88 »	4.409 96 81	»	2.540 92 31	3.502 45 [illegible]	»	3.076 96 »	0 10 50	15 38 20	11 70 00	»	»	[illegible] 65 »	»	»
Ambositra	Cultures entrées dans la période de production	12.570 63 »	4.500 »	»	103 27 »	[illegible]	»	[illegible]	»	»	»	»	1 50	[illegible]	»	»
	Cultures qui ne sont pas encore entrées dans la période de production	»	2.013 45 »	»	»	»	»	»	»	»	»	»	»	»	»	»
	Totaux	12.570 63 »	6.513 45 »	»	103 27 »	[illegible]	»	[illegible]	»	»	»	»	1 50	[illegible]	»	»
Fianarantsoa	Cultures entrées dans la période de production	32.465 53 »	15.218 40 »	0 01 50	425 20 »	[illegible]	1 »	[illegible]	2 50 »	0 50 »	»	»	1 »	[illegible]	»	3
	Cultures qui ne sont pas encore entrées dans la période de production	6.420 24 »	[illegible] 50 »	»	153 50 »	[illegible]	»	1.092 50 »	»	»	»	»	»	284 »	»	»
	Totaux	[illegible] 77 »	[illegible] 124 90 »	0 01 50	578 70	[illegible]	1 »	[illegible]	2 50 »	0 50 »	»	»	1 »	[illegible]	»	3
Fort-Dauphin	Cultures entrées dans la période de production	4.262 »	»	»	»	[illegible]	»	»	»	»	»	0.880 »	»	»	»	»
	Cultures qui ne sont pas encore entrées dans la période de production	»	11.619 » »	0 08 »	1 02 »	»	»	[illegible]	»	»	»	»	»	1.792 11 »	»	203 01 »
	Totaux	4.262 »	11.619 » »	0 08 »	1 02 »	[illegible]	»	[illegible]	»	»	»	0.880 »	»	1.792 11 »	»	203 01 »
Mahafaly	Cultures entrées dans la période de production	10 30 »	2.001 » »	»	»	[illegible]	»	2.500 »	»	»	»	1.080 »	»	150 » »	»	5 » »
	Cultures qui ne sont pas encore entrées dans la période de production	»	3.000 » »	»	»	[illegible]	»	»	»	»	»	»	»	»	»	»
	Totaux	10 30 »	5.001 » »	»	»	[illegible]	»	[illegible]	»	»	»	1.080	»	150 »	»	5 » »
Totaux généraux	Cultures entrées dans la période de production	[illegible]	97 [illegible]	58 01 50	[illegible]	[illegible]	1 50	[illegible]	93 88 78	15 28 20	18 43 70	11.112 04	5 25	[illegible]	1	[illegible]
	Cultures qui ne sont pas encore entrées dans la période de production	14.000 44 »	31.976 83 18	0 08 »	212 35 89	[illegible]	»	[illegible]	0 00 40	»	»	»	»	[illegible]	»	210 54 56
	Totaux	[illegible]	[illegible]	58 09 50	[illegible]	[illegible]	1 50	[illegible]	93 89 18	15 28 20	18 43 70	11.112 04	5 25	[illegible]	1	[illegible]

N° 71. — ÉTAT COMPARATIF, PAR PROVINCES, DE LA SITUATION DES CULTURES ENTREPRISES PAR LES EUROPÉENS OU ASSIMILÉS ET LES INDIGÈNES AU POINT DE VUE DE L'ENTRÉE EN RAPPORT AU 1er JANVIER 1906 (Suite et fin.)

CIRCONSCRIPTIONS		[illegible]	[illegible]	[illegible] saccharifères	[illegible]	[illegible]	[illegible]	[illegible]	[illegible]
Imerina-Nord	Cultures entrées dans la période de production	49 45 »	»	11 03 »	»	1 50	2 76 »	»	4 04 »
	Cultures qui ne sont pas encore entrées dans la période de production	»	»	»	»	»	»	»	»
	Totaux	49 45 »	»	11 03 »	»	1 50	2 76 »	»	4 04 »
Itasy	Cultures entrées dans la période de production	323 71 »	26	25 25	»	»	2 15 »	»	2 98
	Cultures qui ne sont pas encore entrées dans la période de production	214 30 »	»	»	»	»	1 48 »	»	2 »
	Totaux	538 01 »	26	25 25 »	»	»	3 62 »	»	4 98 »
Imerina Centrale	Cultures entrées dans la période de production	454 51 83	»	187 21 03	»	»	635 01 37	»	52 33 79
	Cultures qui ne sont pas encore entrées dans la période de production	5 91 07	»	11 45 74	»	»	10 09 62	»	33 33 36
	Totaux	460 52 90	»	198 66 77	»	»	645 10 99	»	85 67 15
Tananarive-Ville	Cultures entrées dans la période de production	0 02 18	»	15 62 89	»	»	0 01 34	»	»
	Cultures qui ne sont pas encore entrées dans la période de production	0 05 49	»	21 43 20	»	»	0 25 07	»	»
	Totaux	0 07 67	»	37 06 09	»	»	0 26 41	»	»
Vakinankaratra	Cultures entrées dans la période de production	339 15 »	»	16 72 16	»	»	8 81 »	»	»
	Cultures qui ne sont pas encore entrées dans la période de production	»	»	»	»	»	2 50 52	»	»
	Totaux	339 15 »	»	16 72 16	»	»	11 31 52	»	»
Ambositra	Cultures entrées dans la période de production	1.339 50	»	0 67 »	»	»	2 17 »	»	»
	Cultures qui ne sont pas encore entrées dans la période de production	»	»	»	»	»	2 » »	»	»
	Totaux	1.339 50	»	0 67 »	»	»	4 17 »	»	»
Fianarantsoa	Cultures entrées dans la période de production	857 10 »	»	106 19 »	»	»	17 17 »	»	8 03 »
	Cultures qui ne sont pas encore entrées dans la période de production	»	»	45 25 »	»	»	2 28 »	»	»
	Totaux	857 10 »	»	151 44 »	»	»	19 45 »	»	8 03 »
Fort-Dauphin	Cultures entrées dans la période de production	»	»	»	»	»	27 11 25	2 »	»
	Cultures qui ne sont pas encore entrées dans la période de production	96 83 30	»	8 02 »	»	»	»	»	»
	Totaux	96 83 30	»	8 02 »	»	»	27 11 25	2 »	»
Mahafaly	Cultures entrées dans la période de production	»	»	»	»	»	»	»	»
	Cultures qui ne sont pas encore entrées dans la période de production	»	»	»	»	»	»	»	»
	Totaux	»	»	»	»	»	»	»	»
Totaux généraux	Cultures entrées dans la période de production	5.374 18 71	26	823 77 06	2	2 50	833 03 06	5 »	47 38 79
	Cultures qui ne sont pas encore entrées dans la période de production	338 80 86	»	92 88 96	»	»	42 34 21	0 26	75 33 36
	Totaux	5.713 00 57	26	916 66 02	2	2 56	875 38 19	5 26	122 72 15

NOMBRE D'HECTARES CULTIVÉS

CIRCONSCRIPTIONS		[illegible]	[illegible]	[illegible]	[illegible]	[illegible]	[illegible]	[illegible]	[illegible]	[illegible]	[illegible]	[illegible]	[illegible]	[illegible]	[illegible]	[illegible]
Imerina-Nord	Cultures entrées dans la période de production	0 03 »	»	»	»	1 91 »	»	»	8 00 »	7 88 »	»	»	»	»	»	3 50 »
	Cultures qui ne sont pas encore entrées dans la période de production	»	»	»	»	»	»	»	»	»	»	»	»	»	»	»
	Totaux	0 03 »	»	»	»	1 91 »	»	»	8 00 »	7 88 »	»	»	»	»	»	3 50 »
Itasy	Cultures entrées dans la période de production	»	18 » »	1 40	»	74 18 »	[illegible]	2.467 60	91 07 »	107 55 »	»	»	»	0 02 »	4 08 »	80 95 »
	Cultures qui ne sont pas encore entrées dans la période de production	»	0 97 »	»	»	19 77 »	365 53 »	29 »	2 85 »	»	»	»	»	»	»	42 41 »
	Totaux	»	18 97 »	1 40	»	93 95 »	[illegible]	2.496 60	93 92 »	107 55 »	»	»	»	0 02 »	4 08 »	123 36 »
Imerina Centrale	Cultures entrées dans la période de production	0 05 16	»	»	»	74 43 52	402 03 34	»	288 77 17	195 62 62	»	»	»	80 72 08	28 70 29	0 83 09
	Cultures qui ne sont pas encore entrées dans la période de production	1 36 03	»	»	»	1 59 »	»	»	6 33 99	»	»	»	»	»	»	»
	Totaux	1 41 19	»	»	»	76 02 51	402 03 34	»	295 11 16	195 62 62	»	»	»	80 72 08	28 70 29	0 83 09
Tananarive-Ville	Cultures entrées dans la période de production	0 00 10	»	»	»	»	»	»	»	0 84 20	»	»	»	»	»	»
	Cultures qui ne sont pas encore entrées dans la période de production	0 00 17	»	»	»	0 00 24	»	»	0 01 30	»	»	»	»	»	»	»
	Totaux	0 00 27	»	»	»	0 00 24	»	»	0 01 30	0 84 20	»	»	»	»	»	»
Vakinankaratra	Cultures entrées dans la période de production	0 14 15	90 90 90	»	»	0 16 03	»	»	2 82 44	15 72 30	»	»	»	»	50 »	80 »
	Cultures qui ne sont pas encore entrées dans la période de production	1 » »	»	»	»	»	»	»	»	»	»	»	»	»	13 »	»
	Totaux	1 14 15	90 90 90	»	»	0 16 03	»	»	2 82 44	15 72 30	»	»	»	»	63 »	80 »
Ambositra	Cultures entrées dans la période de production	»	74 48 »	»	»	4 » »	»	»	208 » »	»	»	»	»	»	»	»
	Cultures qui ne sont pas encore entrées dans la période de production	»	»	»	»	»	»	»	»	»	»	»	»	»	»	60 50 70
	Totaux	»	74 48 »	»	»	4 » »	»	»	208 » »	»	»	»	»	»	»	60 50 70
Fianarantsoa	Cultures entrées dans la période de production	477 » »	»	»	»	[illegible]	»	»	800 » »	»	»	»	»	»	330 29	48 50 25
	Cultures qui ne sont pas encore entrées dans la période de production	»	»	»	»	»	»	»	352 20 »	»	»	»	»	»	»	2 25 »
	Totaux	477 » »	»	»	»	[illegible]	»	»	[illegible]	»	»	»	»	»	330 29	50 81 [illegible]
Fort-Dauphin	Cultures entrées dans la période de production	»	»	»	»	»	»	»	»	»	»	»	»	»	»	»
	Cultures qui ne sont pas encore entrées dans la période de production	110 51 »	»	»	»	54 50 »	»	»	394 09 »	6 » »	»	»	»	»	»	863 40 »
	Totaux	110 51 »	»	»	»	54 50 »	»	»	394 09 »	6 » »	»	»	»	»	»	863 40 »
Mahafaly	Cultures entrées dans la période de production	»	»	»	»	»	»	»	»	»	»	»	»	»	»	»
	Cultures qui ne sont pas encore entrées dans la période de production	»	»	»	»	»	»	»	»	»	»	»	»	»	»	»
	Totaux	»	»	»	»	»	»	»	»	»	»	»	»	»	»	»
Totaux généraux	Cultures entrées dans la période de production	635 16 41	183 38 90	20 40	»	[illegible]	[illegible]	2.427 60	[illegible]	992 20 12	58	»	»	80 74 08	[illegible] 09 20	[illegible] 01 85
	Cultures qui ne sont pas encore entrées dans la période de production	140 08 20	0 97 »	»	280 50	80 38 24	868 58 »	29 »	[illegible]	6 » »	»	50	50	»	18 » »	490 87 70
	Totaux	775 23 61	184 35 90	20 40	280 50	[illegible]	[illegible]	2.496 60	[illegible]	998 20 12	58	50	50	80 74 08	388 09 20	914 02 55

N° 72 — ÉTAT INDIQUANT LE SALAIRE MOYEN ATTRIBUÉ AUX INDIGÈNES EMPLOYÉS DANS LES EXPLOITATIONS AGRICOLES AU 1er JANVIER 1906

CIRCONSCRIPTIONS	SALAIRE JOURNALIER MOYEN fr. c.
Diégo-Suarez	0 80
Vohémar	0 80
Betsimisaraka du Nord	0 60
Sainte-Marie	0 50
Betsimisaraka du Centre	0 70
Tamatave-Ville	»
Fetraomby	0 95
Beforona	0 90
Bétaniména	0 60
Betsimisaraka du Sud	0 40
Mananjary	0 50
Farafangana	0 40
Nossi-Bé	0 80
Analalava	0 90
Majunga	0 80
Maintirano	0 50
Maevatanana	0 50
Morondava	1 »
Tuléar	0 50
Mandritsara	0 60
Angavo-Mangoro	0 45
Imerina-Nord	0 45
Itasy	0 50
Imerina-Centrale	0 45
Tananarive-Ville	0 50
Vakinankaratra	0 40
Ambositra	0 40
Fianarantsoa	0 40
Fort-Dauphin	0 50
Mahafaly	»

XII

ÉLEVAGE

N° 73 — ÉTAT PAR RÉGIONS DES ANIMAUX

POSSÉDÉS PAR LES COLONS ET LES INDIGÈNES AU 1ᴱᴿ JANVIER 1906 (NON COMPRIS LES SERVICES PUBLICS)

RÉGIONS	BOVIDÉS	ÉQUIDÉS			OVIDÉS	CAPRINS	SUIDÉS	TOTAL
		CHEVAUX	ÂNES	MULETS				
Région Septentrionale	57.496	17	5	94	71	139	1.621	59.443
Versant Est	482.920	50	41	61	3.283	313	28.292	514.960
Versant Ouest	931.749	45	36	87	30.246	30.654	30.489	1.023.306
Région Centrale	931.664	1.006	283	189	142.366	6.583	417.673	1.499.764
Région Méridionale	456.555	2	2	33	88.117	25.678	1.041	571.428
TOTAL	2.860.384	1.120	367	464	264.083	63.367	479.116	3.668.901

N° 74 — ÉTAT INDIQUANT LA PART DES INDIGÈNES ET DES COLONS DANS LA POSSESSION DES TROUPEAUX RECENSÉS AU 1er JANVIER 1906

		BOVIDÉS	ÉQUIDÉS			OVIDÉS	CAPRINS	SUIDÉS	TOTAL
			CHEVAUX	ANES	MULETS				
Colons	Région Septentrionale	2.718	17	5	79	61	44	1.114	4.038
	Versant Est	8.407	50	39	58	462	181	1.352	10.549
	Versant Ouest	25.213	44	29	85	1.057	2.463	2.237	31.128
	Région Centrale	8.854	181	216	98	683	108	2.108	12.248
	Région Méridionale	668	2	2	33	39	»	454	1.198
	TOTAL	45.860	294	291	353	2.302	2.796	7.265	59.161
Indigènes	Région Septentrionale	54.778	»	»	15	10	95	507	55.405
	Versant Est	474.513	»	2	3	2.821	132	26.940	504.411
	Versant Ouest	906.536	1	7	2	29.189	28.191	28.252	992.178
	Région Centrale	922.810	825	67	91	141.683	6.475	415.565	1.487.516
	Région Méridionale	455.887	»	»	»	88.078	25.678	587	570.230
	TOTAL	2.814.524	826	76	111	261.781	60.571	471.851	3.609.740
	TOTAL GÉNÉRAL	2.860.384	1.120	367	464	264.083	63.367	479.116	3.668.901

ÉTAT DES ANIMAUX POSSÉDÉS PAR LES COLONS ET LES INDIGÈNES

N° 75. — ÉTAT DÉTAILLÉ PAR PROVINCE DES ANIMAUX POSSÉDÉS PAR LES COLONS ET LES INDIGÈNES AU 1er JANVIER 1906 (NON COMPRIS LES SERVICES PUBLICS)

PROVINCE	ESPÈCE BOVINE				TOTAL	ESPÈCE CHEVALINE		TOTAL	ESPÈCE ASINE		TOTAL	MULETS	ESPÈCE OVINE		TOTAL	ESPÈCE CAPRINE		TOTAL	ESPÈCE PORCINE		TOTAL	TOTAL GÉNÉRAL
	Bœufs	Vaches	Veaux	Génisses		Chevaux et poulains	Juments et pouliches		Ânes	Ânesses			Béliers et moutons	Brebis		Boucs	Chèvres		Porcs et verrats	Truies		
Diégo-Suarez	20.702	21.358	7.643	7.703	57.406	14	3	17	5	»	5	94	47	24	71	40	99	139	1.251	370	1.621	59.443
Vohémar	37.211	67.783	34.905	25.000	162.959	»	»		3	4	7	2	»	»	»	16	71	87	88	70	158	163.193
Betsimisaraka du Nord	5.165	4.674	1.763	1.707	13.309	»			1	»	1	»	8	25	33	»	»	»	32	38	70	13.773
Sainte-Marie	105	214	148	156	623	1		1	»	1	1	1	»	»	»	»	»		»	»	»	626
Betsimisaraka du Centre	12.927	14.642	10.823	7.011	45.403	1	»	1	5	1	6	2	27	32	60	»	»	»	535	559	1.094	47.015
Tamatave-Ville	14	45	9	5	73	15	4	19	8	3	11	15	»	»	»	3	10	13	90	52	142	273
Fetraomby	1.796	3.460	848	1.037	7.141	1		1	»		»	1	8	14	22	3	24	27	55	123	178	7.370
Beforona	752	840	788	575	2.955	2	»	2	2	»	2	4	»	»	»	2	5	7	18	16	34	3.003
Bétanimena	2.157	5.320	2.930	1.865	12.272	2	2	4	1	»	1	1	7	21	28	5	26	31	507	190	697	12.954
Betsimisaraka du Sud	8.827	8.081	4.474	2.319	23.661	5	3	8	1	2	3	11	197	195	392	4	25	29	2.860	2.175	5.035	29.139
Mananjary	11.727	21.650	8.571	5.881	47.829	10	4	14	5	3	8	9	154	85	239	27	77	104	4.400	1.870	6.270	54.479
Farafangana	37.074	58.520	21.719	28.778	146.091	»	»	»	»	1	1	16	1.040	1.460	2.500	5	10	15	6.904	7.650	14.554	163.130
Nossi-Bé	70.073	71.500	10.093	7.742	160.047	8	6	14	10	8	18	13	98	80	178	610	960	1.570	840	343	1.183	163.023
Analalava	24.705	49.914	35.297	26.008	137.252	»	»	»	1	»	1	3	143	110	253	164	474	638	370	346	716	138.802
Majunga	60.453	54.977	88	520	116.037	12	»	12	4	»	4	28	229	374	603	414	1.180	1.594	3.603	3.830	7.433	125.731
Maintirano	6.334	14.954	5.748	5.133	32.169	1	»	1	1	»	1	1	37	24	61	1.624	4.498	6.122	1.304	1.350	2.654	41.007
Maevatanana	50.940	82.715	31.501	31.069	196.225	3	»	3	2	»	2	26	331	381	712	527	1.057	1.584	3.451	3.195	6.646	205.207
Morondava	21.215	56.020	16.540	20.852	113.226	1	»	1	3	5	8	7	3.083	3.355	6.438	3.497	6.191	9.688	3.565	3.736	7.301	130.271
Tuléar	34.708	83.337	38.575	30.458	186.707	11	3	14	2	1	3	»	11.000	11.310	22.310	2.511	6.947	9.458	1.607	2.918	4.525	223.175
Mandritsara	20.425	43.834	20.579	21.490	106.328	1	»	1	1	»	1	2	26	119	145	»	»	»	55	60	115	106.514
Angavo-Mangoro	37.306	63.707	29.813	34.591	165.417	14	1	15	10	7	17	17	2.093	8.980	11.073	171	280	451	10.104	4.155	14.259	192.105
Imerina-Nord	25.166	36.308	29.485	16.709	107.668	6	»	6	1	»	1	5	697	1.239	1.936	150	216	373	20.430	13.545	33.965	143.343
Itasy	16.852	56.419	35.021	39.126	146.418	13	5	18	3	9	12	10	4.461	8.324	12.780	128	222	350	54.494	31.677	86.171	245.768
Imerina-Centrale	22.507	19.173	10.301	9.332	61.303	123	412	535	21	19	40	60	16.390	34.341	50.050	196	324	520	56.514	23.445	79.959	193.467
Tananarive-Ville	229	781	462	490	1.962	74	30	104	16	8	24	50	315	675	990	28	30	58	520	230	706	3.944
Vakinankaratra	22.773	36.714	29.720	18.918	108.131	38	63	101	10	28	38	23	8.308	15.378	23.686	508	1.262	1.702	46.934	31.433	80.367	214.111
Ambositra	20.255	19.050	12.133	13.506	74.953	37	38	75	15	72	87	13	1.704	3.298	5.002	558	917	1.405	10.414	6.345	16.759	98.285
Fianarantsoa	43.780	68.295	25.605	23.339	160.019	61	41	102	58	5	63	20	11.104	23.811	34.915	690	966	1.665	46.635	58.720	105.355	302.108
Fort-Dauphin	90.462	151.321	67.477	68.295	346.555	1	»	1	1	1	2	31	19.273	38.844	58.117	4.513	12.165	16.678	576	365	941	422.325
Mahafaly	23.500	18.000	22.000	7.500	70.000	1	»	1	»	»	»	2	15.000	15.000	30.000	2.000	7.000	9.000	55	45	100	109.103
TOTAUX	729.165	1.104.280	509.735	457.163	2.800.385	565	615	1.180	189	178	367	404	91.688	107.615	204.093	18.301	45.066	63.367	280.301	108.815	389.116	3.668.001

N° 76 — ÉTAT PAR PROVINCES,

DES EXPLOITATIONS D'ÉLEVAGE ENTREPRISES PAR LES EUROPÉENS OU ASSIMILÉS AU 1er JANVIER 1906

CIRCONSCRIPTIONS	CHEVAUX ET JUMENTS	MULES ET MULETS	ANES ET ANESSES	BOEUFS ET VACHES	MOUTONS ET BREBIS	CHÈVRES	PORCS
Diégo-Suarez	2	10	»	2.543	16	»	»
Vohémar	»	2	7	2.881	»	87	20
Betsimisaraka du Nord	»	»	1	24	»	»	»
Sainte-Marie	»	1	1	1	»	»	»
Betsimisaraka du Centre	»	1	»	392	»	»	79
Tamatave-Ville	»	»	»	»	»	»	»
Fetraomby	»	1	»	65	»	»	20
Beforona	2	»	1	70	»	»	»
Betanimena	1	1	1	409	10	22	»
Betsimisaraka du Sud	8	11	3	3.327	398	23	300
Mananjary	5	1	»	776	»	»	»
Farafangana	»	1	»	150	»	»	»
Nossi-Bé	9	13	17	3.340	160	20	1.183
Analalava	»	3	1	5.439	56	399	156
Majunga	»	3	»	9.716	86	14	»
Maintirano	»	»	»	2	20	»	»
Maevatanàna	»	9	»	5.712	»	»	»
Morondava	1	5	1	1.181	46	6	»
Tuléar	2	3	2	235	200	»	»
Mandritsara	»	»	»	600	»	»	»
Angavo-Mangoro	2	2	1	4.445	114	6	»
Imerina-Nord	3	2	1	808	91	30	»
Itasy	2	2	12	998	85	»	200
Imerina-Centrale	31	18	10	578	247	2	»
Tananarive-Ville	7	8	1	2	22	1	»
Vakinankaratra	14	7	23	155	51	»	40
Ambositra	2	4	6	449	»	34	85
Fianarantsoa	3	1	5	111	»	3	»
Fort-Dauphin	»	»	»	668	39	»	404
Mahafaly	»	1	»	»	»	»	11
TOTAUX GÉNÉRAUX	94	110	94	45.087	1.641	653	2.558

XIII

INDUSTRIE FORESTIÈRE

N° 77 — ÉTAT PAR RÉGIONS DES EXPLOITATIONS FORESTIÈRES AU 1er JANVIER 1905

RÉGIONS	NOMBRE des CONCESSIONNAIRES	MONTANT DES REDEVANCES annuelles.	SUPERFICIE TOTALE CONCÉDÉE	SUPERFICIE TOTALE EXPLOITÉE	PRINCIPALES ESSENCES EXPLOITÉES — ESSENCES DIVERSES pour bois de chauffage.	PRINCIPALES ESSENCES EXPLOITÉES — VOLUME	PRINCIPALES ESSENCES EXPLOITÉES — VALEUR
		fr. c.	h. a. c.	h. a. c.		mc. dc.	francs.
Région Septentrionale....	12	247 10	4.541 » »	540 » »	Palissandre.............	10 »	800
					Rotro..................	8 »	800
					Nato..................	5 »	150
					Vintany...............	2.500 »	150.000
					Palétuviers.............	128 »	12.800
					Bois de chauffage........	3.200 »	19.200
					TOTAL..........	5.851 »	183.750
Versant Est............	25	6.588 80	67.303 61 68	36.390 49 50	Ébène..................	611 538	74.130
					Palissandre.............	123 »	10.100
					Bois de rose...........	9 »	550
					Hintsy..................	1.010 040	50.450
					Rotro..................	6 »	270
					Nato..................	674 820	30.430
					Lalona.................	544 »	22.905
					Vintany................	118 500	4.695
					Palétuviers.............	1.215 »	15.150
					Tamtaka...............	49 700	3.000
					Bois de chauffage........	14.700 090	73.900
					Divers.................	1.616 375	142.378
					TOTAL...........	20.678 063	427.958
Versant Ouest..........	1	»	100.000 » »	La concession de 100.000 h. accordée à la Cie Occidentale de Madagascar renferme plusieurs bois exploités en partie et dont la superficie n'a pas encore été délimitée.	Ébène..................	5 »	900
					Bois de chauffage........	1.000 »	3.000
					TOTAL..........	1.005 »	3.900
Région Centrale.........	25	2.130 50	32.005 45 »	4.213 » »	Palissandre.............	79 »	7.715
					Rotro..................	79 »	4.040
					Nato..................	12 »	780
					Lalona.................	455 »	22.780
					Varongy...............	169 »	11.360
					Vintany................	1.008 »	43.605
					Masaizany..............	171 »	6.560
					Merana.................	77 »	3.640
					Famelona..............	47 »	1.140
					Volonpangady..........	350 »	1.000
					Voanana...............	150 »	10.500
					Harongana..............	100 »	6.000
					Bois de chauffage........	150 »	1.500
					TOTAL..........	2.847 »	121.220
TOTAL GÉNÉRAL.....	63	8.966 40	204.040 06 68	41.143 49 50	....	30.381 063	736.828

N° 78 — ÉTAT PAR PROVINCES DES EXPLOITATIONS FORESTIÈRES AU 1er JANVIER 1906

CIRCONSCRIPTIONS	NOMS DES CONCESSIONNAIRES	DATE DE LA CONCESSION	MONTANT DE LA REDEVANCE annuelle.	SUPERFICIE CONCÉDÉE	SUPERFICIE EXPLOITÉE	PRINCIPALES ESSENCES EXPLOITÉES — ESSENCES DIVERSES pour bois de chauffage.	VOLUME	VALEUR
			fr. c.	hectares.	hectares.		mc.	francs.
Angavo-Mangoro	Bouts	16 oct. 1897.	»	9.000	»	»	»	»
	de Lacroix-Laval	16 oct. 1897.	»	2.500	»	»	»	»
	Cotte	31 déc. 1897.	70 »	700	700	Palissandre	25	2.875
						Nato	12	780
	Louveau	23 août 1900.	100 »	1.000	20	Lalona	11	330
						Vintany	9	225
						Merana	25	1.000
						Masaizany	18	650
						Famelona	7	140
	Louys Abel	17 sept. 1900.	100 »	1.000	250	Lalona	150	6.000
						Vintany	56	2.240
						Masaizany	20	1.200
						Famelona	8	200
	Giraudel	26 déc. 1900.	157 60	1.576	180	Palissandre	5	450
						Lalona	15	600
						Vintany	60	2.400
						Masaizany	80	2.400
	Rainizaivelo	26 déc. 1900.	118 »	1.180	450	Palissandre	9	720
						Lalona	19	1.140
						Vintany	3	150
						Masaizany	15	900
						Merana	28	1.400
	Linard	31 déc. 1900.	100 »	1.000	38	Palissandre	8	800
						Lalona	15	900
						Vintany	70	4.200
	Descarrega	15 mars 1901.	20 »	200	200	Lalona	15	600
						Vintany	4	160
						Masaizany	18	540
	Multedo	1er juil. 1901.	100 »	1.000	420	Palissandre	6	480
						Lalona	17	1.020
						Vintany	7	350
						Varongy	11	550
						Merana	8	400
						Masaizany	4	200
	Cougot et de Lacroix-Laval	4 déc. 1901.	180 »	1.000	495	Lalona	20	500
						Vintany	372	9.300
						Famelona	32	800
	Rolin	5 août 1902.	25 »	250	200	Palissandre	10	800
						Lalona	10	500
						Vintany	13	450
	Savaron	17 mars 1903.	40 »	400	150	Lalona	8	400
						Vintany	5	200
						Varongy	6	240
						Merana	15	750
						Masaizany	3	150
	M. Lobbedez	1er nov. 1904.	100 »	1.000	100	Lalona	20	800
						Vintany	80	1.000
						Masaizany	10	400
						Volompangady	350	1.000
	Anquetil	1er nov. 1904.	20 »	200	200	Lalona	50	3.500
						Vintany	250	17.500
						Voanana	150	10.500
						Varongy	150	10.500
	Rabesa	17 nov. 1905.	40 »	400	10	Palissandre	1	90
						Lalona	5	400
						Merana	1	90
						Masaizany	3	120
						Varongy	2	70
	TOTAL	....	1.170 60	22.406	3.413	....	2.324	96.060

N° 78 — ÉTAT PAR PROVINCES DES EXPLOITATIONS FORESTIÈRES AU 1ER JANVIER 1906 (Suite.)

CIRCONSCRIPTIONS	NOMS DES CONCESSIONNAIRES	DATE DE LA CONCESSION	MONTANT DE LA REDEVANCE annuelle.	SUPERFICIE CONCÉDÉE	SUPERFICIE EXPLOITÉE	PRINCIPALES ESSENCES EXPLOITÉES — ESSENCES DIVERSES pour bois de chauffage.	VOLUME	VALEUR
			fr. c.	h. a. c.	h. a. c.		mc.	francs.
Betanimena	Compagnie des Messageries Françaises de Madagascar	15 janv. 1900.	200 »	2.000 » »	2.000 » »	Lalona	20	200
						Vintany	10	150
						Palétuviers	5	50
						Bois de chauffage	6.000	30.000
		23 oct. 1900.	361 65	3.616 49 50	3.616 49 50	Lalona	25	250
						Vintany	15	200
						Palétuviers	10	100
						Bois de chauffage	8.500	42.500
	Parr	13 mars 1902.	41 90	41 91 75	»	»	»	»
	Sidambron	13 mars 1902.	22 75	222 73 88	»	»	»	»
	Société « La Grande Ile »	16 juin 1904.	736 60	53 46 55	»	»	»	»
	TOTAL	....	1.362 90	5.934 61 68	5.616 49 50	....	14.585	73.450
Betsimisaraka du Centre	Larrieu Clément	20 mars 1900.	8 »	80 » »	80 » »	Ébène	10	600
						Palissandre	13	780
						Hintsy	59	2.655
						Nato	106	4.770
	Clément Albert	28 mars 1900.	15 »	150 » »	102 » »	Ébène	3	180
						Palissandre	3	180
						Bois de rose	6	360
						Hintsy	100	4.500
						Nato	253	11.380
						Lalona	83	3.735
						Vintany	71	3.195
	Compagnie Marseillaise	28 mars 1900. 17 sept. 1904.	103 20	1.032 » »	422 » »	Ébène	51	3.060
						Palissandre	27	1.620
						Bois de rose	2	120
						Hintsy	500	22.500
						Nato	129	5.705
						Lalona	402	18.090
	Nayel	16 sept. 1901.	50 »	500 » »	5 » »	Ébène	1	60
						Nato	36	1.620
	de Buschères	13 nov. 1903.	100 »	1.000 » »	25 » »	Ébène	1	60
						Palissandre	3	180
						Nato	52	2.340
	Bruncher	17 nov. 1903.	10 »	100 » »	3 » »	Nato	21	945
	Marquet	17 nov. 1903.	40 »	400 » »	10 » »	Ébène	2	120
						Palissandre	3	180
						Nato	14	630
	Mavinta	15 sept. 1900.	10 »	100 » »	27 » »	Ébène	2	120
						Palissandre	6	360
						Hintsy	21	945
						Rotro	6	270
						Nato	52	2.340
						Lalona	14	630
						Vintany	20	900
	TOTAL	....	336 20	3.362 » »	674 » »	....	2.072	95.130

N° 78 — ÉTAT PAR PROVINCES DES EXPLOITATIONS FORESTIÈRES AU 1er JANVIER 1906 (Suite.)

CIRCONSCRIPTIONS	NOMS DES CONCESSIONNAIRES	DATE DE LA CONCESSION	MONTANT DE LA REDEVANCE annuelle.	SUPERFICIE CONCÉDÉE	SUPERFICIE EXPLOITÉE	PRINCIPALES ESSENCES EXPLOITÉES — ESSENCES DIVERSES pour bois de chauffage.	VOLUME	VALEUR
			fr. c.	hectares.	hectares.		mc. dc.	francs.
Betsimisaraka du Nord.	Leconte	1er mai 1900.	»	4.200	»	Ébène Hintsy, Rotro, Nato, Lalona, Vintany, Palétuviers Bois de chauffage	3 800 220 850 55 070	380 10.816 385
	Compagnie Parisienne de Madagascar	5 août 1901.	1.000 »	10.000	»	Ébène Palissandre Hintsy, Rotro, Nato, Lalona, Vintany, Palétuviers Bois de chauffage	37 319 13 » 257 425 45 020	3.700 1.300 19.527 315
	Ricard frères à Rantabé	25 janv. 1902.	69 70	697	»	Hintsy, Rotro, Nato, Vintany Bois de chauffage	382 500 40 »	34.425 280
	Ricard frères à Vatolava	24 mai 1904.	100 »	1.000	»	Hintsy, Rotro, Nato, Vintany Bois de chauffage	223 » 10 »	20.070 70
	Maigrot à Famolaha	25 août 1904.	100 »	1.000	»	Ébène, Palissandre Hintsy, Rotro, Nato, Lalona, Vintany, Palétuviers	75 600 72 »	7.560 6.480
	Bouas	20 juin 1905.	100 »	1.000	»	Ébène Vintany	50 » 2 500	5.000 250
	Maigrot à Ambodiforaha	4 oct. 1905.	290 »	2.900	»	Hintsy, Rotro, Nato, Lalona, Vintany, Palétuviers	30 »	2.700
	Ruffat	3 nov. 1905.	700 »	7.000	»	Ébène, Palissandre, Bois de rose, Hintsy, Rotro, Nato, Lalona, Vintany, Palétuviers Bois de chauffage	350 » 50 »	31.500 350
	TOTAL		2.359 70	27.797	»		1.918 084	154.108
Diégo-Suarez	Matte Lepeigneux et Franquelin	20 avril 1901.	24 50	245	150	Palissandre Rotro Nato Vintany	10 » 8 » 5 » 2.500 »	800 800 150 150.000
	Abdérimané	2 nov. 1901.	11 50	115	80	Palétuviers	15 »	1.500
	Oltz	18 déc. 1901.	10 »	100	»	»	»	»
	Toto Zandó	26 fév. 1902.	33 »	330	100	Palétuviers	75 »	7.500
	Comptoir Colonial	18 avril 1902.	23 »	2.300	»	»	»	»
	Imhaus	1er juin 1902.	13 50	135	50	Bois de chauffage	1.000 »	6.000
	Montagne	17 juil. 1902.	4 »	40	15	Bois de chauffage	200 »	1.200
	Baraka	26 mars 1903.	6 40	64	15	Palétuviers	8 »	800
	Schneider	2 juin 1903.	10 »	100	50	Palétuviers	30 »	3.000
	Boiroux	6 mars 1904.	11 20	112	80	Bois de chauffage	2.000 »	12.000
	Vérane	14 mai 1904.	100 »	1.000	»	»	»	»
	TOTAL		247 10	4.541	540		5.851 »	183.750

N° 78 — ÉTAT PAR PROVINCES DES EXPLOITATIONS FORESTIÈRES AU 1ER JANVIER 1906 (Suite et fin.)

CIRCONSCRIPTIONS	NOMS DES CONCESSIONNAIRES	DATE DE LA CONCESSION	MONTANT DE LA REDEVANCE annuelle.	SUPERFICIE CONCÉDÉE	SUPERFICIE EXPLOITÉE	PRINCIPALES ESSENCES EXPLOITÉES — ESSENCES DIVERSES pour bois de chauffage	VOLUME	VALEUR
			fr. c.	h. a. c.	h. a. c.		mc. dc.	francs.
Fianarantsoa	Leroy	15 avril 1902. 28 août 1905. 15 nov. 1905.	20 » 100 » 110 »	200 » » 1.000 » » 1.100 » »	300 » »	Palissandre	10 »	1.000
						Rotro	25 »	1.500
						Lalona	50 »	3.000
						Harongana	100 »	6.000
						Bois de chauffage	150 »	1.500
	Veuve Longlet	18 juil. 1903.	229 90	2.299 45 »	100 » »	Rotro	2 »	120
						Lalona	4 »	240
						Vintany	10 »	600
	du Coëtlosquet	1er août 1903.	101 40	1.014 » »	50 » »	Rotro	6 »	260
						Lalona	3 »	270
						Vintany	3 »	270
	Dantony	9 avril 1904.	87 60	876 » »	100 » »	Rotro	10 »	600
						Lalona	20 »	1.200
						Vintany	40 »	2.400
	Smadja	15 avril 1904.	100 »	1.000 » »	50 » »	Rotro	2 »	120
						Lalona	3 »	180
						Vintany	2 »	120
	Rabe et consorts	7 sept. 1904.	200 »	2.000 » »	150 » »	Palissandre	5 »	500
						Rotro	30 »	1.800
						Lalona	10 »	600
						Vintany	20 »	1.200
	Ranaivo	18 déc. 1904.	11 »	110 » »	50 » »	Rotro	4 »	240
						Lalona	10 »	600
						Vintany	4 »	240
	TOTAL		959 90	9.599 45 »	800 » »		523 »	24.560
Maevatanàna	Cie Occid^le de Madagascar	22 mai 1904.	»	100.000 » »	Pendant l'année 1904 la Cie a exploité plusieurs forêts comprises dans sa concession de 100.000 hect.	Ébène	5 »	900
						Bois de chauffage	1.000 »	3.000
	TOTAL		»	100.000 » »	»		1.005 »	3.900
Vohémar	Société forestière de Vinanibé	1899.	500 »	5.000 » »	5.000 » »	Ébène	50 »	6.750
						Palissandre	40 »	4.000
						Bois de rose	1 »	70
						Hintsy, Rotro, Nato, Lalona	5 »	300
	Héritiers Cayeux	Juillet 1901.	1.500 »	15.000 » »	15.000 » »	»	»	»
	Brunox	14 mars 1902.	(gratuit.)	5.000 » »	5.000 » »	Ébène	170 »	23.000
						Hintsy	180 »	10.800
	Tsialefitra	Février 1904.	100 »	1.000 » »	1.000 » »	Ébène	44 500	6.000
	Guinet Édouard	16 août 1904.	100 »	1.000 » »	1.000 » »	Ébène	40 »	5.400
						Hintsy	0 800	100
	Schneider	15 sept. 1904	30 »	300 » »	100 » »	Palétuviers	1.200 »	15.000
	Maigrot à Irantongeny	Sept. 1904.	300 »	3.000 » »	3.000 » »	Ébène	145 919	19.700
						Palissandre	15 »	1.500
						Hintsy	149 240	8.950
						Nato	11 820	700
						Tamataka	49 700	3.000
	TOTAL		2.530 »	30.300 » »	30.100 » »		2.402 979	105.270
	TOTAL GÉNÉRAL		8.966 40	204.040 06 68	41.143 49 50		30.381 063	736.828

N° 79 — ÉTAT RÉCAPITULATIF, PAR RÉGIONS

DES PERMIS DE COUPES DE BOIS ACCORDÉS PENDANT L'ANNÉE 1905

RÉGIONS	DÉSIGNATION DES TITULAIRES	NOMBRE des PERMIS ACCORDÉS	VOLUME DU BOIS COUPÉ	RECETTES EFFECTUÉES	OBSERVATIONS
			m.c. d.c.	fr. c.	
Région Septentrionale	Colons	19	30 »	1.508 50	
	Indigènes	»	»	»	
	Totaux	19	30 »	1.508 50	
Versant Est	Colons	198	1.016 800	3.125 15	
	Indigènes	182	761 895	890 35	
	Totaux	380	1.778 695	4.015 50	
— Ouest	Colons	63	1.768 260	350 »	
	Indigènes	409	6.148 900	2.244 40	
	Totaux	472	7.917 160	2.594 40	
Région Centrale	Colons	10	2.954 519	1.742 70	
	Indigènes	15	61 653	36 50	
	Totaux	25	3.016 172	1.779 20	
— Méridionale	Colons	33	4.475 »	612 75	
	Indigènes	»	»	»	
	Totaux	33	4.475 »	612 75	
Totaux partiels	Colons	323	10.244 579	7.339 10	
	Indigènes	606	6.972 448	3.171 25	
	Totaux généraux	929	17.217 027	10.510 35	

N° 80 — ÉTAT PAR PROVINCES

DES PERMIS TEMPORAIRES DE COUPE DE BOIS ACCORDÉS PENDANT L'ANNÉE 1905

CIRCONSCRIPTIONS	DÉSIGNATION DES TITULAIRES	NOMBRE des PERMIS ACCORDÉS	VOLUME APPROXIMATIF du bois coupé.	RECETTES EFFECTUÉES	OBSERVATIONS
			m.c. d.c.	fr. c.	
Diégo-Suarez	Colons	19	30 »	1.508 50	
	Indigènes	»	»	»	
	Totaux	19	30 »	1.508 50	
Vohémar	Colons	54	185 200	150 »	
	Indigènes	104	364 236	350 »	
	Totaux	158	549 436	500 »	
Betsimisaraka du Nord	Colons	5	9 »	25 50	
	Indigènes	8	10 500	18 50	
	Totaux	13	19 500	44 »	
Sainte-Marie	Colons	»	»	»	
	Indigènes	9	4 159	34 75	
	Totaux	9	4 159	34 75	
Betsimisaraka du Centre	Colons	17	40 »	73 65	
	Indigènes	36	180 »	200 »	
	Totaux	53	220 »	273 65	
Tamatave-Ville	Colons	»	»	»	
	Indigènes	»	»	»	
	Totaux	»	»	»	
Fetraomby	Colons	7	230 »	82 50	
	Indigènes	4	76 »	19 »	
	Totaux	11	306 »	101 50	
Beforona	Colons	1	22 »	100 »	
	Indigènes	2	2 »	4 90	
	Totaux	3	24 »	104 90	
Betanimena	Colons	9	100 »	112 »	
	Indigènes	5	50 »	137 10	
	Totaux	14	150 »	249 10	
Betsimisaraka du Sud	Colons	23	160 »	191 90	
	Indigènes	12	68 »	74 10	
	Totaux	35	228 »	266 »	

N° 80 — ÉTAT PAR PROVINCES

DES PERMIS TEMPORAIRES DE COUPE DE BOIS ACCORDÉS PENDANT L'ANNÉE 1905 (Suite.)

CIRCONSCRIPTIONS	DÉSIGNATION DES TITULAIRES	NOMBRE des PERMIS ACCORDÉS	VOLUME APPROXIMATIF du bois coupé.	RECETTES EFFECTUÉES	OBSERVATIONS
			m.c. d.c.	fr. c.	
Mananjary	Colons	46	195 »	1.482 40	
	Indigènes	1	6 »	40 »	
	Totaux	47	201 »	1.522 40	
Farafangana	Colons	36	75 600	907 20	
	Indigènes	1	1 »	12 »	
	Totaux	37	76 600	919 20	
Nossi-Bé	Colons	»	»	»	
	Indigènes	231	1.300 »	1.155 »	
	Totaux	231	1.300 »	1.155 »	
Analalava	Colons	36	135 260	215 »	
	Indigènes	39	159 »	170 »	
	Totaux	75	294 260	385 »	
Majunga	Colons	12	1.308 »	60 »	
	Indigènes	29	3.192 »	145 »	
	Totaux	41	4.500 »	205 »	
Maintirano	Colons	»	»	»	
	Indigènes	73	195 »	182 50	
	Totaux	73	195 »	182 50	
Maevatanàna	Colons	»	»	»	
	Indigènes	3	44 900	85 »	
	Totaux	3	44 900	85 »	
Morondava	Colons	4	200 »	0 20	
	Indigènes	24	1.143 »	456 90	
	Totaux	28	1.343 »	476 90	
Tuléar	Colons	11	125 »	55 »	
	Indigènes	10	115 »	50 »	
	Totaux	21	240 »	105 »	
Mandritsara	Colons	»	»	»	
	Indigènes	»	»	»	
	Totaux	»	»	»	

N° 80 — ÉTAT PAR PROVINCES

DES PERMIS TEMPORAIRES DE COUPE DE BOIS ACCORDÉS PENDANT L'ANNÉE 1905 (Suite et fin.)

CIRCONSCRIPTIONS	DÉSIGNATION DES TITULAIRES	NOMBRE des PERMIS ACCORDÉS	VOLUME APPROXIMATIF du bois coupé.	RECETTES EFFECTUÉES	OBSERVATIONS
			m.c. d.c.	fr. c.	
Angavo-Mangoro	Colons	9	2.942 019	1.730 70	
	Indigènes	14	61 003	35 90	
	TOTAUX	23	3.003 022	1.766 60	
Imerina-Nord	Colons	1	12 500	12 »	
	Indigènes	1	» 650	0 60	
	TOTAUX	2	13 150	12 60	
Itasy	Colons	»	»	»	
	Indigènes	»	»	»	
	TOTAUX	»	»	»	
Imerina-Centrale	Colons	»	»	»	
	Indigènes	»	»	»	
	TOTAUX	»	»	»	
Tananarive-Ville	Colons	»	»	»	
	Indigènes	»	»	»	
	TOTAUX	»	»	»	
Vakinankaratra	Colons	»	»	»	
	Indigènes	»	»	»	
	TOTAUX	»	»	»	
Ambositra	Colons	»	»	»	
	Indigènes	»	»	»	
	TOTAUX	»	»	»	
Fianarantsoa	Colons	»	»	»	
	Indigènes	»	»	»	
	TOTAUX	»	»	»	
Fort-Dauphin	Colons	33	4.475 »	612 75	
	Indigènes	»	»	»	
	TOTAUX	33	4.475 »	612 75	
Mahafaly	Colons	»	»	»	
	Indigènes	»	»	»	
	TOTAUX	»	»	»	
	TOTAUX GÉNÉRAUX	929	17.217 027	10.510 35	

XIV

INDUSTRIE MINIÈRE

N° 81 — TABLEAU DES PRINCIPALES RÉGIONS

DE PRODUCTION D'OR AVEC LE TOTAL DE LA PRODUCTION POUR CHAQUE RÉGION EN 1905

DÉSIGNATION DE LA RÉGION DE PRODUCTION	PRODUCTION EN OR k. gr. c.
Vallées de l'Amboasary, Sahandrambo, Fanantara, Sakaleona, Mananjary	605 372 42
Régions de Maevatanàna, vallées de l'Ikopa au Sud de cette ville	223 526 »
Régions du Betsiriry, vallées de la Mahajilo, Dabolava, basse Sakeny	189 754 70
Régions de la haute Ivohitra, Rianila et de la haute Ivondrona	159 114 78
Régions de Tsinivolovolo, Ankavandra et de la vallée de la Mananbolo	131 211 43
Bassins de la haute-Onive et de la Sahatorendrika (région de Tsinjoarivo)	112 020 32
Haute vallée du Faraony (District d'Ifanadiana)	108 009 16
Vallées de la Mahela, Belanitra (District de Beforona)	107 540 90
Régions du bas Mangoro, de la Sahantsio et de l'Ihosy (District de Mahanoro)	97 417 20
Régions de Tsaratanàna, vallées du Kamoro et de la Mahajamba	89 346 52
Haut bassin du Mananjary, vallée de la Fanindrona	81 852 64
Régions de la haute Mania	69 547 65
Régions de la Maningory et Fanifara (District de Fénérive)	69 412 »
Région de la haute Isandrano (District de Valalafotsy)	48 672 10
Région d'Andriamena et de la Mahabo	46 806 43
Vallées de la Sandrakazo et de la Vatovandana	34 796 60
Région d'Anosibe, vallées de la Manambolo et du haut Manampotsy	33 069 87
Vallées de la Manankazo et de la Marijao, affluents de l'Ikopa	27 582 50
Régions de la Manantanàna, de la Matitanàna et de la Manambava	27 506 68
Régions de la Nosivola et de la Sandramby (District de Marolambo)	20 806 73
Régions d'Antsevakely et Marovato	19 912 04
Régions de la Kalariana et du Kitsamby (à l'Ouest et Sud-Ouest d'Arivonimamo	15 949 44
Région d'Ikalamavony (bassins de la Manambovona et du Matsiatra)	12 184 30
Régions de la haute vallée de l'Onibe et de la Sahanavo	7 275 50
Régions de la Sahafehidra et de la Tanambalana (Nord de Maroantsetra)	4 462 50
Régions de Betafo, Antsirabe et Ilempona	3 557 »
Région d'Andramasina au Sud de Tananarive	2 934 92
Région du Mananara (à l'Ouest de Vangaindrano)	2 004 75
Région de la Zomandao et de Sahamailaka (au Sud-Ouest d'Ingara)	1 791 20
Région de la Manambato et du haut bassin de la Loky	0 980 50
Régions de la Vato et de la Vodirandrana	0 787 50
Vallées de la Manantsatrana et du Soanierana	0 101 »

N° 82 — TABLEAU INDIQUANT LA PRODUCTION AURIFÈRE PAR CIRCONSCRIPTION ADMINISTRATIVE PENDANT LES ANNÉES 1904 ET 1905

CIRCONSCRIPTIONS ADMINISTRATIVES	PRODUCTION en 1904	PRODUCTION en 1905
	k. gr.	k. gr.
Province de Mananjary	508 »	565 158
Cercle de Maevatanàna	254 »	405 281
Province d'Ambositra	473 500	247 277
Cercle de Morondava (Secteur de Betsiriry)	196 500	194 624
Province de Vakinankaratra	121 »	148 219
Province de Betsimisaraka du Sud	321 »	147 073
Province de l'Itasy	174 »	145 486
District de Fetraomby	127 »	115 050
District de Beforona	65 500	127 661
Province de Betsileo	126 500	77 305
Province de Betsimisaraka du Centre	54 500	69 528
Province de l'Imerina du Nord	»	45 463
Province de l'Angavo-Mangoro	51 »	39 027
Province de Farafangana	»	21 336
Province de l'Imerina-Centrale	»	6 240
Province de Vohémar	»	5 194
Province de Betsimisaraka du Nord	»	0 295

N° 83 — TABLEAU FAISANT RESSORTIR LES NOMBRES DE POTEAUX-SIGNAUX DE RECHERCHE

1° POSÉS, 2° ACCEPTÉS PENDANT CHAQUE ANNÉE DE 1896 A 1905

ANNÉES	NOMBRE DE POTEAUX-SIGNAUX DÉCLARÉS POSÉS (OU DE DEMANDES DE PERMIS DE RECHERCHE)	NOMBRE DE POTEAUX-SIGNAUX ACCEPTÉS (OU PERMIS DE RECHERCHE DÉLIVRÉS)
1896	202	120
1897	217	128
1898	227	188
1899	127	89
1900	221	131
1901	322	200
1902	549	288
1903	1.133	553
1904	2.220	1.003
1905	2.042	820

N° 84 — TABLEAU INDIQUANT:

1° LES NOMBRES DE TITRES D'EXPLOITATION DE GISEMENTS AURIFÈRES, 2° LES SURFACES EXPLOITÉES PENDANT CHAQUE ANNÉE DE 1896 A 1905 INCLUS(*)

ANNÉES	NOMBRE DE TITRES D'EXPLOITATION	SURFACES EXPLOITÉES
		h. a. c.
1896	1	25 » »
1897	13	3.842 » »
1898	60	14.749 » »
1899	91	17.666 84 »
1900	178	15.055 29 »
1901	234	8.960 35 50
1902	224	72.199 81 25
1903	240	136.328 75 39
1904	261	164.864 33 81
1905	310	202.602 79 37

(*) Les quantités d'or extraites sont représentées, à peu de chose près, par les exportations dont le montant est indiqué dans les statistiques douanières.

N° 85 — TABLEAU FAISANT RESSORTIR LA MARCHE DES RECHERCHES DES MINES AUTRES QUE LES MINES D'OR, DE MÉTAUX PRÉCIEUX ET DE PIERRES PRÉCIEUSES PENDANT L'ANNÉE 1905

SITUATION AU 1er JANVIER 1905	SUITE DONNÉE EN 1905	SITUATION AU 1er JANVIER 1906
3 déclarations de bornage à l'étude	1 acceptée et reste au 1er janvier 1906. 2 refusées.	
18 — — acceptées	8 restant au 1er janvier 1906. 10 disparues.	
20 permis de recherche en attente d'utilisation	14 inutilisés. 6 utilisés pour 6 déclarations parvenues en 1905.	

EXERCICE 1905

		6 déclarations faites en vertu de permis de 1904.	
		11 déclarations faites sans permis de recherche.	
97 permis de recherche délivrés	88 permis de recherche proprement dits	41 utilisés pour 41 déclarations parvenues en 1905.	
		Total des déclarations parvenues en 1905 : 58 — 20 refusées.	
		24 restent à l'étude.	24 déclarations de bornage à l'étude.
		14 acceptées : 2 disparues en 1905 ; 12 restent au 1er janvier 1906.	21 — — acceptées.
		47 en attente d'utilisation au 1 janvier 1906.	48 permis de recherche en attente d'utilisation.
	9 renouvellements de permis de recherche.		

N° 86 — TABLEAU FAISANT RESSORTIR LA MARCHE DES CONCESSIONS DES MINES, AUTRES QUE LES MINES D'OR, DE MÉTAUX PRÉCIEUX ET DE PIERRES PRÉCIEUSES PENDANT L'ANNÉE 1905

SITUATION AU 1er JANVIER 1905	EXERCICE 1905	SITUATION AU 1er JANVIER 1906
Nombre des titulaires de concessions (5 européens et 3 indigènes) 8	Nombre de titres de concessions disparus 4	Nombre de titulaires de concessions (2 européens et 2 indigènes) 4
Nombre de titres de concessions (6 à des européens et 3 à des indigènes) 9	Titres de concessions ayant fait l'objet de réduction de surface 2	Nombre de titres de concessions (3 à des européens et 2 à des indigènes) 5
Surface totale correspondante .... h. a. c. 6.780 52 33	Superficie totale correspondante (des concessions abandonnées ou réduites) ... h. a. c. 4.415 93 03	Superficie totale correspondante ...... h. a. c. 2.364 59 30
	P. M. — Titre de concessions délivré ...... Néant	

XV

MOYENS DE TRANSPORT

N° 87 — ÉTAT RÉCAPITULATIF DES BÊTES DE SOMME, DE TRAIT OU DE SELLE EXISTANT A MADAGASCAR AU 1er JANVIER 1906 (SERVICES MILITAIRES NON COMPRIS)

DÉSIGNATION	CHEVAUX	JUMENTS	MULETS	ANES	ANESSES	BŒUFS PORTEURS	BŒUFS DE TRAIT	TOTAL
Services publics non militaires	5	5	101	5	2	»	82	200
Particuliers indigènes................	192	410	104	46	35	1.223	1.694	3.704
Particuliers non indigènes	208	59	337	144	143	155	1.571	2.617
Totaux..............	405	474	542	195	180	1.378	3.347	6.521

N° 88 — ÉTAT PAR PROVINCES

DES BÊTES DE SOMME, DE TRAIT OU DE SELLE AU 1ER JANVIER 1906 (SERVICES MILITAIRES NON COMPRIS)

PROVINCES	CHEVAUX	JUMENTS	MULETS	ANES	ANESSES	BŒUFS PORTEURS	BŒUFS DE TRAIT	TOTAUX
Diégo-Suarez	10	1	110	4	»	578	580	1.283
Vohemar	»	»	2	3	4	584	»	593
Betsimisaraka du Nord	»	»	»	1	»	»	12	13
Sainte-Marie	1	»	1	»	1	1	»	4
Betsimisaraka du Centre	1	»	2	5	1	»	28	37
Tamatave-Ville	15	4	19	8	3	1	6	56
Fetraomby	1	»	1	»	»	»	»	2
Beforona	2	»	34	2	»	»	28	66
Betanimena	2	2	11	1	»	»	109	125
Betsimisaraka du Sud	5	6	11	1	3	2	16	43
Mananjary	11	4	9	2	3	2	»	31
Farafangana	»	»	5	»	1	5	»	11
Nossi-Bé	9	6	15	12	8	20	161	231
Analalava	»	»	3	»	2	22	4	31
Majunga	12	»	26	6	1	19	220	284
Maintirano	1	»	1	»	»	3	6	11
Maevatanàna	3	»	26	2	»	11	518	560
Morondava	1	»	7	3	5	5	19	40
Tuléar	11	2	9	2	1	10	»	35
Mandritsara	1	»	2	1	»	17	»	21
Angavo-Mangoro	13	1	33	11	7	6	187	258
Imerina-Nord	6	»	5	1	»	43	482	537
Itasy	13	5	10	3	9	37	»	77
Imerina-Centrale	87	282	54	22	18	4	641	1.108
Tananarive-Ville	67	29	41	18	8	»	189	352
Vakinankaratra	37	61	23	13	25	6	»	165
Ambositra	37	38	13	15	72	1	14	190
Fianarantsoa	57	33	36	58	8	1	13	206
Fort-Dauphin	1	»	31	1	1	»	112	146
Mahafaly	1	»	2	»	»	»	2	5
TOTAUX	405	474	542	195	180	1.378	3.347	6.521

ÉTAT DES BÊTES DE SOMME, TRAIT OU SELLE

N° 89 — ÉTAT DÉTAILLÉ PAR PROVINCES, DES BÊTES DE SOMME, DE TRAI[T]

PROVINCES	SERVICES PUBLICS NON MILITAIRES								PARTICULIER[S]			
	CHEVAUX	JUMENTS	MULETS	ANES	ANESSES	BŒUFS porteurs.	BŒUFS de trait.	TOTAL	CHEVAUX	JUMENTS	MULETS	ANES
Diégo-Suarez	»	»	4	»	»	»	6	10	»	»	11	»
Vohémar	»	»	»	»	»	»	»	»	»	»	»	1
Betsimisaraka du Nord	»	»	»	»	»	»	»	»	»	»	»	»
Sainte-Marie	»	»	»	»	»	»	11	11	»	»	»	»
Betsimisaraka du Centre	»	»	»	»	»	»	»	»	»	»	»	»
Tamatave-Ville	»	»	4	»	»	»	»	4	»	»	»	»
Fetraomby	»	»	»	»	»	»	»	»	»	»	»	»
Beforona	»	»	30	»	»	»	»	30	»	»	»	»
Betanimena	»	»	»	»	»	»	»	»	1	»	1	1
Betsimisaraka du Sud	»	»	»	»	»	»	»	»	»	»	»	»
Mananjary	»	»	»	»	»	»	»	»	»	»	1	»
Farafangana	»	»	»	»	»	»	»	»	»	»	2	»
Nossi-Bé	1	»	3	2	»	»	15	21	»	»	»	1
Analalava	»	»	»	»	»	»	»	»	»	»	»	»
Majunga	»	»	2	»	»	»	24	26	1	»	»	»
Maintirano	»	»	»	»	»	»	»	»	»	»	»	»
Maevatanàna	»	»	»	»	»	»	»	»	»	»	»	»
Morondava	»	»	»	»	»	»	»	»	»	»	2	2
Tuléar	»	»	1	»	»	»	»	1	»	»	4	»
Mandritsara	»	»	»	»	»	»	»	»	1	»	2	1
Andavo-Mangoro	»	»	20	»	»	»	»	29	10	1	2	9
Imerina-Nord	»	»	»	»	»	»	11	11	3	»	3	»
Itasy	»	»	»	»	»	»	»	»	9	5	7	»
Imerina-Centrale	»	»	14	1	»	»	15	30	74	270	18	17
Tananarive-Ville	4	5	3	2	2	»	»	16	24	16	19	4
Vakinankaratra	»	»	»	»	»	»	»	»	23	52	9	3
Ambositra	»	»	»	»	»	»	»	»	23	38	3	»
Fianarantsoa	»	»	1	»	»	»	»	1	23	28	20	7
Fort-Dauphin	»	»	»	»	»	»	»	»	»	»	»	»
Mahafaly	»	»	»	»	»	»	»	»	»	»	»	»
TOTAUX	5	5	91	5	2	»	82	190	192	410	104	46

OU DE SELLE, AU 1er JANVIER 1906 (SERVICES MILITAIRES NON COMPRIS)

NDIGÈNES				PARTICULIERS NON INDIGÈNES								TOTAL GÉNÉRAL	OBSERVATIONS
ANESSES	BŒUFS porteurs.	BŒUFS de trait.	TOTAL	CHEVAUX	JUMENTS	MULETS	ANES	ANESSES	BŒUFS porteurs.	BŒUFS de trait.	TOTAL		
»	524	422	957	10	1	95	4	»	54	152	316	1.283	
»	539	»	540	»	»	2	2	4	45	»	53	593	
»	»	»	»	»	»	»	1	»	»	1	2	13	
»	»	»	»	1	»	1	»	1	1	»	4	4	
»	»	»	»	1	»	2	5	1	»	28	37	37	
»	»	»	»	15	4	15	8	3	1	6	52	56	
»	»	»	»	1	»	1	»	»	»	»	2	2	
»	»	»	»	2	»	4	2	»	»	28	36	66	
»	»	52	55	1	2	10	»	»	»	57	70	125	
»	»	»	»	5	6	11	1	2	2	16	43	43	
»	1	»	2	11	4	8	2	3	1	»	29	31	
1	4	»	7	»	»	3	»	»	1	»	4	11	
»	18	110	129	8	6	12	9	8	2	36	81	231	
»	14	»	14	»	»	3	»	2	8	4	17	31	
»	1	6	8	11	»	24	6	1	18	190	250	284	
»	2	»	2	1	»	1	»	»	1	6	9	11	
»	11	60	71	3	»	26	2	»	»	458	489	560	
5	5	»	14	1	»	5	1	»	»	19	26	40	
»	»	»	4	11	2	4	2	1	10	»	30	35	
»	7	»	11	»	»	»	»	»	10	»	10	21	
7	6	93	128	3	»	2	2	»	»	94	101	258	
»	42	259	307	3	»	2	1	»	1	212	219	537	
»	37	»	58	4	»	3	3	9	»	»	19	77	
12	4	546	941	13	12	22	4	6	»	80	137	1.108	
6	»	141	210	39	8	19	12	»	»	48	126	352	
2	6	»	95	14	9	14	10	23	»	»	70	165	
»	1	»	65	14	»	10	15	72	»	14	125	190	
1	1	5	85	34	5	15	51	7	»	8	120	206	
1	»	»	1	1	»	31	1	»	»	112	145	146	
»	»	»	»	1	»	2	»	»	»	2	5	5	
35	1.223	1.694	3.704	208	59	347	144	143	155	1.571	2.627	6.521	

N° 90 — ÉTAT GÉNÉRAL DES VÉHICULES

EXISTANT A MADAGASCAR AU 1er JANVIER 1906 (SERVICES MILITAIRES NON COMPRIS)

DÉSIGNATION	CHARRETTES					POUSSE-POUSSES	BICYCLETTES	VOITURES DE LUXE	AUTOMOBILES	TOTAL
	À CHEVAL	À BŒUF	À MULET	À ÂNE	À BRAS					
Services publics non militaires	2	37	24	1	70	25	36	11	17	223
Particuliers indigènes	3	564	20	1	453	66	250	11	»	1.368
Particuliers non indigènes	38	904	104	18	1.502	322	294	62	6	3.250
TOTAUX	43	1.505	148	20	2.025	413	580	84	23	4.841

N° 91 — ÉTAT PAR PROVINCES

DES VÉHICULES EXISTANT DANS LA COLONIE AU 1ER JANVIER 1906 (SERVICES MILITAIRES NON COMPRIS)

PROVINCES	CHARRETTES					POUSSE-POUSSES	BICYCLETTES	VOITURES DE LUXE	AUTOMOBILES	TOTAL	OBSERVATIONS
	A CHEVAL	A BŒUF	A MULET	A ÂNE	A BRAS						
Diégo-Suarez	»	260	43	2	»	54	18	8	»	385	
Vohemar	»	9	»	»	4	2	2	»	»	17	
Betsimisaraka du Nord	»	4	»	1	»	»	»	»	»	5	
Sainte-Marie	»	»	»	»	3	»	2	1	»	6	
Betsimisaraka du Centre	»	4	»	»	»	2	»	3	»	9	
Tamatave-Ville	»	3	13	»	50	124	105	10	»	305	
Fetraomby	1	»	»	»	»	»	5	»	»	6	
Beforona	»	5	5	»	21	»	4	2	»	37	
Betanimena	»	30	6	1	80	16	30	1	»	164	
Betsimisaraka du Sud	»	6	4	1	2	2	6	1	»	22	
Mananjary	»	»	»	»	51	3	15	5	»	74	
Farafangana	»	»	»	»	»	2	2	»	»	4	
Nossi-Bé	»	54	»	»	5	1	11	6	»	77	
Analalava	»	2	»	»	3	»	3	»	»	8	
Majunga	6	83	7	2	10	18	28	»	»	163	
Maintirano	»	1	»	»	»	»	2	»	»	3	
Maevatanàna	»	234	»	»	8	3	5	1	»	251	
Morondava	»	16	»	»	»	»	»	1	»	17	
Tuléar	1	10	2	»	3	1	2	»	»	19	
Mandritsara	»	»	»	»	»	»	»	»	»	»	
Angavo-Mangoro	»	80	22	1	228	38	25	8	»	402	
Imerina-Nord	3	215	»	»	50	3	6	3	»	280	
Itasy	»	»	»	»	16	2	2	»	»	20	
Imerina-Centrale	3	295	11	2	149	15	63	»	»	543	
Tananarive-Ville	25	156	30	5	827	73	177	10	23	1.326	
Vakinankaratra	3	3	»	2	31	1	13	4	»	57	
Ambositra	»	3	»	»	9	6	13	4	»	35	
Fianarantsoa	»	10	5	3	466	45	38	11	»	578	
Fort-Dauphin	»	21	»	»	»	2	3	»	»	26	
Mahafaly	1	1	»	»	»	»	»	»	»	2	
TOTAUX	43	1.505	148	20	2.025	413	580	84	23	4.841	

N° 92 — ÉTAT DÉTAILLÉ, PAR PROVINCES, DES VÉHICULES AU 1er JANVIER 1906 (SERVICES MILITAIRES NON COMPRIS)

PROVINCES	SERVICES PUBLICS NON MILITAIRES — Charrettes					[illegible]	[illegible]	Voitures de luxe	[illegible]	Total	PARTICULIERS INDIGÈNES — Charrettes					[illegible]	[illegible]	Voitures de luxe	[illegible]	Total	PARTICULIERS NON INDIGÈNES — Charrettes					[illegible]	[illegible]	Voitures de luxe	[illegible]	Total	TOTAL GÉNÉRAL
Diégo-Suarez	»	5	»	»	»	»	»	»	»	5	»	30	1	»	»	»	»	»	»	40	»	216	62	2	»	54	18	8	»	350	385
Vohémar	»	»	»	»	»	»	»	»	»	»	»	3	»	»	»	»	»	»	»	3	»	6	»	»	5	2	2	»	»	14	17
Betsimisaraka du Nord	»	4	»	»	1	»	»	»	»	5	»	»	»	»	»	»	»	»	»	»	»	»	»	1	»	»	»	»	»	1	5
Sainte-Marie	»	»	»	»	2	»	»	»	»	2	»	»	»	»	»	»	»	»	»	»	»	»	»	»	1	»	2	1	»	4	6
Betsimisaraka du Centre	»	»	»	»	»	»	»	»	»	»	»	»	»	»	»	»	»	»	»	»	»	5	»	»	»	2	»	3	»	8	9
Tamatave-Ville	»	»	3	»	»	4	»	»	»	7	»	»	»	»	»	»	»	»	»	»	»	3	10	»	50	120	105	10	»	298	305
Fetraomby	»	»	»	»	»	»	»	»	»	»	»	»	»	»	»	»	»	»	»	»	1	»	»	»	»	»	5	»	»	6	6
Beforona	»	»	4	»	4	»	»	1	»	9	»	»	»	»	2	»	2	»	»	4	»	5	1	»	15	»	2	1	»	24	37
[illegible]	»	»	1	»	13	3	1	»	»	17	»	»	»	»	7	2	3	»	»	12	»	30	5	1	60	12	20	1	»	135	164
Betsimisaraka du Sud	»	»	»	»	»	»	»	»	»	»	»	»	»	»	»	»	»	»	»	»	»	6	4	1	2	2	6	1	»	22	22
Mananjary	»	»	»	»	11	»	»	»	»	11	»	»	»	»	»	»	5	»	»	5	»	»	»	»	40	3	10	5	»	58	74
Farafangana	»	»	»	»	»	»	»	»	»	»	»	»	»	»	»	»	»	»	»	»	»	»	»	»	»	2	2	»	»	4	4
Nossi-Bé	»	7	»	»	»	»	»	»	»	7	»	»	»	»	2	»	1	»	»	3	»	47	»	»	3	1	10	6	»	67	77
Analalava	»	»	»	»	»	»	»	»	»	»	»	»	»	»	»	»	»	»	»	»	»	2	»	»	3	»	3	»	»	8	8
Majunga	1	8	1	»	1	»	»	»	»	11	»	3	»	»	»	»	4	»	»	7	5	72	6	2	18	18	25	»	»	145	163
Maintirano	»	»	»	»	»	»	»	»	»	»	»	»	»	»	»	»	»	»	»	»	»	1	»	»	»	»	2	»	»	3	3
Maevatanana	»	»	»	»	4	3	»	»	»	7	»	30	»	»	»	»	»	»	»	30	»	204	»	»	4	»	5	1	»	214	251
Morondava	»	»	»	»	»	»	»	»	»	»	»	»	»	»	»	»	»	»	»	»	»	16	»	»	»	»	»	1	»	17	17
Tuléar	1	1	»	»	»	»	»	»	»	2	»	»	»	»	»	»	»	»	»	»	»	9	2	»	3	1	2	»	»	17	19
Mandritsara	»	»	»	»	»	»	»	»	»	»	»	»	»	»	»	»	»	»	»	»	»	»	»	»	»	»	»	»	»	»	»
Angavo-Mangoro	»	»	22	»	11	10	3	7	»	53	»	54	»	»	27	8	8	»	»	97	»	50	»	1	190	20	12	1	»	250	402
Imerina-Nord	»	7	»	»	»	2	3	»	»	12	1	113	»	»	»	»	2	3	»	119	2	95	»	»	50	1	1	»	»	149	280
Itasy	»	»	»	»	5	»	»	»	»	5	»	»	»	»	»	»	2	»	»	2	»	»	»	»	12	2	»	»	»	14	20
Imerina-Centrale	»	2	3	1	4	»	»	»	»	10	2	238	1	»	76	8	45	3	»	373	1	55	7	1	60	7	18	2	»	160	543
Tananarive-Ville	»	1	»	»	5	4	27	3	17	57	»	82	18	1	113	18	110	1	»	352	25	73	12	4	709	50	31	6	6	917	1.326
Vakinankaratra	»	1	»	»	1	»	»	»	»	2	»	2	»	»	21	»	11	»	»	34	3	»	»	2	9	1	2	4	»	21	57
Ambositra	»	»	»	»	»	»	»	»	»	»	»	»	»	»	6	5	13	»	»	23	»	3	»	»	3	2	»	4	»	12	35
Fianarantsoa	»	1	»	»	10	»	»	»	»	11	»	»	»	»	100	20	34	4	»	163	»	9	5	3	277	10	4	7	»	302	476
Fort-Dauphin	»	»	»	»	»	»	»	»	»	»	»	»	»	»	»	»	1	»	»	1	»	21	»	»	»	2	2	»	»	25	26
Mahafaly	»	»	»	»	»	»	»	»	»	»	»	»	»	»	»	»	»	»	»	»	1	1	»	»	»	»	»	»	»	2	2
Totaux	2	37	35	1	70	25	36	11	17	234	5	585	20	1	453	86	350	11	»	1.368	38	904	94	18	1.502	322	294	62	6	3.240	4.481

XVI

COMMERCE ET NAVIGATION

N° 93 — ÉTAT DU COMMERCE GÉNÉRAL EXTÉRIEUR

(IMPORTATIONS ET EXPORTATIONS RÉUNIES) DE MADAGASCAR DE 1896 A 1905

1896	1897	1898	1899	1900	1901	1902	1903	1904	1905
fr. c.	fr. c.	fr. c.	fr. c.	fr. c.	fr. c.	fr. c.	fr. c.	fr. c.	fr. c.
17.593.882.71	22.701.350 »	26.602.366 »	35.963.022 64	51.094.682 »	55.008.232 »	55.433.476 »	49.578.290 »	45.776.848 »	53.752.404 »

N° 94 — ÉTAT DES IMPORTATIONS GÉNÉRALES DE 1896 A 1905, EXPRIMÉES A LA VALEUR

1896	1897	1898	1899	1900	1901	1902	1903	1904	1905
fr. c.	fr. c.	fr. c.	fr. c.	fr. c.	fr. c.	fr. c.	fr. c.	fr. c.	fr. c.
13.987.931 11	18.358.918 »	21.627.817 12	27.916.614 41	40.470.813 »	46.032.759 »	42.280.036 »	33.107.171 »	26.419.384 »	31.198.410 »

N° 95 — ÉTAT DES EXPORTATIONS GÉNÉRALES DE 1896 A 1905, EXPRIMÉES A LA VALEUR

1896	1897	1898	1899	1900	1901	1902	1903	1904	1905
fr. c.	fr. c.	fr. c.	fr. c.	fr. c.	fr. c.	fr. c.	fr. c.	fr. c.	fr. c.
3.605.951 60	4.342.432 »	4.974.548 67	8.046.408 23	10.623.869 »	8.975.473 »	13.444.440 »	16.471.128 »	19.357.404 »	22.553.994 »

N° 96 — ÉTAT DES PRINCIPAUX PRODUITS IMPORTÉS DE 1896 A 1905

DÉSIGNATION DES PRODUITS	1896	1897	1898	1899	1900	1901	1902	1903	1904	1905
	francs.	francs.	francs.	francs.	francs.	francs.	francs.	francs.	francs.	francs.
Tissus de coton	6.616.441	7.014 385	7.501.467	8.840.862	10.402.056	11.944.764	11.122.592	10.999.141	7.224.955	13.173.223
Vins ordinaires	431.080	1.018.724	1.164.341	2.171.653	2.316.440	2.542.535	2.578.062	2.084.837	2.061.335	1.936.663
Alcools divers	703.936	386.004	779.412	1.685.688	2.656.386	1.867.419	1.601.309	1.394.152	804.207	851.254
Riz	389.942	751.899	1.050.458	813.621	1.903.653	5.640.638	3.187.702	766.549	1.600.929	895.620
Farine de froment	247.607	257.502	442.344	1.247.110	1.010.557	1.584.128	1.107.621	904.158	1.088.562	1.014.953
Viandes salées ou conservées	166.202	143.059	103.316	197.061	303.448	455.435	300.276	197.813	102.838	136.000
Bimbeloterie	143.023	116.382	179.564	353.875	303.097	303.253	264.359	247.548	336.618	498.364
Houille	»	539.051	435.318	176.368	1.501.072	957.999	999.343	600.184	955.867	310.910
Bois bruts ou sciés	107.815	274.526	490.312	230.154	842.208	872.236	1.507.063	185.682	69.159	95.130
Sucre	41.684	152.504	258.514	365.899	493.681	540.739	633.538	388.217	435.421	391.403
Pétrole	23.024	115.966	121.203	170.012	271.232	422.520	352.138	248.232	448.560	320.876
Vins de Champagne et mousseux	145.857	138.112	173.291	247.377	358.929	409.637	401.433	367.610	232.533	228.175
Tabacs fabriqués	141.093	178.464	126.162	203.387	298.689	329.308	354.200	323.733	231.820	271.697
Ouvrages en bois	5.522	83.340	128.739	127.534	1.675.587	376.255	363.473	188.938	66.816	109.051
Savons autres que de parfumerie	41.201	97.321	249.342	»	493.961	421.527	211.882	206.649	208.836	286.724
Café	7.937	61.331	70.534	174.117	259.575	254.345	208.160	272.033	121.553	99.145
Bière	86.918	161.359	157.276	215.365	345.691	333.886	429.538	382.075	231.857	277.034
Liqueurs	111.340	88.367	312.842	182.525	226.244	172.554	124.928	138.441	86.814	74.675
Ferronnerie	100.190	145.168	63.229	233.897	528.121	1.138.913	616.348	399.357	408.141	579.750
Tissus de laine	228.305	56.163	120.253	104.035	280.555	268.673	212.278	187.419	102.114	148.333
Bougies	25.824	93.209	98.040	169.163	204.216	316.191	271.788	300.018	167.815	193.602
Biscuits sucrés	116.724	69.856	40.190	105.138	130.542	127.879	160.054	124.043	77.497	107.224
Articles de ménage	81.096	263.109	340.540	420.838	528.011	661.050	427.517	349.712	330.094	342.338
Légumes salés ou conservés	52.806	65.609	120.192	195.325	299.265	259.129	258.632	223.164	134.844	151.697
Outils en fer de toute sorte	9.268	48.972	160.170	203.651	390.290	399.350	344.468	252.637	175.584	192.592
Vêtements confectionnés	66.402	145.197	318.178	492.066	887.496	510.407	241.018	330.552	155.869	197.972
Autres marchandises	3.895.794	5.893.279	6.622.590	8.589.895	11.468.911	12.921.929	14.009.316	11.044.277	8.558.737	8.313.108
TOTAUX	13.987.931	18.358.918	21.627.817	27.916.616	40.470.813	46.032.759	42.289.036	33.107.171	26.419.384	34.198.410

N° 97 — ÉTAT DES PRINCIPAUX PRODUITS EXPORTÉS DE 1896 A 1905

DÉSIGNATION DES PRODUITS	1896	1897	1898	1899	1900	1901	1902	1903	1904	1905
	francs.	francs.	francs.	francs.	francs.	francs.	francs.	francs.	francs.	francs.
Bœufs	407.190	547.335	653.604	842.719	1.155.840	812.135	4.401.250	2.475.185	1.108.355	1.076.820
Caoutchouc	1.325.329	1.101.200	1.290.028	2.213.149	1.831.800	667.480	545.630	2.581.439	3.842.106	4.840.926
Raphia	684.273	593.344	561.202	1.522.077	2.040.734	1.955.706	1.039.150	1.838.368	2.077.997	2.377.820
Cire	306.364	502.881	382.782	525.569	507.800	649.730	789.519	556.018	682.070	994.396
Peaux	106.891	260.240	632.002	786.127	521.353	762.507	692.841	1.149.985	2.221.954	3.710.550
Vanille	59.093	171.965	113.495	140.846	220.670	160.015	302.108	206.613	472.314	465.492
Or	112.206	213.612	338.521	1.070.825	3.587.917	2.299.676	3.880.695	5.856.778	7.692.949	6.874.961
Girofles	»	48.147	16.380	16.055	64.835	26.711	27.283	70.999	104.410	86.915
Riz	61.843	41.658	124.071	79.881	23.786	21.230	16.884	33.493	62.520	213.845
Légumes secs	»	23.544	127.629	214.477	245.462	197.955	374.770	283.773	248.604	501.231
Crin végétal	47.400	»	21.876	18.881	73.533	36.453	12.751	27.290	4.030	44.105
Bois d'ébénisterie	76.262	34.319	114.190	70.220	42.285	111.544	263.058	564.754	369.734	217.090
Bois équarris ou sciés	»	42.844	16.270	1.245	1.005	17.465	34.664	90.626	15.225	71.949
Sacs vides	22.845	16.914	35.804	13.613	52.030	10.750	19.420	36.575	32.840	7.890
Rabanes	8.486	2.716	48.511	64.473	7.581	5.212	7.412	6.695	10.875	47.567
Poissons secs ou salés	»	3.336	23.286	8.380	1.300	»	»	»	»	25.725
Écailles de tortue	»	»	60.281	70.562	68.806	55.497	70.955	89.654	99.570	119.229
Autres marchandises	387.769	738.377	414.617	387.309	177.108	185.407	666.050	2.015.773	611.311	877.474
Totaux	3.005.951	4.342.432	4.974.549	8.046.408	10.623.869	8.975.473	13.144.440	17.884.018	19.357.464	22.553.994

N° 98 — ÉTAT STATISTIQUE DE LA NAVIGATION DANS LES PORTS DE MADAGASCAR DE 1897 A 1905

ANNÉES	Mouvement des rades			Nationalité des navires										Tonnage de jauge			Nombre de passagers		
				Entrées					Sorties										
	Entrées	Sorties	Totaux	Français	Anglais	Allemand	Indien	Autres pavillons	Français	Anglais	Allemand	Indien	Autres pavillons	Entrées	Sorties	Totaux	Arrivants	Partants	Totaux
														t. k°	t. k°	t. k°			
1897	3.961	4.013	7.974	2.074	1.470	100	152	150	2.091	1.401	90	157	205	827.534 166	801.630 040	1.629.169 206	20.809	24.069	45.[illegible]
1898	6.265	6.229	12.494	3.745	2.145	101	194	81	3.765	2.140	102	176	186	887.830 748	861.875 708	1.709.712 456	29.929	24.074	44.063
1899	6.080	6.716	13.896	4.649	1.865	83	50	57	4.616	1.901	84	62	52	873.449 830	878.750 230	1.752.200 060	23.788	27.375	51.163
1900	6.400	6.423	12.823	4.354	1.830	85	43	82	4.387	1.850	85	35	58	1.010.951 »	1.008.011 »	2.018.962 »	26.025	35.309	61.424
1901	6.713	6.727	13.440	4.900	1.552	118	75	68	4.916	1.561	124	75	62	1.228.641 792	1.230.320 252	2.458.962 044	20.747	32.649	59.396
1902	6.357	6.382	12.739	4.530	1.460	118	99	141	4.563	1.509	116	95	150	1.364.860 »	1.352.702 »	2.717.362 »	28.120	30.685	58.805
1903	6.468	6.464	12.932	4.387	1.783	109	65	124	4.366	1.787	110	74	127	1.209.955 »	1.231.821 »	2.441.766 »	27.732	26.093	53.825
1904	6.883	6.857	13.740	4.277	2.260	80	42	209	5.242	2.271	88	44	212	1.119.886 »	1.109.076 »	2.228.962 »	24.748	25.805	50.647
1905	6.471	6.453	12.924	4.277	1.858	106	45	185	4.245	1.842	104	43	170	1.198.177 »	1.189.568 »	2.387.745 »	21.698	23.092	44.790
1906	»	»	»	»	»	»	»	»	»	»	»	»	»	»	»	»	»	»	»

N° 99 — RELEVÉ DES IMPORTATIONS PAR PAVILLONS DE 1896 A 1905

PAVILLONS	1896	1897	1898	1899	1900	1901	1902	1903	1904	1905
	francs	francs	francs	francs	francs	francs	francs	francs	francs	francs
Français	7.218.527 64	11.575.129 29	19.446.500	26.557.202 52	37.040.929	41.507.604	35.900.463	30.509.301	23.801.140	28.831.362
Anglais	5.874.453 29	5.230.135 11	475.261	175.901 25	1.558.997	1.624.665	2.828.297	601.218	1.304.332	936.200
Allemand	580.835 15	1.113.341 75	562.443	765.410 40	830.380	1.338.272	1.701.236	1.185.303	768.034	1.243.900
Indien	»	281.676 87	336.477	95.122 32	272.298	358.486	333.814	127.057	213.730	78.174
Norvégien	187.001 00	37.600 »	30.500	207 »	155.400	900.816	1.177.861	206.800	»	»
Arabe	43.525 »	600 »	205.150	»	»	»	»	»	»	»
Danois	53.178 50	»	»	»	»	»	»	»	»	»
Suédois	47.738 75	»	»	»	»	»	»	»	»	»
Américain	28.055 88	»	»	»	»	»	»	»	»	»
Autres pavillons	8.065 48	113.205 00	581.500	323.701 92	22.400	313.020	287.305	288.502	69.214	189.315
Totaux	13.987.983 11	18.336.918 »	21.627.817	27.910.611 41	40.470.813	46.032.739	42.289.030	33.107.171	26.410.885	31.198.410

N° 100 — ÉTAT DES EXPORTATIONS PAR PAVILLONS DE 1896 A 1905

PAVILLONS	1896	1897	1898	1899	1900	1901	1902	1903	1904	1905
	fr. c.	fr. c.	francs	francs	francs	francs	francs	francs	francs	francs
Français	1.724.898 50	2.336.879 33	3.464.120	6.478.760	8.074.019	7.132.626	8.448 600	13.700.553	10.963.085	19.541.195
Anglais	1.504.964 40	826.949 04	349.015	511.963	252.287	381.260	2.338.090	1.795.958	461.271	638.464
Allemand	253.909 70	1.101.653 95	930.390	801.730	1.290.847	1.417.847	1.088.071	1.860.887	1.700.858	1.806.727
Norvégien	73.526 »	»	19.200	»	»	»	»	»	»	»
Arabe	18.053 »	»	52.000	»	»	»	»	»	»	»
Indien	»	34.237 29	»	»	»	»	»	»	33.731	40.103
Autres pavillons	»	23.712 39	100.218	253.089	114.716	43.790	268.701	114.230	102.309	558.455
Totaux	3.605.954 60	4.342.432 »	4.074.549	8.045.408	10.023.869	8.975.573	12.144.460	16.471.128	19.357.464	22.533.994

N° 101 — RELEVÉ DU COMMERCE GÉNÉRAL PAR PAVILLONS DE 1896 A 1905

PAVILLONS	1896	1897	1898	1899	1900	1901	1902	1903	1904	1905
	fr. c.	fr. c.	francs	fr. c.	francs	francs	francs	francs	francs	francs
Français	8.953.920 15	13.212.108 53	22.910.712	31.655.988 80	46.613.998	58.050.320	54.309.072	43.399.854	40.824.175	48.372.550
Anglais	7.879.907 99	6.664.084 15	824.870	687.904 95	1.811.285	2.005.725	5.099.335	2.307.080	4.965.097	1.565.723
Allemand	884.786 85	2.216.662 68	1.492.833	1.567.149 09	2.147.250	2.756.119	3.917.268	3.056.280	2.475.812	3.109.077
Norvégien	260.987 »	37.600 »	98.700	207 »	185.800	900.810	1.177.861	204.800	»	»
Danois	53.178 56	317.115 10	»	»	»	»	»	»	»	»
Suédois	47.738 75	»	»	»	»	»	»	»	»	»
Arabe	39.158 »	600 »	257.750	»	»	»	»	»	»	»
Américain	38.955 88	»	»	»	»	»	»	»	»	»
Indien	»	»	320.377	94.122 33	272.290	358.986	343.816	127.057	249.681	127.279
Autres pavillons	8.065 48	135.917 48	741.518	577.090 47	134.316	316.706	306.126	402.622	201.783	567.760
Totaux	17.594.882 71	22.701.350 »	28.008.366	35.983.022 64	51.099.082	63.008.232	64.533.570	49.578.290	45.730.868	53.742.409

N° 102 — RELEVÉ DES IMPORTATIONS PAR PORTS DE 1896 A 1905

NOMS DES PORTS	1896	1897	1898	1899	1900	1901	1902	1903	1904	1905
	fr. c.	francs.	francs.	francs.	francs.	francs.	francs.	francs.	francs.	francs.
Diégo-Suarez	»	1.767.931	1.463.674	2.794.090	9.500.300	7.812.158	7.032.779	5.502.489	5.004.587	5.117.400
Vohémar	»	49.733	93.087	221.422	130.193	77.304	173.500	121.218	50.545	141.069
Antalaha	»	»	»	»	»	6.861		»	»	
Sainte-Marie	»	36.082	35.770	98.454	68.751	112.318	95.764	88.218	56.411	61.901
Tamatave	»	10.899.083	11.635.837	10.393.473	12.220.274	16.902.360	17.253.906	14.129.585	10.663.418	10.856.600
Andevorante	»	»	»	525	406.952	1.721.301	2.709.900	1.302.430	1.744.980	2.758.440
Vatomandry	2	828.962	1.200.158	2.239.919	3.123.529	2.755.755	897.082	401.160	322.443	608.702
Mahanoro	»	27.705	115	8.659	»	24.367	73.043	25.595	13.750	27.992
Mananjary	»	656.840	1.472.562	2.242.563	2.527.734	4.463.724	3.304.648	2.038.760	1.421.925	2.566.241
Farafangana	»	66.405	»	»	73.569	105.189	203.175	247.053	302.056	214.630
Fort-Dauphin	»	173.179	201.942	260.756	444.471	583.003	514.036	334.176	474.597	447.009
Tuléar	»	180.095	251.036	570.040	527.203	371.024	1.022.885	943.425	511.185	784.152
Morondava	»	5.150	94.237	123.122	137.842	212.530	276.360	201.503	196.714	164.242
Majunga	»	2.486.558	3.083.151	6.346.381	8.060.677	8.419.004	7.180.568	5.401.471	4.300.368	5.298.802
Nossi-Bé	»	1.022.384	1.535.330	2.486.381	3.325.212	2.406.521	1.853.332	2.008.304	1.285.315	1.801.080
Analalava	»	27.907	»	»	»	62.350	166.223	103.718	89.701	134.250
Soalala	»	5.950	»	»	»	»	»	»	»	»
Ambanoro	»	127.703	»	»	»	»	»	»	»	»
Tananarive	»	»	»	»	»	»	»	»	112.420	231.116
TOTAUX	13.967.931 11	18.358.918	21.627.817	27.916.644	40.470.643	46.032.720	42.260.037	33.107.171	26.419.364	31.190.410

N° 103 — RELEVÉ DES EXPORTATIONS PAR PORTS DE 1896 A 1905

NOMS DES PORTS	1896	1897	1898	1899	1900	1901	1902	1903	1904	1905
	fr. c.	francs.	fr. c.	fr. c.	francs.	francs.	francs.	francs.	francs.	francs.
Diégo-Suarez	»	250.491	564.857 »	440.558 25	395.118	422.508	357.719	874.025	476.831	879.541
Vohémar	»	442.565	598.061 »	801.232 »	965.622	275.184	2.060.225	1.200.185	311.674	704.700
Maroantsetra	»	»	5.815 »	899 50	»	»	»	»	»	»
Sainte-Marie	»	34.432	32.925 »	25.160 »	115.452	115.185	122.748	200.007	149.033	203.908
Tamatave	»	954.322	705.655 »	2.387.217 81	4.913.213	4.509.035	5.500.525	8.006.529	10.061.114	9.073.790
Andevorante	»	»	»	»	105.646	147.951	97.812	200.820	288.367	446.890
Vatomandry	»	346.553	377.995 »	607.061	624.758	550.892	117.515	408.313	484.598	638.315
Mahanoro	»	23.950	52.005 »	30.637 20	30.023	155.865	94.871	72.750	85.308	90.026
Mananjary	»	205.436	276.504 »	444.973 60	485.182	445.840	525.630	506.176	840.998	1.388.302
Farafangana	»	31.865	10.664 »	37.530 »	17.229	4.337	17.707	147.767	225.209	361.566
Fort-Dauphin	»	185.276	180.542 »	401.755 »	292.073	290.005	62.071	480.152	902.876	713.813
Tuléar	»	480.872	481.579 »	705.094 25	744.290	356.842	1.206.590	720.817	1.074.897	1.808.695
Morondava	»	6.778	58.718 »	17.156 »	22.145	19.940	36.756	93.703	115.450	200.013
Maintirano et Ambohibé	»	»	7.685 »	24.411 50	26.812	20.572	24.792	99.097	121.880	253.181
Analalava	»	»	5.950 »	»	»	42.780	905.136	650.816	321.063	807.767
Majunga	»	491.006	650.908 »	1.239.031 55	1.592.807	1.427.627	1.552.151	2.705.583	3.329.986	4.305.064
Nossi-Bé	»	603.093	571.035 »	875.580 82	961.104	520.870	483.908	557.239	814.609	921.068
Soalala	»	»	20.258 »	33.701 45	830	3.200	10.605	»	»	»
Ambohimarina	»	»	104.523 »	32.535 80	»	»	»	»	»	»
Tsaratanana	»	»	»	»	»	»	»	»	10.081	104.536
TOTAUX	3.605.934 60	4.352.532	4.074.556 67	8.054.508 23	10.623.800	8.973.475	13.144.450	16.571.125	19.307.465	22.553.904

N° 104 — RELEVÉ DU COMMERCE GÉNÉRAL EXTÉRIEUR PAR PORTS DE 1896 A 1905

NOMS DES PORTS	1896	1897	1898	1899	1900	1901	1902	1903	1904	1905
	fr. c.	francs	fr. c.	francs	francs	francs	francs	francs	francs	francs
Diégo-Suarez	»	2.014.222	2.030.331 »	3.235.238	9.755.479	8.234.746	7.381.498	5.987.174	5.481.418	5.997.040
Vohémar	»	402.730	692.058 »	1.082.635	801.815	352.584	2.342.606	1.821.403	371.219	835.829
Sainte-Marie	»	70.415	50.305 »	125.103	183.903	227.503	218.512	334.285	205.444	205.300
Tamatave	»	11.953.405	12.309.482 »	12.080.000	17.172.487	21.562.305	22.730.371	22.136.018	20.544.532	19.924.390
Andevorante	»	»	»	525	342.618	1.860.352	1.867.612	1.503.240	2.033.257	3.215.330
Vatomandry	»	1.175.545	1.578.153 »	3.016.980	4.750.167	3.306.637	1.014.577	809.482	808.141	1.342.017
Mahanoro	»	51.655	82.118 »	50.206	30.023	177.112	166.914	98.354	100.058	88.018
Mananjary	»	921.276	1.749.050 »	2.587.437	3.011.916	4.909.564	3.920.298	2.540.945	2.182.923	3.938.545
Farafangana	»	68.329	19.805 »	37.536	90.798	108.528	282.952	304.840	347.825	578.102
Fort-Dauphin	»	358.555	342.584 »	742.541	736.354	783.908	596.707	814.318	1.077.373	1.161.422
Tuléar	»	667.866	682.605 67	1.134.986	1.281.593	727.606	2.229.375	1.600.240	1.586.082	2.600.240
Morondava	»	11.937	112.955 »	150.276	170.987	229.566	210.712	385.260	311.864	350.234
Ambohibe	»	»	5.845 »	21.225	12.595	21.352	17.811	43.920	101.185	211.381
Maintirano	»	»	707 »	3.137	14.217	7.933	13.331	49.777	20.095	1.800
Majunga	»	2.978.064	4.043.440 »	7.626.212	9.562.734	9.540.721	8.841.749	8.107.024	7.530.314	9.303.950
Analalava	»	27.987	5.980 »	»	»	105.139	1.030.350	734.534	413.404	442.037
Nossi-Bé	»	1.711.709	2.106.373 »	3.361.968	3.087.116	2.947.507	2.357.320	2.025.343	2.040.814	2.812.167
Tananarive	»	»	»	»	»	»	»	»	122.510	309.552
Ambanoro	»	190.095	105.528 »	32.556	»	»	»	»	»	»
Sambava	»	»	5.816 »	800	»	6.861	»	»	»	»
Soalala	»	»	20.298 »	33.701	850	3.200	10.028	»	»	»
TOTAUX	17.503.882 71	22.701.350	26.002.385 67	35.263.022	51.094.682	55.098.232	55.453.476	49.378.290	45.776.846	53.752.404

N° 105 — ÉTAT DES PAYS DE PROVENANCES IMPORTATIONS DE 1896 A 1905

NOMS DES PAYS	1896	1897	1898	1899	1900	1901	1902	1903	1904	1905
	fr. c.	fr. c.	fr. c.	fr. c.	francs.	francs.	francs.	francs.	francs.	francs.
France	5.708.297 40	9.583.230 88	17.029.655 80	24.377.357 06	34.787.774	37.120.502	33.016.597	20.517.317	21.801.820	28.229.591
Angleterre	4.681.731 85	4.521.748 94	1.047.712 78	308.015 56	1.367.209	898.390	1.104.765	584.440	632.994	285.180
Maurice	1.403.105 76	891.590 56	398.334 86	34.315 80	4.153	»	»	»	»	»
Allemagne	507.000 80	829.701 48	535.011 20	349.082 17	602.158	521.073	544.172	205.604	230.457	303.002
Amérique	724.048 19	165.790 03	355.006 06	94.114 49	32.809	67.846	273.078	3.702	81.314	35.822
Réunion	190.473 27	439.279 26	709.841 33	925.002 03	731.076	»	»	»	»	»
Indes anglaises	221.087 45	530.200 47	401.551 93	228.902 40	614.350	»	»	»	»	»
Autres colonies françaises	144.226 88	423.818 38	420.284 65	677.608 07	1.310.844	3.980.010	4.414.307	1.208.412	1.300.670	1.118.898
Suède et Norvège	96.839 51	48.060 30	384.653 50	133.715 »	257.384	449.680	1.092.107	279.023	20.035	57.851
Côte d'Afrique	35.750 55	381.954 93	318.541 34	608.092 75	885.850	588.772	573.507	563.102	412.920	201.913
Autres colonies anglaises	11.019 85	257.113 32	54.446 65	60.570 »	30.885	741.440	1.068.492	503.801	536.915	640.228
Égypte	2.077 71	16.798 15	15.877 17	10.278 75	8.316	32.770	23.867	4.395	12.752	7.647
Autres pays	10.294 39	180.651 56	75.500 79	54.753 45	57.985	178.400	178.149	139.675	151.301	176.545
TOTAUX	13.987.931 11	18.858.918 »	21.627.817 12	27.916.614 41	40.470.815	40.032.750	42.289.036	33.107.171	26.519.304	31.198.410

N° 106 — ÉTAT DES PAYS DE DESTINATION DE PRODUITS EXPORTÉS DE 1896 A 1905

NOMS DES PAYS	1896	1897	1898	1899	1900	1901	1902	1903	1904	1905
	fr. c.	fr. c.	francs.	fr. c.	francs.	francs.	francs.	francs.	francs.	francs.
France	736.772 80	1.193.901 15	1.807.301	4.838.292 18	7.309.971	8.083.940	6.230.439	9.883.090	11.087.010	13.347.491
Angleterre	1.351.750 01	1.014.189 15	822.511	425.973 95	353.790	267.041	251.084	828.083	725.402	1.122.874
Maurice	136.578 03	317.960 60	352.283	218.742 00	349.088	»	»	»	»	»
Allemagne	993.679 44	1.153.214 60	1.002.154	1.430.138 15	1.290.818	1.340.721	1.341.003	2.865.520	2.887.310	4.109.838
Amérique	»	34.524 »	»	»	»	»	»	»	»	»
Réunion	381.031 10	277.340 70	292.038	517.059 30	374.071	»	»	»	»	»
Indes anglaises	219 »	58.315 »	22.789	20.527 70	41.887	»	»	»	»	»
Autres colonies françaises	32.109 »	48.600 »	131.908	89.733 05	42.234	308.737	561.250	681.137	581.401	463.076
Espagne et Portugal	»	72.500 »	»	»	»	»	»	»	»	»
Côte d'Afrique	3.377 »	63.760 »	170.118	105.085 »	543.323	595.050	1.495.752	695.791	514.191	290.034
Autres colonies anglaises	12.987 00	»	136.626	278.344 90	259.103	192.896	3.017.511	1.701.808	493.541	907.808
Autres pays	7.358 90	108.024 »	110.730	113.080 50	60.592	96.460	44.399	12.780	68.560	216.873
TOTAUX	3.605.951 60	4.312.452 »	4.974.519	8.016.408 23	10.623.860	8.075.473	13.164.440	16.471.128	19.357.408	22.553.994

N° 107 — ÉTAT DES PAYS DE PROVENANCE ET DE DESTINATION DES IMPORTATIONS ET EXPORTATIONS RÉUNIES DE 1896 À 1905

PAYS DE PROVENANCE ET DE DESTINATION	1896	1897	1898	1899	1900	1901	1902	1903	1904	1905
	fr. c.	fr. c.	francs	fr. c.	francs	francs	francs	francs	francs	francs
France	6.535.209 85	10.777.222 03	18.800.950	22.215.650 25	42.097.795	43.209.448	39.256.956	39.433.397	36.974.865	43.606.965
Angleterre	6.234.498 76	5.495.033 69	1.470.228	823.909 51	1.720.959	1.164.090	1.815.840	1.192.513	1.358.556	1.406.810
Maurice	1.601.080 41	1.300.455 90	740.707	253.108 60	353.256	»	»	»		»
Allemagne	1.150.080 26	1.982.916 08	1.468.063	1.779.220 32	1.893.016	1.861.799	2.065.177	3.161.003	3.117.367	4.415.440
Amérique	724.098 10	198.323 93	345.066	65.114 50	32.860	47.856	273.078	7.702	81.314	35.822
Réunion	680.508 67	716.019 00	1.001.930	1.441.001 33	1.105.367	»	»	»	»	»
Indes anglaises	4.221.861 45	504.505 47	424.338	258.330 10	436.246	»	»	»	»	»
Autres colonies françaises	170.415 88	472.418 38	552.253	767.302 92	1.333.808	5.878.767	4.958.647	1.880.459	1.998.071	1.581.976
Suède et Norvège	96.829 51	48.060 39	386.856	133.715 »	237.384	449.630	1.092.107	279.923	30.035	57.351
Côte d'Afrique	30.136 55	445.723 03	407.650	709.467 73	1.408.181	1.163.822	2.400.250	1.258.403	107.111	597.947
Autres colonies anglaises	24.007 25	257.113 32	193.162	347.920 90	289.908	934.238	4.026.003	2.305.670	1.122.636	1.067.030
Danemark	9.506 34	»	»	»	»	»	»	»	»	»
Égypte	9.077 71	30.041 18	15.877	10.278 75	8.316	32.770	24.867	5.095	12.752	7.657
Autres pays	1.566 90	280.356 34	101.250	158.433 95	118.527	270.360	222.353	155.455	210.061	305.088
Totaux	17.503.862 71	22.701.330 »	25.002.366	35.963.032 64	51.004.682	55.008.282	56.433.476	49.578.260	45.716.848	53.752.405

N° 108 — RELEVÉ DES IMPORTATIONS POUR LE COMPTE DES SERVICES PUBLICS DE 1901 A 1905 (*)

ANNÉES	MONTANT DES IMPORTATIONS
	francs.
1896	»
1897	»
1898	»
1899	»
1900	»
1901	5.905.592
1902	5.744.314
1903	8.751.753
1904	2.555.997
1905	1.205.973

(*) Dans les états précédents ne sont pas comprises pour les années 1901, 1902, 1903 et 1904, les importations pour le compte des services publics, c'est-à-dire celles qui sont directement adressées aux administrations locales et dédouanées par leurs agents.

ÉTAT DE LA PRODUCTION ET CONSOMMATION LOCALE

N° 109 — ÉTAT GÉNÉRAL DE LA PRODUCTION LOCALE DE LA CONSOMMATION LOCALE EN 1905

DÉSIGNATION DES PRODUITS	PRODUCTION LOCALE		CONSOMMATION LOCALE		IMPORTATION		EXPORTATION		EXCÉDENT DE LA PRODUCTION LOCALE sur la consommation		EXCÉDENT DE LA CONSOMMATION sur la production locale		OBSERVATIONS
	POIDS	VALEUR	POIDS	VALEUR	POIDS	VALEUR	POIDS	VALEUR	POIDS	VALEUR	POIDS	VALEUR	
	kilogr.	francs	kilogr.	francs	kilogr.	francs	kilogr.	francs	kilogr.	francs	kilogr.	francs	
Vanille sèche	31.017	471.096	302	5.510	11	85	30.744	465.492	30.744	465.492	»	»	
Café décortiqué	91.610	182.202	136.884	301.120	59.286	99.010	25.717	56.512	»	»	45.274	120.296	(*) Nombre de têtes
Cacao	6.870	16.360	40	207	826	2.108	8.255	12.290	1.177	6.021	»		
Arachides	500.411	85.771	467.104	70.137	»	»	114.307	15.090	114.307	15.090	»	»	
Girofles (griffes et clous)	48.541	87.504	327	480	51	131	48.124	80.915	48.175	87.050	»	»	
Soie	867.728	230.660	1.587.226	340.744	751.252	391.503	10.927	2.742		»	72.178	121.974	
Rhum et alcool	43.648	73.701	1.582.732	1.815.245	1.553.467	851.251	4.161	1.822		»	97.568	492.215	
Betolatsa	4.350.190	467.042	4.350.190	467.042	»	»		»	»		»		
Tabac en feuilles et préparé	806.267	603.636	905.030	935.385	98.117	271.702	6.314	10.650	»	»	16.785	66.267	
Coton brut	182.324	122.296	27.824	12.916	4.561	3.857	2.476	2.850	156.085	110.367	»		
Riz décortiqué	354.401.450	44.598.171	349.454.110	53.589.780	4.340.079	805.583	298.247	112.858	»		5.349.079	805.583	
Maïs	32.718.200	2.115.900	29.324.201	2.017.060	110	40	28.022	5.475	3.365.488	94.015	»	»	
Mil en grain et décortiqué	10.328.000	878.100	10.238.603	878.390	603	280	396	120	»	»	396	120	
Manioc	1.021.200.000	12.444.800	1.021.209.000	12.444.800	»	»	»	»	»	»	»	»	
Patates	280.718.000	5.942.200	280.718.000	5.942.200	»	»	»	»	»	»	»	»	
Haricots	8.460.000	1.190.030	8.109.400	1.160.200	»	»	»	»	350.600	29.800	»	»	
Pois du cap	1.755.011	556.655	314.100	78.900	»	»	1.440.911	477.755	1.440.911	477.755	»	»	
Saonjo	12.649.600	521.950	12.650.000	521.950	»	»	»	»	»	»	»	»	
Cultures maraîchères	1.306.768	255.624	1.324.768	278.124	18.000	22.500	»	»	»	»	18.000	22.500	
Pommes de terre	46.083.330	1.560.950	46.735.820	1.778.830	1.052.900	219.800	1.350	350	»	»	1.053.840	220.250	
Froment	18.000	3.600	114.788	36.721	96.788	33.121	»	»	»	»	96.788	33.121	
Orge	7.000	1.520	38.138	8.372	30.538	6.852	»	»	»	»	30.538	6.852	
Or (poudre d')	2.809	6.874.961	»	»	2	2.823	2.809	6.874.961	2.811	6.877.784	»	»	
Bois d'ébénisterie	2.127.767	451.390	761.500	80.300	»	»	1.366.267	371.090	1.366.267	371.090	»	»	
Bois de charpente (bois commun)	4.068.730	457.950	4.815.050	616.250	1.030.156	96.178	1.257.830	81.815	»	»	574.835	175.930	
Caoutchouc extrait des forêts	909.227	4.850.926	»	»	»	»	909.227	4.850.926	909.227	4.850.926	»	»	
Cire brute	364.430	1.003.176	5.100	14.780	170	197	359.330	988.396	359.100	988.199	»	»	
Gomme copal	22.701	41.650	»	»	»	»	22.701	41.650	22.701	41.650	»	»	
Raphia	4.225.478	2.471.009	105.650	93.180	»	»	4.119.828	2.377.829	4.119.828	2.377.829	»	»	
Crin végétal	63.614	44.105	»	»	»	»	63.614	44.105	63.614	44.105	»	»	
Nombre de têtes — Bovidés	2.600.384	30.415.300	245.000	9.800.000	(*) 4	3.000	(*) 14.820	1.076.880	2.000.568	13.542.000	»	»	
Nombre de têtes — Équidés	1.951	385.500	»	»	(*) 180	60.950	»	»	1.771	515.500	»	»	
Nombre de têtes — Ovidés	327.430	982.350	24.632	180.050	(*) 63	1.588	(*) 6.335	48.150	297.546	757.032	»	»	
Nombre de têtes — Suidés	479.110	10.791.160	47.992	1.019.600	(*) 3	185	(*) 350	12.912	430.784	2.858.553	»	»	
Peaux de toutes sortes	3.075.604	3.763.437	15.000	17.100	764	814	3.061.604	3.728.657	3.059.880	3.727.453	»	»	
Écaille de tortue	11.887	119.229	»	»	»	»	11.887	119.229	11.887	119.229	»	»	
Sacs en jonc ou paille de riz	36.443	7.890	»	»	»	»	36.443	7.890	36.443	7.890	»	»	
Trépang	40.981	25.725	»	»	»	»	40.981	25.725	40.981	25.725	»	»	
Sel	6.735.230	402.430	4.270.307	926.000	1.503.871	123.393	100.100	1.000	3.918.634	97.933	»	»	
Tissus de coton	»	»	4.799.431	13.173.223	4.799.431	13.173.223	15	125	»	»	4.799.416	13.173.098	
Nattes et rabanes	18.003	40.327	100	400	»	»	17.903	39.927	17.903	39.927	»	»	
Vins ordinaires	»	»	4.796.508	1.936.063	4.796.508	1.936.063	»	»	»	»	4.796.508	1.936.063	
Ouvrages en métaux, tôles et ferronnerie	»	»	2.751.155	2.225.302	2.751.155	2.225.302	27	1.502	»	»	2.751.128	2.223.800	
Farine et biscuit	»	»	2.095.217	1.014.953	2.095.217	1.014.953	»	»	»	»	2.095.217	1.014.953	
Pierres, terres, combustibles	»	»	7.882.100	1.063.453	7.882.100	1.063.453	2.520	7.145	»	»	7.879.076	1.056.308	
Houille	»	»	10.199.008	310.910	10.199.008	310.910	»	»	»	»	10.199.008	310.910	
Voanjobory	605.556	91.701	605.556	91.701	»	»	»	»	»	»	»	»	
Écorce de palétuvier	25.000	500	»	»	»	»	25.000	500	25.000	500	»	»	
Gingembre	305.048	64.060	305.048	64.060	»	»	»	»	»	»	»	»	

N° 110 — ÉTAT RÉCAPITULATIF DES PATENTES ET DES LICENCES PAR PROVINCES AU 1ER JANVIER 1906 (EUROPÉENS, ASIATIQUES, AFRICAINS ET INDIGÈNES)

PROVINCES	PATENTES								LICENCES			
	HORS CLASSE	1re CLASSE	2e CLASSE	3e CLASSE	4e CLASSE	5e CLASSE	6e CLASSE	TOTAL	1re CLASSE	2e CLASSE	3e CLASSE	TOTAL
Diégo-Suarez	1	15	7	8	116	260	34	441	68	15	»	83
Vohémar	»	»	10	»	55	508	»	573	8	12	5	25
Betsimisaraka du Nord	2	»	3	»	28	66	»	99	»	3	2	5
Sainte-Marie	»	»	»	»	1	24	12	37	1	4	»	5
Betsimisaraka du Centre	»	»	»	»	27	269	97	593	9	»	3	12
Tamatave-Ville	6	8	18	14	54	213	20	333	52	17	17	86
Fetraomby	»	»	»	»	15	72	»	87	14	»	»	14
Beforona	»	»	»	»	19	72	»	91	»	»	3	3
Betanimena	»	»	7	»	69	161	21	258	7	»	4	11
Betsimisaraka du Sud	»	4	4	1	31	601	»	641	12	15	23	50
Mananjary	3	8	»	»	110	570	45	736	12	38	38	88
Farafangana	1	»	»	»	102	846	»	949	8	31	»	39
Nossi-Bé	»	7	34	11	110	361	3	526	21	2	1	24
Analalava	»	2	16	»	173	212	19	422	13	5	3	21
Majunga	»	10	8	13	150	734	82	997	49	24	2	75
Maintirano	»	»	»	21	28	40	»	89	3	4	»	7
Maevatanàna	»	»	6	4	63	239	51	363	38	3	2	43
Morondava	»	»	1	7	80	88	55	231	11	8	»	19
Tuléar	2	»	6	4	95	331	63	501	9	3	6	18
Mandritsara	»	»	»	»	8	171	»	179	2	»	4	6
Angavo-Mangoro	»	»	»	»	200	488	349	1.307	32	»	»	32
Imerina du Nord	»	»	»	»	12	86	47	145	1	»	»	1
Itasy	»	»	»	»	13	95	46	154	»	3	3	6
Imerina-Centrale	»	»	»	1	157	158	452	768	10	1	»	11
Tananarive-Ville	2	5	28	12	67	252	101	467	31	8	11	50
Vakinankaratra	»	»	3	1	12	43	45	104	4	4	4	12
Ambositra	»	»	3	1	24	245	19	292	3	2	2	7
Fianarantsoa	3	»	3	1	162	432	210	811	36	7	»	43
Fort-Dauphin	»	»	13	6	34	423	8	484	6	5	9	20
Mahafaly	»	»	»	»	»	45	»	45	»	»	1	1
TOTAUX	20	59	170	105	2.015	8.305	1.770	12.453	460	214	143	817

N° 111 — ÉTAT DÉTAILLÉ PAR PROVINCES DES PATENTES ET LICENCES AU 1er JANVIER 1906

			PATENTES								LICENCES			
			HORS CLASSE	1re CLASSE	2e CLASSE	3e CLASSE	4e CLASSE	5e CLASSE	6e CLASSE	TOTAL	1re CLASSE	2e CLASSE	3e CLASSE	TOTAL
Diégo Suarez	Européens	Français	1	11	7	8	39	50	6	122	18	9	»	27
		Non Français	»	»	»	»	12	30	4	46	11	3	»	14
	Asiatiques	Hindous	»	4	»	»	23	24	1	52	»	»	»	»
		Chinois	»	»	»	»	27	50	»	77	34	3	»	37
	Africains		»	»	»	»	»	17	4	21	»	»	»	»
	Indigènes		»	»	»	»	15	89	19	123	5	»	»	5
	Totaux		1	15	7	8	116	200	34	441	68	15	»	83
Vohémar	Européens	Français	»	»	4	»	7	1	»	12	5	6	2	13
		Non Français	»	»	1	»	11	10	»	22	2	5	3	10
	Asiatiques	Hindous	»	»	»	»	24	5	»	29	»	»	»	»
		Chinois	»	»	»	»	1	1	»	2	»	1	»	1
	Africains		»	»	»	»	»	»	»	»	»	»	»	»
	Indigènes		»	»	5	»	12	491	»	508	1	»	»	1
	Totaux		»	»	10	»	55	508	»	573	8	12	5	25
Betsimisaraka du Nord	Européens	Français	1	»	2	»	11	1	»	15	»	2	1	3
		Non Français	»	»	1	»	2	1	»	4	»	1	1	2
	Asiatiques	Hindous	1	»	»	»	7	»	»	8	»	»	»	»
		Chinois	»	»	»	»	»	»	»	»	»	»	»	»
	Africains		»	»	»	»	3	»	»	3	»	»	»	»
	Indigènes		»	»	»	»	5	64	»	69	»	»	»	»
	Totaux		2	»	3	»	28	66	»	99	»	3	2	5
Sainte-Marie	Européens	Français	»	»	»	»	»	14	3	17	1	4	»	5
		Non Français	»	»	»	»	»	»	»	»	»	»	»	»
	Asiatiques	Hindous	»	»	»	»	»	4	»	4	»	»	»	»
		Chinois	»	»	»	»	»	»	»	»	»	»	»	»
	Africains		»	»	»	»	»	»	»	»	»	»	»	»
	Indigènes		»	»	»	»	1	6	9	16	»	»	»	»
	Totaux		»	»	»	»	1	24	12	37	1	4	»	5
Betsimisaraka du Centre	Européens	Français	»	»	»	»	9	13	6	28	»	»	3	3
		Non Français	»	»	»	»	7	11	3	21	3	»	»	3
	Asiatiques	Hindous	»	»	»	»	1	4	1	6	»	»	»	»
		Chinois	»	»	»	»	»	10	»	10	6	»	»	6
	Africains		»	»	»	»	»	»	»	»	»	»	»	»
	Indigènes		»	»	»	»	10	431	87	528	»	»	»	»
	Totaux		»	»	»	»	27	469	97	593	9	»	3	12
Tamatave-Ville	Européens	Français	2	8	11	9	35	84	16	165	19	8	9	36
		Non Français	4	»	2	1	10	18	4	39	2	1	4	7
	Asiatiques	Hindous	»	»	5	»	8	12	»	25	»	»	»	»
		Chinois	»	»	»	4	1	78	»	83	31	8	»	39
	Africains		»	»	»	»	»	2	»	2	»	»	»	»
	Indigènes		»	»	»	»	»	19	»	19	»	»	4	4
	Totaux		6	8	18	14	54	213	20	333	52	17	17	86
Fetraomby	Européens	Français	»	»	»	»	1	4	»	5	2	»	»	2
		Non Français	»	»	»	»	»	2	»	2	1	»	»	1
	Asiatiques	Hindous	»	»	»	»	»	3	»	3	»	»	»	»
		Chinois	»	»	»	»	»	20	»	20	10	»	»	10
	Africains		»	»	»	»	5	2	»	7	1	»	»	1
	Indigènes		»	»	»	»	9	41	»	50	»	»	»	»
	Totaux		»	»	»	»	15	72	»	87	14	»	»	14

N° 141 — ÉTAT DÉTAILLÉ PAR PROVINCES DES PATENTES ET LICENCES AU 1er JANVIER 1906 (Suite.)

			PATENTES								LICENCES			
			HORS CLASSE	1re CLASSE	2e CLASSE	3e CLASSE	4e CLASSE	5e CLASSE	6e CLASSE	TOTAL	1re CLASSE	2e CLASSE	3e CLASSE	TOTAL
Beforona	Européens	Français	»	»	»	»	»	»	»	»	»	»	»	»
		Non Français	»	»	»	»	»	»	»	»	»	»	»	»
	Asiatiques	Hindous	»	»	»	»	»	»	»	»	»	»	»	»
		Chinois	»	»	»	»	3	»	»	3	»	»	3	3
	Africains		»	»	»	»	»	»	»	»	»	»	»	»
	Indigènes		»	»	»	»	16	72	»	88	»	»	»	»
	Totaux		»	»	»	»	19	72	»	91	»	»	3	3
Betanimena	Européens	Français	»	»	4	»	18	2	1	25	»	»	2	2
		Non Français	»	»	2	»	6	5	»	13	»	»	2	2
	Asiatiques	Hindous	»	»	1	»	2	»	»	3	»	»	»	»
		Chinois	»	»	»	»	6	12	»	18	6	»	»	6
	Africains		»	»	»	»	1	1	»	2	»	»	»	»
	Indigènes		»	»	»	»	36	141	20	197	1	»	»	1
	Totaux		»	»	7	»	69	161	21	258	7	»	4	11
Betsimisaraka du Sud	Européens	Français	»	2	1	»	4	12	»	19	»	1	1	2
		Non Français	»	2	3	1	10	19	»	35	1	2	2	5
	Asiatiques	Hindous	»	»	»	»	5	1	»	6	»	»	»	»
		Chinois	»	»	»	»	9	1	»	10	5	4	»	9
	Africains		»	»	»	»	»	»	»	»	»	»	»	»
	Indigènes		»	»	»	»	3	568	»	571	6	8	20	34
	Totaux		»	4	4	1	31	601	»	641	12	15	23	50
Mananjary	Européens	Français	3	5	»	»	16	33	1	58	3	12	1	16
		Non Français	»	3	»	»	11	13	»	27	2	7	»	9
	Asiatiques	Hindous	»	»	»	»	14	10	»	24	»	2	»	2
		Chinois	»	»	»	»	11	6	»	17	3	3	»	6
	Africains		»	»	»	»	»	»	»	»	»	»	»	»
	Indigènes		»	»	»	»	58	508	44	610	4	14	37	55
	Totaux		3	8	»	»	110	570	45	736	12	38	38	88
Farafangana	Européens	Français	1	»	»	»	45	14	»	60	1	27	»	28
		Non Français	»	»	»	»	2	5	»	7	1	2	»	3
	Asiatiques	Hindous	»	»	»	»	4	»	»	4	»	1	»	1
		Chinois	»	»	»	»	1	»	»	1	»	»	»	»
	Africains		»	»	»	»	»	»	»	»	»	»	»	»
	Indigènes		»	»	»	»	50	827	»	877	6	1	»	7
	Totaux		1	»	»	»	102	846	»	949	8	31	»	39
Nossi-Bé	Européens	Français	»	1	3	1	10	18	2	35	7	2	1	10
		Non Français	»	2	»	»	»	»	»	2	1	»	»	1
	Asiatiques	Hindous	»	4	11	10	37	61	»	123	»	»	»	»
		Chinois	»	»	»	»	»	11	»	11	7	»	»	7
	Africains		»	»	»	»	»	»	»	»	»	»	»	»
	Indigènes		»	»	20	»	63	271	1	355	6	»	»	6
	Totaux		»	7	34	11	110	361	3	526	21	2	1	24

N° 111 — ÉTAT DÉTAILLÉ PAR PROVINCES DES PATENTES ET LICENCES AU 1er JANVIER 1906 (Suite.)

			PATENTES								LICENCES			
			HORS CLASSE	1re CLASSE	2e CLASSE	3e CLASSE	4e CLASSE	5e CLASSE	6e CLASSE	TOTAL	1re CLASSE	2e CLASSE	3e CLASSE	TOTAL
Analalava	Européens	Français	»	»	6	»	17	9	»	32	3	2	2	7
		Non Français	»	»	2	»	15	15	1	32	10	2	»	12
	Asiatiques	Hindous	»	2	7	»	71	6	»	87	»	»	»	»
		Chinois	»	»	»	»	»	»	»	»	»	»	»	»
	Africains		»	»	»	»	»	»	»	»	»	»	»	»
	Indigènes		»	»	1	»	70	182	18	271	»	1	1	2
	Totaux		»	2	16	»	173	212	19	422	13	5	3	21
Majunga	Européens	Français	»	7	3	10	51	109	»	180	17	16	1	34
		Non Français	»	»	»	»	21	62	»	80	18	7	»	25
	Asiatiques	Hindous	»	3	5	3	31	126	22	190	»	»	»	»
		Chinois	»	»	»	»	»	5	»	5	4	»	»	4
	Africains		»	»	»	»	»	11	»	11	»	»	»	»
	Indigènes		»	»	»	»	47	421	60	528	10	1	1	12
	Totaux		»	10	8	13	150	734	82	997	49	24	2	75
Maintirano	Européens	Français	»	»	»	1	2	2	»	5	1	»	»	1
		Non Français	»	»	»	2	4	8	»	14	2	3	»	5
	Asiatiques	Hindous	»	»	»	1	9	8	»	18	»	»	»	»
		Chinois	»	»	»	»	»	»	»	»	»	»	»	»
	Africains		»	»	»	1	2	1	»	4	»	»	»	»
	Indigènes		»	»	»	16	11	21	»	48	»	1	»	1
	Totaux		»	»	»	21	28	40	»	80	3	4	»	7
Maevatanàna	Européens	Français	»	»	3	»	11	15	»	29	12	2	»	14
		Non Français	»	»	3	1	5	20	»	29	13	»	2	15
	Asiatiques	Hindous	»	»	»	»	38	13	2	53	»	»	»	»
		Chinois	»	»	»	»	»	»	»	»	»	»	»	»
	Africains		»	»	»	»	»	4	»	4	»	»	»	»
	Indigènes		»	»	»	3	9	187	49	248	13	1	»	14
	Totaux		»	»	6	4	63	239	51	363	38	3	2	43
Morondava	Européens	Français	»	»	1	»	2	4	»	7	1	3	»	4
		Non Français	»	»	»	1	13	15	»	29	10	5	»	15
	Asiatiques	Hindous	»	»	»	»	61	20	3	84	»	»	»	»
		Chinois	»	»	»	»	»	»	»	»	»	»	»	»
	Africains		»	»	»	»	»	2	»	2	»	»	»	»
	Indigènes		»	»	»	6	4	47	52	109	»	»	»	»
	Totaux		»	»	1	7	80	88	55	231	11	8	»	19
Tuléar	Européens	Français	1	»	4	2	5	12	3	27	4	3	4	11
		Non Français	1	»	2	2	1	5	»	11	4	»	2	6
	Asiatiques	Hindous	»	»	»	»	25	36	»	61	»	»	»	»
		Chinois	»	»	»	»	»	1	»	1	1	»	»	1
	Africains		»	»	»	»	»	9	»	9	»	»	»	»
	Indigènes		»	»	»	»	64	268	60	392	»	»	»	»
	Totaux		2	»	6	4	95	331	63	501	9	3	6	18

N° 111 — ÉTAT DÉTAILLÉ PAR PROVINCES DES PATENTES ET LICENCES AU 1er JANVIER 1906 (Suite.)

Province	Catégorie	Patentes: Hors classe	Patentes: 1re classe	Patentes: 2e classe	Patentes: 3e classe	Patentes: 4e classe	Patentes: 5e classe	Patentes: 6e classe	Patentes: Total	Licences: 1re classe	Licences: 2e classe	Licences: 3e classe	Licences: Total
Mandritsara	Européens — Français	»	»	»	»	2	»	»	2	1	»	»	1
	Européens — Non Français	»	»	»	»	»	»	»	»	»	»	»	»
	Asiatiques — Hindous	»	»	»	»	3	6	»	9	1	»	»	1
	Asiatiques — Chinois	»	»	»	»	»	»	»	»	»	»	»	»
	Africains	»	»	»	»	»	»	»	»	»	»	»	»
	Indigènes	»	»	»	»	3	165	»	168	»	»	4	4
	Totaux	»	»	»	»	8	171	»	170	2	»	4	6
Angavo-Mangoro	Européens — Français	»	»	»	»	14	19	»	33	14	»	»	14
	Européens — Non Français	»	»	»	»	9	13	»	22	8	»	»	8
	Asiatiques — Hindous	»	»	»	»	»	»	»	»	»	»	»	»
	Asiatiques — Chinois	»	»	»	»	8	11	»	19	9	»	»	9
	Africains	»	»	»	»	»	2	»	2	1	»	»	1
	Indigènes	»	»	»	»	169	443	349	961	»	»	»	»
	Totaux	»	»	»	»	200	488	349	1.037	32	»	»	32
Imerina-Nord	Européens — Français	»	»	»	»	1	1	1	3	»	»	»	»
	Européens — Non Français	»	»	»	»	1	2	1	4	1	»	»	1
	Asiatiques — Hindous	»	»	»	»	1	»	»	1	»	»	»	»
	Asiatiques — Chinois	»	»	»	»	»	»	»	»	»	»	»	»
	Africains	»	»	»	»	»	»	»	»	»	»	»	»
	Indigènes	»	»	»	»	9	83	45	137	»	»	»	»
	Totaux	»	»	»	»	12	86	47	145	1	»	»	1
Itasy	Européens — Français	»	»	»	»	2	3	»	5	»	1	2	3
	Européens — Non Français	»	»	»	»	3	»	»	3	»	2	1	3
	Asiatiques — Hindous	»	»	»	»	»	1	»	1	»	»	»	»
	Asiatiques — Chinois	»	»	»	»	»	»	»	»	»	»	»	»
	Africains	»	»	»	»	»	»	»	»	»	»	»	»
	Indigènes	»	»	»	»	8	91	46	145	»	»	»	»
	Totaux	»	»	»	»	13	95	46	154	»	3	3	6
Imerina-Centrale	Européens — Français	»	»	»	»	2	10	»	12	5	1	»	6
	Européens — Non Français	»	»	»	»	1	6	»	7	5	»	»	5
	Asiatiques — Hindous	»	»	»	»	»	»	»	»	»	»	»	»
	Asiatiques — Chinois	»	»	»	»	»	»	»	»	»	»	»	»
	Africains	»	»	»	»	»	»	»	»	»	»	»	»
	Indigènes	»	»	»	1	154	142	452	749	»	»	»	»
	Totaux	»	»	»	1	157	158	452	768	10	1	»	11
Tananarive-Ville	Européens — Français	2	4	25	12	30	38	8	119	12	4	8	24
	Européens — Non Français	»	1	2	»	7	47	4	61	18	4	3	25
	Asiatiques — Hindous	»	»	»	»	2	4	»	6	»	»	»	»
	Asiatiques — Chinois	»	»	»	»	2	2	»	4	1	»	»	1
	Africains	»	»	»	»	»	»	»	»	»	»	»	»
	Indigènes	»	»	1	»	26	161	89	277	»	»	»	»
	Totaux	2	5	28	12	67	252	101	467	31	8	11	50

N° 111 — ÉTAT DÉTAILLÉ PAR PROVINCES DES PATENTES ET LICENCES AU 1er JANVIER 1906 (Suite et fin.)

			PATENTES								LICENCES			
			HORS CLASSE	1re CLASSE	2e CLASSE	3e CLASSE	4e CLASSE	5e CLASSE	6e CLASSE	TOTAL	1re CLASSE	2e CLASSE	3e CLASSE	TOTAL
Vakinankaratra	Européens	Français	»	»	2	1	2	6	»	11	2	4	2	8
		Non Français	»	»	1	»	2	10	»	13	2	»	2	4
	Asiatiques	Hindous	»	»	»	»	»	»	»	»	»	»	»	»
		Chinois	»	»	»	»	»	»	»	»	»	»	»	»
	Africains		»	»	»	»	»	»	»	»	»	»	»	»
	Indigènes		»	»	»	»	8	27	45	80	»	»	»	»
	Totaux		»	»	3	1	12	43	45	104	4	4	4	12
Ambositra	Européens	Français	»	»	3	1	2	9	1	16	2	2	2	6
		Non Français	»	»	»	»	1	8	»	9	»	»	»	»
	Asiatiques	Hindous	»	»	»	»	»	»	»	»	»	»	»	»
		Chinois	»	»	»	»	»	2	»	2	1	»	»	1
	Africains		»	»	»	»	»	»	»	»	»	»	»	»
	Indigènes		»	»	»	»	21	226	18	265	»	»	»	»
	Totaux		»	»	3	1	24	245	19	292	3	2	2	7
Fianarantsoa (Commune et province)	Européens	Français	3	»	3	1	7	8	2	24	3	6	»	9
		Non Français	»	»	»	»	3	1	2	6	1	1	»	2
	Asiatiques	Hindous	»	»	»	»	2	1	»	3	»	»	»	»
		Chinois	»	»	»	»	5	9	»	14	8	»	»	8
	Africains		»	»	»	»	»	»	»	»	»	»	»	»
	Indigènes		»	»	»	»	145	413	206	764	24	»	»	24
	Totaux		3	»	3	1	162	432	210	811	36	7	»	43
Fort-Dauphin	Européens	Français	»	»	6	»	3	24	»	33	5	1	3	9
		Non Français	»	»	3	»	5	15	»	23	1	3	3	7
	Asiatiques	Hindous	»	»	»	»	11	2	»	13	»	»	»	»
		Chinois	»	»	»	»	3	2	»	5	»	»	1	1
	Africains		»	»	»	»	»	»	»	»	»	»	»	»
	Indigènes		»	»	4	6	12	380	8	410	»	1	2	3
	Totaux		»	»	13	6	34	423	8	484	6	5	9	20
Mahafaly	Européens	Français	»	»	»	»	»	8	»	8	»	»	1	1
		Non Français	»	»	»	»	»	2	»	2	»	»	»	»
	Asiatiques	Hindous	»	»	»	»	»	15	»	15	»	»	»	»
		Chinois	»	»	»	»	»	»	»	»	»	»	»	»
	Africains		»	»	»	»	»	»	»	»	»	»	»	»
	Indigènes		»	»	»	»	»	20	»	20	»	»	»	»
	Totaux		»	»	»	»	»	45	»	45	»	»	1	1
Totaux généraux	Européens	Français	14	38	88	46	348	523	50	1.107	138	116	45	299
		Non Français	5	8	22	8	162	343	18	566	117	48	25	190
	Asiatiques	Hindous	1	13	29	14	379	362	30	828	1	3	»	4
		Chinois	»	»	»	4	77	221	»	302	126	19	4	149
	Africains		»	»	»	1	11	51	4	67	2	»	»	2
	Indigènes		»	»	31	32	1.038	6.805	1.677	9.583	76	28	69	173
	Totaux		20	59	170	105	2.015	8.305	1.779	12.453	460	214	143	817

N° 112 — PRIX MOYEN DES PRODUITS D'IMPORTATION A TANANARIVE PENDANT L'ANNÉE 1905

DÉSIGNATION des MARCHANDISES	GROS — UNITÉ	GROS — PRIX	DEMI-GROS — UNITÉ	DEMI-GROS — PRIX	DÉTAIL — UNITÉ	DÉTAIL — PRIX
		francs.		fr. c.		fr. c.
Tissus.						
Toile de coton écrue. 1re qualité	balle	535	pièce	22 »	mètre	0 65
Toile de coton écrue. 2e —	—	470	—	18 50	—	0 60
Toile de coton écrue. 3e —	—	400	—	15 »	—	0 50
Toile blanche ou calicot. 1re qualité	—	500	—	20 »	—	0 65
Toile blanche ou calicot. 2e —	—	475	—	19 »	—	0 60
Toile blanche ou calicot. 3e —	—	480	—	17 25	—	0 55
Indiennes. 1re qualité	»	»	—	28 »	—	0 90
Indiennes. 2e —	»	»	—	24 »	—	0 75
Indiennes. 3e —	»	»	—	11 »	—	0 30
Flanelles	»	»	—	65 »	—	2 »
Patnas	»	»	—	60 »	—	1 80
Satinette	»	»	—	35 »	—	1 25
Mousseline	»	»	—	40 »	—	1 30
Boissons.						
Vin rouge	barrique	200	d.-jeanne	23 »	bouteille	1 25
Vin blanc	—	235	—	28 »	—	1 60
Champagne. Moët et Chandon	»	»	caisse	73 »	—	8 »
Champagne. Mumm et Cie	»	»	—	110 »	—	12 »
Bière	»	»	—	23 »	—	2 »
Absinthe. Pernod	»	»	—	50 »	—	5 »
Absinthe. suisse (de traite)	»	»	—	25 »	—	2 50
Eau-de-vie anisée	»	»	—	20 »	—	2 »
Boissons (*suite*).						
Rhum de la Réunion	barrique	525	caisse	»	bouteille	3 »
Cognac	»	»	—	40 »	—	4 »
Vermouth Noilly	»	»	—	45 »	—	4 50
Amer Picon	»	»	—	45 »	—	4 50
Bitter Secrestat	»	»	—	50 »	—	5 »
Produits alimentaires.						
Farine	100 kilos	78	caisse	20 »	kilo	0 90
Sel	—	25	sac 25 k.	7 »	—	0 35
Huile d'olive (Plagniol)	»	»	caisse	45 »	litre	4 25
Huile — (Artaud)	»	»	—	35 »	—	3 »
Vinaigre	»	»	»	»	—	1 20
Café (Réunion)	100 kilos	350	50 kilos	175 »	kilo	4 »
Saindoux	caisse	65	boite	5 60	—	1 25
Beurre	»	»	caisse	»	boite	3 »
Sardines à l'huile	»	»	—	30 »	—	0 65
Saucisson	»	»	»	»	l'un	3 50
Jambon	»	»	»	»	—	12 »
Sucre en morceaux	100 kilos	»	caisse	45 »	kilo	1 10
Sucre cristallisé	—	70	—	»	—	0 75
Poivre en grains	»	»	—	»	—	4 »
Chocolat	»	»	—	80 »	—	4 »
Thé	100 kilos	275	—	40 »	paquet	0 65

N° 112 — PRIX MOYEN DES PRODUITS D'IMPORTATION A TANANARIVE PENDANT L'ANNÉE 1905

DÉSIGNATION des MARCHANDISES	GROS Unité	GROS Prix	DEMI-GROS Unité	DEMI-GROS Prix	DÉTAIL Unité	DÉTAIL Prix
		francs.		fr. c.		fr. c.
Divers.						
Pétrole	caisse	21	bidon	12 »	litre	0 80
Bougies	—	»	»	»	paquet	1 »
Savon	—	16	barre	2 »	morceau	0 75
Quincaillerie.						
Serrure — grande	grosse	»	douzaine	40 »	pièce	4 »
Serrure — petite	»	»	—	8 »	—	1 »
Cadenas — grand	»	»	—	8 »	—	1 »
Cadenas — petit	»	»	—	1 75	—	0 20
Marteaux	—	45	—	4 50	—	0 50
Tenailles	»	»	—	12 »	—	1 20
Limes	—	110	—	12 »	—	1 30
Clous ordinaires	100 kilos	75	»	»	kilo	1 »
Scies à main	grosse	»	douzaine	40 »	pièce	4 »
Vis — grosses	100 kilos	250	»	»	kilo	2 50
Vis — petites	—	275	»	»	—	3 »
Pelles	grosse	»	douzaine	50 »	pièce	5 »
Pioches	»	»	—	60 »	—	6 50
Angady	—	225	—	18 »	—	1 75
Couteaux — de table	—	60	—	6 »	—	0 50
Couteaux — de cuisine	»	»	—	8 »	—	0 75
Cuillères en fer battu	—	17	—	2 »	—	0 25
Fourchettes	—	17	—	2 »	—	0 25
Ciseaux	—	75	—	8 »	—	0 75
Rasoirs	»	»	—	60 »	—	5 25

DÉSIGNATION des MARCHANDISES	GROS Unité	GROS Prix	DEMI-GROS Unité	DEMI-GROS Prix	DÉTAIL Unité	DÉTAIL Prix
		francs.		fr. c.		fr. c.
Articles de ménage.						
Marmites en fer — grandes	grosse	»	douzaine	»	pièce	21 »
Marmites en fer — moyennes	»	»	—	90 »	—	10 »
Marmites en fer — petites	»	»	—	14 »	—	1 50
Assiettes — couleur faïence ou porcelaine	»	»	—	4 »	—	0 40
Assiettes — blanches		»	—	4 50	—	0 50
Assiettes — émaillées creuses	—	50	—	4 50	—	0 50
Assiettes — — plates	—	45	—	4 50	—	0 50
Bols — en faïence	—	45	—	5 50	—	0 65
Bols — en fer émaillé	—	50	—	5 60	—	0 65
Carafes en verre	»	»	—	12 »	—	1 40
Verres — grands	—	80	—	8 »	—	1 »
Verres — petits	»	»	—	4 25	—	0 50
Cuvettes en fer émaillé	»	»	—	42 »	—	4 20
Tasses — à thé avec soucoupes	»	»	—	12 »	—	1 30
Tasses — à café —	»	»	—	8 »	—	0 75
Peignes	»	»	—	3 25	—	0 35
Balais	»	»	—	18 »	—	1 90
Brosses — à cheveux	»	»	—	8 »	—	0 80
Brosses — à habits	»	»	—	10 »	—	1 »
Brosses — à souliers	—	30	—	3 »	—	0 35
Glaces — carrées	»	»	—	8 »	—	0 75
Glaces — rondes	—	12	—	1 50	—	0 15
Parapluies	—	400	—	45 »	—	4 80
Ombrelles	—	350	—	35 »	—	3 50
Chapeaux de paille	—	220	—	22 »	—	2 30

N° 112 BIS — PRIX MOYEN DES PRODUITS LOCAUX A TANANARIVE PENDANT L'ANNEE 1905

DÉSIGNATION des MARCHANDISES	UNITÉ	PRIX	DÉSIGNATION des MARCHANDISES	UNITÉ	PRIX
		fr. c.			fr. c.
Céréales.			**Viande** (*Suite*).		
Riz ... blanc	vata 20 litres	2 80	Vache	pièce	180 »
Riz ... rouge	—	2 20	Veau	—	20 »
Paddy	—	1 »	Mouton	—	10 »
Maïs	—	0 90	Porc	—	35 »
			Chèvre	—	12 »
			Lapin	—	1 10
Légumes.			Viande ... de bœuf	kilo	0 40
Choux ... gros	pièce	0 40	Viande ... — (filet)	—	1 »
Choux ... petits	—	0 15	Cervelle de bœuf	pièce	0 40
Carottes	sobika	4 »	Langue —	—	0 60
Navets	—	3 50	Veau	kilo	1 »
Haricots	—	3 50	Porc	—	0 70
Oignons	paquet	0 05	Mouton	—	0 50
Aulx	—	0 05	Côtelette ... de veau	pièce	1 40
Radis	—	0 05	Côtelette ... de mouton	—	0 50
Salades	pied	0 02	Côtelette ... de porc	—	0 60
Tomates	les 5	0 20			
Aubergines	—	0 20	**Volailles.**		
Citrouilles	pièce	0 50	Poularde	pièce	1 »
Cresson	paquet	0 05	Poulet	—	0 30
Patates	sobika	2 »	Canard	—	0 60
Manioc	—	1 80	Oie	—	1 50
			Dinde	—	1 20
Fruits.			Pigeons	paire	1 20
Oranges	douzaine	0 80	Œufs ... de poule	douzaine	0 60
Citrons	—	0 60	Œufs ... de cane	—	0 45
Bananes	—	0 20			
Mangues	douzaine	0 60	**Produits de la pêche.**		
Ananas	—	0 90	Poissons	kilo	0 20
Pêches	—	0 10	Anguilles	—	2 50
			Tortues	pièce	»
Viande.			**Quincaillerie malgache.**		
Bœuf vivant ... gros	pièce	140 »			
Bœuf vivant ... moyen	—	80 »	Serrure	pièce	0 45
Bœuf vivant ... petit	—	50 »	Marteau	—	0 30

N° 112 bis — PRIX MOYEN DES PRODUITS LOCAUX A TANANARIVE PENDANT L'ANNÉE 1905

DÉSIGNATION des MARCHANDISES	UNITÉ	PRIX
		fr. c.
Quincaillerie malgache (*Suite*).		
Lime	pièce	»
Cadenas	—	»
Angady	—	2 »
Hache	—	0 50
Couteau	—	0 60
Clous	les 100	0 30
Ferblanterie.		
Malle en fer-blanc	pièce	4 50
Arrosoir	—	2 »
Seau	—	1 50
Lanterne	—	1 »
Meubles. — Bois.		
Lit en bois	pièce	12 »
Armoire	—	45 »
Table	—	8 »
Chaise	—	2 50
Fauteuil	—	7 50
Malle en bois	—	10 »
Planche	—	1 80
Madrier	—	3 »
Bois carré	—	1 »
Poterie.		
Gargoulette	pièce	0 30
Cruche	—	0 10
Pot	—	0 25
Marmite en terre	—	0 05
Soies.		
Fils de soie	les 500	12 »
Cocons de soie	les 240	1 30

DÉSIGNATION des MARCHANDISES	UNITÉ	PRIX
		fr. c.
Soies (*Suite*).		
Lambamena (Linceuls en soie)	pièce	40 »
Dentelle de soie	mètre	1 20
Produits divers.		
Savon	barre de 15 kilos	11 »
Canne à sucre	les 20	1 »
Sucre	kilo	0 50
Charbon	—	12 »
Café	—	3 »
Cire	—	3 »
Miel	—	1 »
Raphia	100 kilos	80 »
Vanille	kilo	»
Girofle	—	»
Cacao	—	»
Crin végétal	100 kilos	»
Rabanes { fines	pièce	1 80
Rabanes { ordinaires	—	0 80
Tabac	20 feuilles	0 20
Cigares	les 100	0 40
Objets divers.		
Souliers	paire	12 »
Cuillère { en bois	pièce	0 15
Cuillère { en corne	—	0 15
Fourchette { en bois	—	0 20
Fourchette { en corne	—	0 20
Salière en corne	—	0 50
Nattes { fines	—	1 »
Nattes { ordinaires	—	0 50
Sobika	—	0 20
Chapeau { fin	—	5 »
Chapeau { ordinaire	—	1 50

N° 113 — PRIX MOYEN DES PRODUITS D'IMPORTATION A DIÉGO-SUAREZ PENDANT L'ANNÉE 1905

DÉSIGNATION des MARCHANDISES	GROS		DEMI-GROS		DÉTAIL	
	UNITÉ	PRIX	UNITÉ	PRIX	UNITÉ	PRIX
		francs.		francs.		fr. c.
Tissus.						
Toile de coton écrue. 1re qualité	balle	125	pièce	18	mètre	0 60
Toile de coton écrue. 2e qualité	—	350	—	15	—	0 50
Toile de coton écrue. 3e qualité	—	»	—	»	—	»
Toile blanche ou calicot. 1re qualité	—	250	—	12	—	0 40
Toile blanche ou calicot. 2e qualité	—	»	—	»	—	»
Toile blanche ou calicot. 3e qualité	—	»	—	»	—	»
Indiennes. 1re qualité	—	»	—	»	—	0 75
Indiennes. 2e qualité	—	»	—	»	—	0 60
Indiennes. 3e qualité	—	»	—	»	—	0 50
Flanelles	—	»	—	»	—	»
Pagnes	—	»	—	»	—	2 »
Satinette	—	»	—	»	—	2 »
Mousseline	—	»	—	»	—	1 50
Boissons.						
Vin. rouge	barrique	130	d.-jeanne	13	bouteille	0 70
Vin. blanc	—	150	—	»	—	1 50
Champagne. Moët et Chandon	»	»	caisse	90	—	10 »
Champagne. Mumm et Cie	»	»	—	110	—	15 »
Bière	»	»	—	45	—	1 50
Absinthe. Pernod	»	»	—	60	—	4 25
Absinthe. suisse (de traite)	»	»	—	26	—	2 50
Eau-de-vie anisée	»	»	—	24	—	2 50

DÉSIGNATION des MARCHANDISES	GROS		DEMI-GROS		DÉTAIL	
	UNITÉ	PRIX	UNITÉ	PRIX	UNITÉ	PRIX
		francs.		fr. c.		fr. c.
Boissons (*suite*).						
Rhum de la Réunion	barrique	245	caisse	»	bouteille	2 »
Cognac	»	»	—	25 »	—	2 »
Vermouth Noilly	»	»	—	25 »	—	2 25
Amer Picon	»	»	—	32 »	—	3 »
Bitter Secrestat	»	»	—	44 »	—	4 »
Produits alimentaires.						
Farine	100 kilos	55	caisse	»	kilo	0 60
Sel	—	10	sac 25 k.	2 50	—	0 20
Huile. d'olive (Plagniol)	—	»	caisse	35 »	litre	3 »
Huile. — (Artaud)	—	»	—	20 »	—	1 75
Vinaigre	—	»	—	10 »	—	1 »
Café (Réunion)	—	»	50 kilos	»	kilo	3 »
Saindoux	caisse	»	boîte	3 50	—	»
Beurre	—	»	caisse	80 »	boîte	1 et 2 fr
Sardines à l'huile	—	»	—	40 »	—	0 50
Saucisson	»	»	—	»	l'un	3 »
Jambon	»	»	—	»	—	6 »
Sucre. en morceaux	100 kilos	120	—	60 »	kilo	1 20
Sucre. cristallisé	—	80	—	»	—	0 90
Poivre en grains	—	350	—	»	—	4 »
Chocolat	—	350	—	85 »	—	3 75
Thé	—	400	—	»	paquet	1 »

N° 143 — PRIX MOYEN DES PRODUITS D'IMPORTATION A DIÉGO-SUAREZ PENDANT L'ANNÉE 1905

DÉSIGNATION des MARCHANDISES	GROS Unité	GROS Prix	DEMI-GROS Unité	DEMI-GROS Prix	DÉTAIL Unité	DÉTAIL Prix
		francs.		fr. c.		fr. c.
Divers.						
Pétrole	caisse	15	bidon	7 50	litre	0 50
Bougies	—	37	»	»	paquet	0 90
Savon	—	»	barre	0 60	morceau	0 20
Quincaillerie.						
Serrure { grande	grosse	72	douzaine	7 »	pièce	2 50
Serrure { petite	—	60	—	6 »	—	1 80
Cadenas { grand	—	60	—	6 »	—	1 50
Cadenas { petit	—	48	—	5 »	—	0 75
Marteaux	—	144	—	15 »	—	2 »
Tenailles	—	288	—	24 »	—	2 50
Limes	—	72	—	24 »	—	1 50
Clous ordinaires	100 kilos	35	»	»	kilo	0 60
Scies à main	grosse	360	douzaine	36 »	pièce	3 »
Vis { grosses	100 kilos	250	»	»	kilo	3 »
Vis { petites	—	200	»	»	—	2 »
Pelles	grosse	200	douzaine	30 »	pièce	2 »
Pioches	—	»	—	»	—	3 »
Angady	—	»	—	»	—	1 25
Couteaux { de table	—	»	—	»	—	0 75
Couteaux { de cuisine	—	»	—	»	—	1 »
Cuillères en fer battu	—	»	—	1 80	—	0 20
Fourchettes	—	»	—	1 80	—	0 20
Ciseaux	—	»	—	»	—	3 »
Rasoirs	—	»	—	»	—	6 »

DÉSIGNATION des MARCHANDISES	GROS Unité	GROS Prix	DEMI-GROS Unité	DEMI-GROS Prix	DÉTAIL Unité	DÉTAIL Prix
		francs.		fr. c.		fr. c.
Articles de ménage.						
Marmites en fer { grandes	grosse	»	douzaine	»	pièce	3 »
Marmites en fer { moyennes	—	»	—	»	—	2 »
Marmites en fer { petites	—	»	—	»	—	1 25
Assiettes { couleur faïence ou porcelaine	—	»	—	2 50	—	0 25
Assiettes { blanches	—	»	—	»	—	0 50
Assiettes { émaillées creuses	—	140	—	»	—	0 75
Assiettes { — plates	—	»	—	»	—	0 50
Bols { en faïence	—	»	—	»	—	0 40
Bols { en fer émaillé	—	»	—	»	—	0 50
Carafes en verre	—	»	—	»	—	0 75
Verres { grands	—	»	—	»	—	0 75
Verres { petits	—	»	—	»	—	0 25
Cuvettes en fer émaillé	—	»	—	»	—	1 50
Tasses { à thé avec soucoupes	—	»	—	»	—	0 75
Tasses { à café — —	—	»	—	»	—	0 75
Peignes	—	»	—	»	—	0 75
Balais	—	»	—	»	—	1 75
Brosses { à cheveux	—	»	—	»	—	1 50
Brosses { à habits	—	»	—	»	—	2 »
Brosses { à souliers	—	175	—	18 »	—	0 75
Glaces { carrées	—	Prix selon la grandeur.				
Glaces { rondes	—	Prix selon la grandeur.				
Parapluies	—	»	douzaine	»	pièce	6 »
Ombrelles	—	»	—	»	—	10 »
Chapeaux de paille	—	»	—	»	—	3 »

N° 113 BIS — PRIX MOYEN DES PRODUITS LOCAUX A DIÉGO-SUAREZ PENDANT L'ANNÉE 1905

DÉSIGNATION des MARCHANDISES	UNITÉ	PRIX
		fr. c.
Céréales.		
Riz — blanc	vata 20 litres	5 »
Riz — rouge	—	»
Paddy	100 kilos	15 »
Maïs	—	9 »
Légumes.		
Choux — gros	pièce	0 75 à 1 fr.
Choux — petits	—	0 50
Carottes	sobika	0 10
Navets	—	0 10
Haricots	kilo	1 25
Oignons	paquet	0 10
Aulx	kilo	2 »
Radis	paquet	0 10
Salades	pied	0 10
Tomates	les 5	0 10
Aubergines	—	0 20
Citrouilles	pièce	0 50
Cresson	paquet	0 10
Patates	sobika	0 10
Manioc	—	0 10
Fruits.		
Oranges	douzaine	2 40
Citrons	—	0 25
Bananes	—	0 40
Mangues	—	0 40
Ananas	pièce	1 »
Pêches	—	»
Viande.		
Bœuf vivant — gros	pièce	50 »
Bœuf vivant — moyen	—	40 »
Bœuf vivant — petit	—	30 »

DÉSIGNATION des MARCHANDISES	UNITÉ	PRIX
		fr. c.
Viande (suite).		
Vache	pièce	40 »
Veau	—	20 »
Mouton	—	25 »
Porc	—	45 »
Chèvre	—	»
Lapin	—	5 »
Viande — de bœuf	kilo	0 60
Viande — — (filet)	l'un	1 75
Cervelle de bœuf	pièce	0 75
Langue —	—	0 75
Veau	kilo	2 50
Porc	—	2 50
Mouton	—	3 »
Côtelette — de veau	pièce	0 50
Côtelette — de mouton	—	0 50
Côtelette — de porc	—	0 50
Volailles.		
Poularde	pièce	3 »
Poulet	—	1 75
Canard	—	3 »
Oie	—	5 »
Dinde	—	8 »
Pigeons	paire	3 »
Œufs — de poule	douzaine	3 »
Œufs — de cane	—	2 40
Produits de la pêche.		
Poissons	kilo	1 25
Anguilles	pièce	0 60
Tortues	—	1 50
Quincaillerie malgache.		
Serrure	pièce	»
Marteau	—	»

N° 113 bis — PRIX MOYEN DES PRODUITS LOCAUX A DIÉGO-SUAREZ PENDANT L'ANNÉE 1905

DÉSIGNATION des MARCHANDISES	UNITÉ	PRIX
		fr. c.
Quincaillerie malgache (*suite*).		
Lime	pièce	»
Cadenas	—	»
Angady	—	»
Hache	—	»
Couteau	—	»
Clous	les 100	»
Ferblanterie.		
Malle en fer-blanc	pièce	15 »
Arrosoir	—	4 50
Seau	—	4 »
Lanterne	—	3 »
Meubles. — Bois.		
Lit en bois	pièce	80 »
Armoire	—	40 »
Table	—	25 »
Chaise	—	6 »
Fauteuil	—	7 50
Malle en bois	—	20 »
Planche	—	1 »
Madrier	mètre	2 25
Bois carré	—	0 80
Poterie.		
Gargoulette	pièce	1 »
Cruche	—	»
Pot	—	1 »
Marmite en terre	—	1 25
Soies.		
Fils de soie	les 500	»
Cocons de soie	les 240	»

DÉSIGNATION des MARCHANDISES	UNITÉ	PRIX
		fr. c.
Soies (*suite*).		
Lambamena (Linceuls en soie)	pièce	»
Dentelle de soie	mètre	»
Produits divers.		
Savon	barre de 15 kilos	»
Canne à sucre	les 30	2 »
Sucre	kilo	»
Charbon	le sac	1 50
Café	—	»
Cire	kilo	4 »
Miel	litre	2 50
Raphia	100 kilos	»
Vanille	kilo	»
Girofle	—	»
Cacao	—	»
Crin végétal	100 kilos	»
Rabanes { fines	pièce	»
Rabanes { ordinaires	—	»
Tabac	20 feuilles	»
Cigares	les 100	»
Objets divers.		
Souliers	paire	»
Cuiller { en bois	pièce	0 20
Cuiller { en corne	—	0 20
Fourchette { en bois	—	0 20
Fourchette { en corne	—	0 20
Salière en corne	—	»
Nattes { fines	—	3 50
Nattes { ordinaires	—	2 »
Sobika	—	»
Chapeau { fin	—	»
Chapeau { ordinaire	—	»

N° 114 — PRIX MOYEN DES PRODUITS D'IMPORTATION A TAMATAVE-VILLE PENDANT L'ANNÉE 1905

DÉSIGNATION des MARCHANDISES	GROS		DEMI-GROS		DÉTAIL	
	UNITÉ	PRIX	UNITÉ	PRIX	UNITÉ	PRIX
		fr. c.		fr. c.		fr. c.
Tissus.						
Toile de coton écrue. 1re qualité	balle	450 »	pièce	18 50	mètre	0 50
Toile de coton écrue. 2e qualité	—	400 »	—	16 50	—	0 50
Toile de coton écrue. 3e qualité	—	370 »	—	14 50	—	0 40
Toile blanche ou calicot. 1re qualité	—	485 »	—	19 »	—	0 60
Toile blanche ou calicot. 2e qualité	—	450 »	—	18 »	—	0 60
Toile blanche ou calicot. 3e qualité	—	350 »	—	15 »	—	0 50
Indiennes. 1re qualité	—	»	—	»	—	0 60
Indiennes. 2e qualité	—	»	—	»	—	0 50
Indiennes. 3e qualité	—	»	—	»	—	0 30
Flanelles	—	»	—	»	—	2 »
Patnas	—	»	—	»	—	1 60
Satinette	—	»	—	»	—	0 75
Mousseline	—	»	—	»	—	4 »
Boissons.						
Vin. rouge	barrique	80 à 125	d-jeanne	9 à 16	bouteille	0,50 à 0,80
Vin. blanc	—	»	—	16 à 20	—	0,70 à 1
Champagne. Moët et Chandon	caisse	»	caisse	70 »	—	7 »
Champagne. Mumm et Cie	—	»	—	100 »	—	10 »
Bière	—	35 à 48	—	35 à 48	—	1 à 1,50
Absinthe. Pernod	—	50 »	—	50 »	—	4 50
Absinthe. suisse (de traite)	—	17 50	—	»	—	2 »
Eau-de-vie anisée	—	17 50	—	»	—	1 75
Rhum de la Réunion	litre	1 70	—	»	—	1 90

DÉSIGNATION des MARCHANDISES	GROS		DEMI-GROS		DÉTAIL	
	UNITÉ	PRIX	UNITÉ	PRIX	UNITÉ	PRIX
		francs.		fr. c.		fr. c.
Boissons *(suite).*						
Cognac	caisse	»	caisse	16 à 72	bouteille	1,70 à 7
Vermouth Noilly	—	»	—	23 »	—	2 25
Amer Picon	—	»	—	35 »	—	3 25
Bitter Secrestat	—	»	—	52 »	—	4 50
Produits alimentaires.						
Farine	100 kilos	47	—	15 »	kilo	0 60
Sel	—	»	sac 25 kil	2 50	—	0 15
Huile. d'olive (Planiol)	caisse	»	caisse	33 »	litre	3 25
Huile. — (Artaud)	—	»	—	20 »	—	1 90
Vinaigre	—	»	—	»	—	0 60
Café (Réunion)	100 kilos	»	50 kilos	»	kilo	»
Saindoux	caisse	»	boîte	4 »	—	1 00
Beurre	—	»	caisse	»	boîte	1,50 à 3
Sardines à l'huile	—	»	—	25 à 45	—	0,30 à 0,50
Saucisson	»	»	—	—	kilo	6 »
Jambon	»	»	—	—	—	4 »
Sucre. en morceaux	100 kilos	47	—	—	—	0 90
Sucre. cristallisé	—	64	—	—	—	0 70
Poivre en grains	—	»	—	—	—	3 25
Chocolat	»	»	—	—	—	3 25
Thé	100 kilos	»	—	—	paquet	0 50
Riz Saïgon	»	»	»	»	»	»
Pommes de terre	25 kilos	»	»	»	»	»

N° 114 — PRIX MOYEN DES PRODUITS D'IMPORTATION A TAMATAVE-VILLE PENDANT L'ANNÉE 1905

DÉSIGNATION des MARCHANDISES	GROS Unité	GROS Prix	DEMI-GROS Unité	DEMI-GROS Prix	DÉTAIL Unité	DÉTAIL Prix
		francs.		fr. c.		fr. c.
Divers.						
Pétrole	caisse	12	bidon	6 »	litre	0 50
Bougies	—	19	—	»	paquet	0 80
Savon	—	15	barre	1 »	morceau	0 20
Lait condensé (Gallia)	—	»	»	»	—	»
Quincaillerie.						
Serrure : grande	grosse	»	douzaine	20 »	pièce	2 »
Serrure : petite	—	»	—	12 »	—	1 40
Cadenas : grand	—	»	—	9 »	—	0 90
Cadenas : petit	—	»	—	6 25	—	0 60
Marteaux	—	»	—	21 »	—	2 »
Tenailles	—	»	—	»	—	2 25
Limes	—	»	—	»	—	1 25
Clous ordinaires	100 kilos	»	—	»	kilo	0 80
Scies à main	grosse	»	douzaine	»	pièce	5 »
Vis : grosses	100 kilos	»	»	»	grosse	5 »
Vis : petites	—	»	»	»	—	2 »
Pelles	grosse	»	douzaine	»	pièce	1.50 à 3
Pioches	—	»	—	»	—	4 »
Angady	—	»	—	»	—	2 50
Couteaux : de table	—	»	—	»	—	1 50
Couteaux : de cuisine	—	»	—	»	—	0 60
Cuillères en fer battu	—	»	—	»	—	0 10
Fourchettes	—	»	—	»	—	0 10
Ciseaux	—	»	—	»	—	2 »
Rasoirs	—	»	—	»	—	5 »

DÉSIGNATION des MARCHANDISES	GROS Unité	GROS Prix	DEMI-GROS Unité	DEMI-GROS Prix	DÉTAIL Unité	DÉTAIL Prix
						fr. c.
Articles de ménage.						
Marmites en fer : grandes	grosse	»	douzaine	»	pièce	5 »
Marmites en fer : moyennes	—	»	—	»	—	3 »
Marmites en fer : petites	—	»	—	»	—	1 25
Assiettes : couleur faïence ou porcelaine	—	»	—	»	—	0,60 et 0,75
Assiettes : blanches	—	»	—	»	—	0 35
Assiettes : émaillées creuses	—	»	—	»	—	0 50
Assiettes : — plates	—	»	—	»	—	0 40
Bols : en faïence	—	»	—	»	—	1 25
Bols : en fer émaillé	—	»	—	»	—	1 »
Carafes en verre	—	»	—	»	—	0 75
Verres : grands	—	»	—	»	—	1 »
Verres : petits	—	»	—	»	—	0 50
Cuvettes en fer émaillé	—	»	—	»	—	3 50
Tasses : à thé avec soucoupes	—	»	—	»	—	0 50
Tasses : à café — —	—	»	—	»	—	0 40
Peignes	—	»	—	»	—	0 35
Balais	—	»	—	»	—	2 50
Brosses : à cheveux	—	»	—	»	—	3 »
Brosses : à habits	—		—	»	—	3 »
Brosses : à souliers	—	»	—	»	—	1 »
Glaces : carrées	—	»	—	»	—	2 »
Glaces : rondes	—	»	—	»	—	4 »
Parapluies	—	»	—	»	—	10 »
Ombrelles	—	»	—	»	—	6 »
Chapeaux de paille	—	»	—	»	—	2 à 5 fr.

N° 114 BIS — PRIX MOYEN DES PRODUITS LOCAUX A TAMATAVE-VILLE PENDANT L'ANNÉE 1905

DÉSIGNATION des MARCHANDISES	UNITÉ	PRIX
		fr. c.
Quincaillerie malgache (*suite*).		
Lime	pièce	1 à 2 fr.
Cadenas	—	0 50 à 2 50
Angady	—	2 50
Hache	—	2 à 6 fr.
Couteau	—	0 60 à 1 50
Clous	les 100	»
Ferblanterie.		
Malle en fer-blanc	pièce	5 à 20 fr.
Arrosoir	—	2 50 à 5 fr.
Seau	—	2 50
Lanterne	—	2 à 5 fr.
Meubles. — Bois.		
Lit en bois	pièce	7 à 10 fr.
Armoire	—	»
Table	—	»
Chaise	—	1 »
Fauteuil	—	»
Malle en bois	—	»
Planche	—	1 25 à 3 fr.
Madrier	—	1 25 à 3 fr.
Bois carré	—	1 25 à 3 fr.
Poterie.		
Gargoulette	pièce	0 75
Cruche	—	»
Pot	—	»
Marmite en terre	—	»
Soies.		
Fils de soie	les 500	»
Cocons de soie	les 240	»
Soies (*suite*).		
Lambamena (Linceuls en soie)	pièce	»
Dentelle de soie	mètre	»
Produits divers.		
Savon	barre de 15 kil.	»
Canne à sucre	les 20	2 50
Sucre	kilo	0 80
Charbon	sac	2 50
Café	kilo	3 »
Cire	—	3 »
Miel	litre	»
Raphia	100 kilos	35 »
Vanille	kilo	»
Girofle	—	»
Cacao	—	»
Crin végétal	100 kilos	»
Rabanes — fines	pièce	2 50 à 15 fr.
Rabanes — ordinaires	—	2 »
Tabac	20 feuilles	0 50
Cigares	les 100	2 50
Caoutchouc — première qualité	kilo	»
Caoutchouc — deuxième qualité	—	»
Objets divers.		
Souliers	paire	10 à 25 fr.
Cuillère — en bois	pièce	0 30
Cuillère — en corne	—	0 30
Fourchette — en bois	—	0 30
Fourchette — en corne	—	0 30
Salière en corne	—	1
Nattes — fines	—	3 »
Nattes — ordinaires	—	2 »
Sobika	—	0 15
Chapeau — fin	—	5 »
Chapeau — ordinaire	—	2 »

N° 114 BIS — PRIX MOYEN DES PRODUITS LOCAUX A TAMATAVE-VILLE PENDANT L'ANNÉE 1905

DÉSIGNATION des MARCHANDISES	UNITÉ	PRIX	DÉSIGNATION des MARCHANDISES	UNITÉ	PRIX
		fr. c.			fr. c.
Céréales.			**Viande** (*suite*).		
Riz — blanc	100 kilos	20 »	Vache	pièce	70 »
Riz — rouge	—	20 »	Veau	—	75 »
Paddy	—	15 »	Mouton	—	15 »
Maïs	—	10 »	Porc	—	25 à 45 fr.
			Chèvre	—	20 »
Légumes.			Lapin	—	2 50
			Viande — de bœuf	kilo	0 80
Choux — gros	pièce	0 90	Viande — — (filet)	—	2 »
Choux — petits	—	0 50	Cervelle de bœuf	pièce	1 »
Carottes	kilo	0 70	Langue —	—	1 »
Navets	—	0 50	Veau	kilo	2 »
Haricots	—	0 75	Porc	—	1 »
Oignons	paquet	0 05	Mouton	—	2 »
Aulx	—	0 05	Côtelette — de veau	pièce	0 50
Radis	—	0 05	Côtelette — de mouton	—	0 25
Salades	pied	0 15	Côtelette — de porc	—	0 25
Tomates	les 5	0 10			
Aubergines	—	0 20	**Volailles.**		
Citrouilles	pièce	0 70			
Cresson	paquet	0 05	Poularde	pièce	1 50 à 2 fr.
Patates	sobika	1 »	Poulet	—	1 »
Manioc	—	1 »	Canard	—	1 50
			Oie	—	3 »
			Dinde	—	7 »
Fruits.			Pigeons	paire	2 50
Oranges	douzaine	0 60	Œufs — de poule	douzaine	2 40
Citrons	—	0 30	Œufs — de cane	—	1 50
Bananes	—	0 10			
Mangues	—	0 15	**Produits de la pêche.**		
Ananas	pièce	0 30	Poissons (suivant grosseur)	kilo	0 90
Pêches	—	0 10	Anguilles	—	1 »
			Tortues de mer (gr.)	pièce	4 »
Viande.					
			Quincaillerie malgache.		
Bœuf vivant — gros	pièce	90 à 120 fr.			
Bœuf vivant — moyen	—	80 »	Serrure	pièce	»
Bœuf vivant — petit	—	75 »	Marteau	—	1 50 à 3 fr.

N° 115 — PRIX MOYEN DES PRODUITS D'IMPORTATION A FORT-DAUPHIN PENDANT L'ANNÉE 1905

DÉSIGNATION des MARCHANDISES	GROS Unité	GROS Prix (francs)	DEMI-GROS Unité	DEMI-GROS Prix (fr. c.)	DÉTAIL Unité	DÉTAIL Prix (fr. c.)
Tissus.						
Toile de coton écrue, 1re qualité	balle	415	pièce	18 »	mètre	0 40
Toile de coton écrue, 2e —	—	380	—	17 »	—	0 35
Toile de coton écrue, 3e —	—	350	—	16 50	—	0 35
Toile blanche ou calicot, 1re qualité	—	490	—	21 »	—	0 60
Toile blanche ou calicot, 2e —	—	450	—	20 »	—	0 50
Toile blanche ou calicot, 3e —	—	400	—	18 »	—	0 40
Indiennes, 1re qualité	—	550	—	25 »	—	0 75
Indiennes, 2e —	—	500	—	22 »	—	0 60
Indiennes, 3e —	—	450	—	20 »	—	0 50
Flanelles	»	»	—	60 »	—	1 80
Patnas	»	»	—	2 50	—	0 80
Satinette	»	»	—	0 50	—	0 70
Mousseline	»	»	—	20 »	—	1 »
Boissons.						
Vin rouge	barrique	150	d.-jeanne	21 »	bouteille	0 70
Vin blanc	»	200	—	26 »	—	1 »
Champagne Moët et Chandon	»	»	caisse	90 »	—	8 50
Champagne Mumm et Ce	»	»	—	120 »	—	12 »
Bière	»	»	—	55 »	—	1 25
Absinthe Pernod	»	»	—	60 »	—	6 »
Absinthe Suisse (de traite)	»	»	—	20 »	—	2 »
Eau-de-vie anisée	barrique	400	—	20 »	—	2 »

DÉSIGNATION des MARCHANDISES	GROS Unité	GROS Prix (francs)	DEMI-GROS Unité	DEMI-GROS Prix (fr. c.)	DÉTAIL Unité	DÉTAIL Prix (fr. c.)
Boissons (*suite*).						
Rhum de la Réunion	barrique	450	caisse	28 »	bouteille	2 25
Cognac	»	»	—	30 »	—	3 »
Vermouth Noilly	»	»	—	35 »	—	3 »
Amer Picon	»	»	—	45 »	—	4 25
Bitter Secrestat	»	»	—	40 »	—	4 »
Produits alimentaires.						
Farine	100 kilos	75	caisse	22 »	kilo	1 »
Sel	—	8	sac 25 k.	2 50	—	0 15
Huile d'olive (Plagniol)	»	»	caisse	24 »	litre	3 »
Huile — (Artaud)	»	»	—	27 50	—	2 50
Vinaigre	»	»	—	10 »	—	1 »
Café (Réunion)	100 kilos	375	50 kilos	200 »	kilo	4 25
Saindoux	caisse	150	boîte	4 25	—	2 »
Beurre	»	»	caisse	115 »	boîte	2 40
Sardines à l'huile	»	»	—	35 »	—	0 50
Saucisson	»	»	»	»	l'un	3 50
Jambon	»	»	»	»	—	25 »
Sucre en morceaux	100 kilos	90	caisse	40 »	kilo	1 15
Sucre cristallisé	—	55	—	20 »	—	0 80
Poivre en grains	—	510	»	»	—	6 »
Chocolat	—	350	»	»	—	3 75
Thé	—	70	»	»	paquet	0 85

N° 115 — PRIX MOYEN DES PRODUITS D'IMPORTATION A FORT-DAUPHIN PENDANT L'ANNÉE 1905

DÉSIGNATION des MARCHANDISES	GROS		DEMI-GROS		DÉTAIL	
	UNITÉ	PRIX	UNITÉ	PRIX	UNITÉ	PRIX
		fr. c.		fr. c.		fr. c.
Divers.						
Pétrole	caisse	25 »	bidon	13 »	litre	1 »
Bougies	—	19 »	»	»	paquet	1 »
Savon	—	15 »	barre	0 70	morceau	0 25
Quincaillerie.						
Serrure grande	grosse	250 »	douzaine	24 »	pièce	2 50
Serrure petite	—	180 »	—	17 »	—	1 60
Cadenas grand	—	140 »	—	12 »	—	1 25
Cadenas petit	—	100 »	—	10 »	—	1 »
Marteaux	—	180 »	—	17 »	—	1 80
Tenailles	—	300 »	—	40 »	—	3 75
Limes	—	100 »	—	10 »	—	1 »
Clous ordinaires	100 kilos	75 »	»	»	kilo	»
Scies à main	grosse	430 »	douzaine	75 »	pièce	7 »
Vis grosses	—	2 50	»	»	kilo	»
Vis petites	—	2 »	»	»	—	»
Pelles	—	140 »	—	12 »	pièce	1 10
Pioches	—	300 »	—	40 »	—	3 75
Angady	—	80 »	—	11 »	—	0 90
Couteaux de table	—	140 »	—	15 »	—	1 40
Couteaux de cuisine	—	125 »	—	12 »	—	1 25
Cuillers en fer battu	—	20 »	—	2 »	—	0 20
Fourchettes	—	20 »	—	2 »	—	0 20
Ciseaux	—	40 »	—	4 »	—	0 50
Rasoirs	—	50 »	—	4 25	—	0 60

DÉSIGNATION des MARCHANDISES	GROS		DEMI-GROS		DÉTAIL	
	UNITÉ	PRIX	UNITÉ	PRIX	UNITÉ	PRIX
		francs.		fr. c.		fr. c.
Articles de ménage.						
Marmites en fer grandes	grosse	360	douzaine	40 »	pièce	3 75
Marmites en fer moyennes	—	250	—	25 »	—	2 50
Marmites en fer petites	—	200	—	22 »	—	2 »
Assiettes couleur faïence ou porcelaine	—	60	—	6 »	—	0 60
Assiettes blanches	—	50	—	5 »	—	0 50
Assiettes émaillées creuses	—	45	—	5 50	—	0 60
Assiettes — plates	—	40	—	4 50	—	0 50
Bols en faïence	—	30	—	2 75	—	0 35
Bols en fer émaillé	—	30	—	2 75	—	0 35
Carafes en verre	—	140	—	12 »	—	1 25
Verres grands	—	75	—	7 »	—	0 75
Verres petits	—	70	—	6 50	—	0 60
Cuvettes en fer émaillé	—	150	—	13 »	—	1 50
Tasses à thé avec soucoupes	—	45	—	5 50	—	0 60
Tasses à café — —	—	45	—	5 50	—	0 60
Peignes	—	50	—	5 »	—	0 50
Balais	—	200	—	20 »	—	2 50
Brosses à cheveux	—	250	—	30 »	—	3 »
Brosses à habits	—	288	—	35 »	—	3 50
Brosses à souliers	—	140	—	12 »	—	1 25
Glaces carrées	—	54	—	5 »	—	0 50
Glaces rondes	—	40	—	4 »	—	0 45
Parapluies	—	200	—	35 »	—	3 »
Ombrelles	—	350	—	45 »	—	4 50
Chapeaux de paille	—	140	—	15 »	—	1 50

N° 115 BIS — PRIX MOYEN DES PRODUITS LOCAUX A FORT-DAUPHIN PENDANT L'ANNÉE 1905

DÉSIGNATION des MARCHANDISES	UNITÉ	PRIX fr. c.
Céréales.		
Riz blanc	vata 20 litres	3 20
Riz rouge	—	3 »
Paddy	—	2 »
Maïs	—	2 »
Légumes.		
Choux gros	pièce	0 75
Choux petits	—	0 50
Carottes	sobika	2 50
Navets	—	4 »
Haricots	—	5 50
Oignons	paquet	0 30
Aulx	—	0 50
Radis	—	0 20
Salades	pied	0 20
Tomates	les 5	0 05
Aubergines	—	0 30
Citrouilles	pièce	0 40
Cresson	paquet	0 20
Patates	sobika	0 80
Manioc	—	1 »
Fruits.		
Oranges	douzaine	0 25
Citrons	—	0 10
Bananes	—	0 20
Mangues	—	0 20
Ananas	—	0 75
Pêches	—	0 15
Viande.		
Bœuf vivant gros	pièce	75 »
Bœuf vivant moyen	—	50 »
Bœuf vivant petit	—	30 »

DÉSIGNATION des MARCHANDISES	UNITÉ	PRIX fr. c.
Viande (*suite*).		
Vache	pièce	65 »
Veau	—	20 »
Mouton	—	15 »
Porc	—	35 »
Chèvre	—	10 »
Lapin	—	2 50
Viande de bœuf	kilo	0 60
Viande — (filet)	—	0 80
Cervelle de bœuf	pièce	0 40
Langue —	—	0 90
Veau	kilo	1 »
Porc	—	1 25
Mouton	—	1 25
Côtelette de veau	pièce	0 25
Côtelette de mouton	—	0 30
Côtelette de porc	—	0 25
Volailles.		
Poularde	pièce	0 60
Poulet	—	0 50
Canard	—	1 »
Oie	—	2 25
Dinde	—	3 75
Pigeons	paire	1 25
Œufs de poule	douzaine	0 80
Œufs de cane	—	1 »
Produits de la pêche.		
Poissons	kilo	0 80
Anguilles	—	0 90
Tortues	pièce	1 25
Quincaillerie malgache.		
Serrure	pièce	»
Marteau	»	»

N° 115 BIS — PRIX MOYEN DES PRODUITS LOCAUX A FORT-DAUPHIN PENDANT L'ANNÉE 1905

DÉSIGNATION des MARCHANDISES	UNITÉ	PRIX	DÉSIGNATION des MARCHANDISES	UNITÉ	PRIX
		fr. c.			fr. c.
Quincaillerie malgache (*suite*).			**Soies** (*suite*).		
Lime	pièce	»	Lambamena (Linceuls en soie)	pièce	»
Cadenas	—	»	Dentelle de soie	mètre	»
Angady	—	1 »			
Hache	—	1 75			
Couteau	—	1 25	**Produits divers.**		
Clous	les 100	»			
			Savon	barre de 15 kilos	»
Ferblanterie.			Canne à sucre	les 20 —	»
			Sucre	kilo	»
Malle en fer-blanc	pièce	3 50	Charbon	—	0 05
Arrosoir	—	5 »	Café	—	»
Seau	—	2 50	Cire	—	2 50
Lanterne	—	1 50	Miel	—	1 »
			Raphia	100 kilos	»
Meubles. — Bois.			Vanille	kilo	»
			Girofle	—	»
Lit en bois	pièce	»	Cacao	—	»
Armoire	—	»	Crin végétal	100 kilos	»
Table	—	»	Rabanes .. fines	pièce	»
Chaise	—	»	Rabanes .. ordinaires	—	»
Fauteuil	—	»	Tabac	20 feuilles	0 30
Malle en bois	—	»	Cigares	les 100	»
Planche	—	1 »			
Madrier	—	3 75			
Bois carré	—	1 25	**Objets divers.**		
			Souliers	paire	»
Poterie.			Cuiller .... en bois	pièce	0 30
			Cuiller .... en corne	—	»
Gargoulette	pièce	»	Fourchette . en bois	—	»
Cruche	—	»	Fourchette . en corne	—	»
Pot	—	»	Salière en corne	—	»
Marmite en terre	—	0 80	Nattes ..... fines	—	»
			Nattes ..... ordinaires	—	0 80
Soies.			Sobika	—	0 10
Fils de soie	les 500	»	Chapeau ... fin	—	»
Cocons de soie	les 240	»	Chapeau ... ordinaire	—	»

N° 116 — PRIX MOYEN DES PRODUITS D'IMPORTATION A FIANARANTSOA PENDANT L'ANNÉE 1905

DÉSIGNATION des MARCHANDISES	GROS		DEMI-GROS		DÉTAIL	
	UNITÉ	PRIX	UNITÉ	PRIX	UNITÉ	PRIX
		francs.		fr. c.		fr. c.
Tissus.						
Toile de coton écrue. 1re qualité	balle	495	pièce	20 »	mètre	0 70
Toile de coton écrue. 2e —	—	490	—	19 60	—	0 65
Toile de coton écrue. 3e —	—	475	—	18 20	—	0 60
Toile blanche ou calicot. 1re qualité	—	625	—	25 »	—	0 80
Toile blanche ou calicot. 2e —	—	490	—	20 »	—	0 70
Toile blanche ou calicot. 3e —	—	350	—	14 50	—	0 50
Indiennes. 1re qualité	»	»	»	»	»	»
Indiennes. 2e —	»	»	»	»	—	0 80
Indiennes. 3e —	»	»	»	»	—	0 50
Flanelles	»	»	»	»	—	3 »
Patnas	»	»	»	»	la pièce	2 »
Satinette	»	»	»	»	mètre	1 25
Mousseline	»	»	»	»	—	3 »
Boissons.						
Vin rouge	barrique	»	d.-jeanne	45 »	bouteille	1 »
Vin blanc	»	»	—	40 »	—	3 »
Champagne. Moët et Chandon	»	»	caisse	100 »	—	7 50
Champagne. Mumm et Cie	»	»	»	»	—	15 »
Bière	»	»	—	20 »	—	2 »
Absinthe. Pernod	»	»	—	60 »	—	6 »
Absinthe. suisse (de traite)	»	»	—	16 60	—	1 80
Eau-de-vie anisée	»	»	—	16 60	—	1 80
Boissons (*Suite*).						
Rhum de la Réunion	barrique	500	d.-jeanne	50 »	bouteille	3 »
Cognac	»	»	caisse	25 »	—	2 50
Vermouth Noilly	»	»	—	40 »	—	3 »
Amer Picon	»	»	—	45 »	—	4 50
Bitter Secrestat	»	»	»	»	—	5 »
Produits alimentaires.						
Farine	100 kilos	100	caisse	»	kilo	1 10
Sel	»	»	sac 25 k.	»	—	0 30
Huile d'olive (Plagniol)	»	»	caisse	»	litre	2 50
Huile — (Artaud)	»	»	—	»	—	2 50
Vinaigre	»	»	»	»	—	1 »
Café (Réunion)	100 kilos	»	50 kilos	»	kilo	3 »
Saindoux	caisse	»	boîte	»	—	1 20
Beurre	»	»	caisse	»	boîte	1 »
Sardines à l'huile	»	»	—	»	—	0 30
Saucisson	»	»	—	»	kilo	10 »
Jambon	»	»	—	»	—	8 »
Sucre en morceaux	100 kilos	»	—	»	—	1 10
Sucre cristallisé	—	»	»	»	—	1 »
Poivre en grains	—	»	»	»	—	6 »
Chocolat	—	»	»	»	—	4 »
Thé	—	»	caisse	»	paquet	0 70

N° 116 — PRIX MOYEN DES PRODUITS D'IMPORTATION A FIANARANTSOA PENDANT L'ANNÉE 1905

DÉSIGNATION des MARCHANDISES	GROS UNITÉ	GROS PRIX	DEMI-GROS UNITÉ	DEMI-GROS PRIX	DÉTAIL UNITÉ	DÉTAIL PRIX
		francs.		fr. c.		fr. c.
Divers.						
Pétrole	caisse	»	bidon	»	litre	1 »
Bougies	»	»	»	»	paquet	0 90
Savon	»	»	barre	»	morceau	0 25
Quincaillerie.						
Serrure grande	grosse	»	douzaine	»	pièce	1 50
Serrure petite	»	»	»	»	—	1 »
Cadenas grand	»	»	»	»	—	1 »
Cadenas petit	»	»	»	»	—	0 50
Marteaux	»	»	»	»	—	3 »
Tenailles	»	»	»	»	—	3 »
Limes	»	»	»	»	—	0 60
Clous ordinaires	100 kilos	»	»	»	kilo	1 60
Scies à main	grosse	»	»	»	pièce	7 »
Vis grosses	100 kilos	»	»	»	kilo	2 »
Vis petites	»	»	»	»	—	1 »
Pelles	grosse	»	»	»	pièce	3 »
Pioches	»	»	»	»	—	3 »
Angady	»	»	»	»	—	1 »
Couteaux de table	»	»	—	7 25	—	0 80
Couteaux de cuisine	»	»	—	3 60	—	0 40
Cuillères en fer battu	»	»	—	3 60	—	0 40
Fourchettes	»	»	—	2 40	—	0 30
Ciseaux	»	»	—	»	—	1 50
Rasoirs	»	»	»	»	—	2 »

DÉSIGNATION des MARCHANDISES	GROS UNITÉ	GROS PRIX	DEMI-GROS UNITÉ	DEMI-GROS PRIX	DÉTAIL UNITÉ	DÉTAIL PRIX
		francs.		francs.		fr. c.
Articles de ménage.						
Marmites en fer grandes	grosse	»	douzaine	»	pièce	25 »
Marmites en fer moyennes	»	»	»	»	—	15 »
Marmites en fer petites	»	»	»	»	—	3 »
Assiettes couleur faïence ou porcelaine	»	»	»	»	—	0 80
Assiettes blanches	»	»	»	»	—	0 40
Assiettes émaillées creuses	»	»	»	»	—	1
Assiettes — plates	»	»	»	»	—	0 40
Bols en faïence	»	»	»	»	—	0 60
Bols en fer émaillé	»	»	»	»	—	0 95
Carafes en verre	»	»	»	»	—	1 60
Verres grands	»	»	»	»	—	0 70
Verres petits	»	»	»	»	—	0 50
Cuvettes en fer émaillé	»	»	»	»	—	3 »
Tasses à thé avec soucoupes	»	»	»	»	—	1 20
Tasses à café — —	»	»	»	»	—	1 20
Peignes	»	»	»	»	—	0 80
Balais	»	»	»	»	—	1 50
Brosses à cheveux	»	»	»	»	—	1 50
Brosses à habits	»	»	»	»	—	2 60
Brosses à souliers	»	»	»	»	—	0 80
Glaces carrées	»	»	»	»	—	1 50
Glaces rondes	»	»	»	»	—	0 20
Parapluies	»	»	»	»	—	5 »
Ombrelles	»	»	»	»	—	6 »
Chapeaux de paille	»	»	»	»	—	3 »

N° 116 BIS — PRIX MOYEN DES PRODUITS LOCAUX A FIANARANTSOA PENDANT L'ANNÉE 1905

DÉSIGNATION des MARCHANDISES	UNITÉ	PRIX
		fr. c.
Céréales.		
Riz, blanc	vata 40 litres	4 »
Riz, rouge	—	3 50
Paddy	—	1 60
Maïs	—	3 60
Légumes.		
Choux, gros	pièce	0 20
Choux, petits	—	0 10
Carottes	sobika	2 50
Navets	—	3 »
Haricots	—	4 »
Oignons	paquet	0 05
Aulx	—	0 10
Radis	—	0 02
Salades	pied	0 03
Tomates	les 5	0 05
Aubergines	—	0 10
Citrouilles	pièce	0 20
Cresson	paquet	0 05
Patates	sobika	0 40
Manioc	—	0 50
Fruits.		
Oranges	douzaine	0 35
Citrons	—	0 20
Bananes	—	0 10
Mangues	—	0 15
Ananas	—	1 »
Pêches	—	0 05
Viande.		
Bœuf vivant, gros	pièce	75 »
Bœuf vivant, moyen	—	60 »
Bœuf vivant, petit	—	35 »
Viande (*Suite*).		
Vache	pièce	30 »
Veau	—	15 »
Mouton	—	2 50
Porc	—	15 »
Chèvre	—	3 »
Lapin	—	2 »
Viande, de bœuf	kilo	0 50
Viande, — (filet)	—	1 »
Cervelle de bœuf	pièce	0 20
Langue —	—	0 60
Veau	kilo	»
Porc	—	0 50
Mouton	—	0 30
Côtelette, de veau	pièce	»
Côtelette, de mouton	—	0 05
Côtelette, de porc	—	0 10
Volailles.		
Poularde	pièce	1 50
Poulet	—	0 40
Canard	—	0 45
Oie	—	1 25
Dinde	—	1 »
Pigeons	paire	1 »
Œufs, de poule	douzaine	0 40
Œufs, de cane	—	0 30
Produits de la pêche.		
Poissons	kilo	0 50
Anguilles	—	1 »
Tortues	pièce	»
Quincaillerie malgache.		
Serrure	pièce	0 70
Marteau	—	0 80

N° 116 BIS — PRIX MOYEN DES PRODUITS LOCAUX A FIANARANTSOA PENDANT L'ANNÉE 1905

DÉSIGNATION des MARCHANDISES	UNITÉ	PRIX	DÉSIGNATION des MARCHANDISES	UNITÉ	PRIX
		fr. c.			
Quincaillerie malgache (*Suite*).			**Soies** (*Suite*).		
Lime	pièce	3 »	Lambamens (Linceuls en soie)	pièce	40 »
Cadenas	—	0 20	Dentelle de soie	mètre	3 »
Angady	—	1 »			
Hache	—	0 60			
Couteau	—	0 60	**Produits divers.**		
Clous	les 100	0 50			
			Savon	barre de 15 kilos	7 »
Ferblanterie.			Canne à sucre	les 20	1 »
			Sucre	kilo	0 60
Malle en fer-blanc	pièce	10 »	Charbon	—	0 10
Arrosoir	—	2 50	Café	—	3 »
Seau	—	2 »	Cire	—	2 50
Lanterne	—	1 »	Miel	—	0 80
			Raphia	100 kilos	25 »
Meubles. — Bois.			Vanille	kilo	»
			Girofle	»	»
Lit en bois	pièce	12 50	Cacao	»	»
Armoire	—	50 »	Crin végétal	100 kilos	»
Table	—	20 »	Rabanes { fines	pièce	3 »
Chaise	—	5 »	Rabanes { ordinaires	—	2 50
Fauteuil	—	12	Tabac	20 feuilles	0 20
Malle en bois	—	10	Cigares	les 100	0 70
Planche	mètre carré	1 »			
Madrier	—	2 »			
Bois carré	—	2 »	**Objets divers.**		
Poterie.			Souliers	paire	15 »
			Cuillère { en bois	pièce	0 05
Gargoulette	pièce	0 10	Cuillère { en corne	—	0 30
Cruche	—	0 15	Fourchette { en bois	—	0 20
Pot	—	0 20	Fourchette { en corne	—	0 30
Marmite en terre	—	0 15	Salière en corne	—	0 80
			Nattes { fines	—	0 60
Soies.			Nattes { ordinaires	—	0 40
			Sobika	—	0 20
Fils de soie	les 500	5 »	Chapeau { fin	—	2 »
Cocons de soie	les 240	1 25	Chapeau { ordinaire	—	0 30

N° 117 — PRIX MOYEN DES PRODUITS D'IMPORTATION A TULÉAR PENDANT L'ANNÉE 1905

DÉSIGNATION des MARCHANDISES	GROS		DEMI-GROS		DÉTAIL	
	UNITÉ	PRIX	UNITÉ	PRIX	UNITÉ	PRIX
		fr. c.		fr. c.		fr. c.
Tissus.						
Toile de coton écrue. 1re qualité	balle de 25 pièces.	350 »	pièce	15 »	mètre	0 50
Toile de coton écrue. 2e —		»	—	»	—	»
Toile de coton écrue. 3e —		475 »	—	20 »	—	0 65
Toile blanche ou calicot. 1re qualité	—	»	—	»	—	»
Toile blanche ou calicot. 2e —	—	450 »	—	19 »	—	0 60
Toile blanche ou calicot. 3e —	—	»	—	»	—	»
Indiennes. 1re qualité, 2e —, 3e —	mètre	0 60	—	»	—	0 70
Flanelles	—	»	—	»	—	3 »
Patnas	—	»	—	»	—	4 50
Satinette	—	»	—	»	—	1 »
Mousseline	—	»	—	»	—	2 50
Boissons.						
Vin. rouge	barrique	125 »	d.-jeanne	10 50	bouteille	0 65
Vin. blanc	1/2	85 »	—	30 »	—	2 »
Champagne. Moët et Chandon	caisse	95 »	caisse	»	—	8 50
Champagne. Mumm et Ce	—	120 »	—	»	—	15 »
Bière	—	48 »	—	»	—	1 40
Absinthe. Pernod	—	56 »	—	»	—	5 »
Absinthe. suisse (de traite)	—	23 »	—	»	—	2 50
Eau-de-vie anisée	--	20 »	—	»	—	2 50

DÉSIGNATION des MARCHANDISES	GROS		DEMI-GROS		DÉTAIL	
	UNITÉ	PRIX	UNITÉ	PRIX	UNITÉ	PRIX
		francs.		francs.		fr. c.
Boissons (*suite*).						
Rhum de la Réunion	barrique	»	caisse	»	bouteille	
Cognac	»	»	—	»	—	
Vermouth Noilly	caisse	28	—	»	—	2 75
Amer Picon	—	42	—	»	—	4 »
Bitter Secrestat	—	60	—	»	—	6 »
Produits alimentaires.						
Farine	100 kilos	55	caisse	»	kilo	0 60
Sel	—	9	sac 25 k.	»	—	0 20
Huile. d'olive ordinaire	caisse	24	caisse	»	litre	2 50
Huile. — cardou et basca	—	40	—	»	—	3 50
Vinaigre	—	18	—	»	—	1 50
Café (Nouvelles-Hébrides)	100 kilos	350	50 kilos	»	kilo	4 »
Saindoux	caisse	»	75 boîtes	de 150	—	150 »
Beurre	»	2	500 grs.	»	boîte	»
Sardines à l'huile	»	30	»	»	—	0 30
Saucisson	kilo	7	»	»	l'un	»
Jambon	—	6	»	»	—	»
Sucre. en morceaux	100 kilos	110	caisse	»	kilo	1 25
Sucre. cristallisé	—	80	—	»	—	1 »
Poivre en grains	kilo	5	—	»	—	»
Chocolat	100 kilos	320	—	»	—	4 »
Thé	500 grs.	2	—	»	paquet	»

N° 117 — PRIX MOYEN DES PRODUITS D'IMPORTATION A TULÉAR PENDANT L'ANNÉE 1905

DÉSIGNATION des MARCHANDISES	GROS		DEMI-GROS		DÉTAIL	
	UNITÉ	PRIX	UNITÉ	PRIX	UNITÉ	PRIX
		francs.		fr. c.		fr. c.
Divers.						
Pétrole	caisse	20	bidon	11 »	litre	0 70
Bougies	les 25 paquets	22	»	»	paquet	1 »
Savon	9 barres	11	»	»	barre	1 »
Quincaillerie.						
Serrure grande	grosse	180	douzaine	18 »	pièce	1 75
Serrure petite	—	150	—	15 »	—	1 25
Cadenas grand	—	»	—	24 »	—	2 »
Cadenas petit	—	»	—	6 »	—	0 50
Marteaux	—	»	—	36 »	—	4 »
Tenailles	—	»	—	24 »	—	2 »
Limes	—	»	—	12 »	—	1 »
Clous ordinaires	100 kilos	60	»	»	kilo	1 »
Scies à main	grosse	1.400	douzaine	120 »	pièce	12 50
Vis grosses	100 kilos	500	»	0 60	kilo	5 »
Vis petites	—	167	»	0 20	—	1 60
Pelles	grosse	500	douzaine	45 »	pièce	4 »
Pioches	—	»	—	»	—	»
Angady	—	»	—	14 40	—	1 20
Couteaux de table	—	»	—	10 »	—	1 »
Couteaux de cuisine	—	»	—	6 »	—	0 60
Cuillères en fer battu	—	»	—	1 »	—	0 10
Fourchettes	—	»	—	1 »	—	0 10
Ciseaux	—	»	—	15 »	—	1 50
Rasoirs	—	»	—	30 »	—	3 »

DÉSIGNATION des MARCHANDISES	GROS		DEMI-GROS		DÉTAIL	
	UNITÉ	PRIX	UNITÉ	PRIX	UNITÉ	PRIX
		francs.		fr. c.		fr. c.
Articles de ménage.						
Marmites en fer grandes	grosse	»			pièce	»
Marmites en fer moyennes	—	»	le point	0 43	—	»
Marmites en fer petites	—	»			—	»
Assiettes couleur faïence ou porcelaine	—	130	douzaine	10 »	—	1 »
Assiettes blanches	—	62	—	6 »	—	0 60
Assiettes émaillées creuses	—	130	—	10 »	—	1 »
Assiettes — plates	—	130	—	10 »	—	1 »
Bols en faïence	—	57	—	5 »	—	0 50
Bols en fer émaillé	—	123	—	8 »	—	0 80
Carafes en verre	—	260	—	20 »	—	2 »
Verres grands	—	130	—	1 »	—	1 »
Verres petits	—	57	—	5 »	—	0 50
Cuvettes en fer émaillé	—	520	—	40 »	—	4 »
Tasses à thé avec soucoupes	—	130	—	10 »	—	1 »
Tasses à café —	—	123	—	8 »	—	0 80
Peignes	—	57	—	5 »	—	0 50
Balais	—	317	—	25 »	—	2 50
Brosses à cheveux	—	57	—	5 »	—	0 50
Brosses à habits	—	57	—	5 »	—	0 50
Brosses à souliers	—	57	—	5 »	—	0 50
Glaces carrées	—	1.400	—	108 »	—	10 »
Glaces rondes	—	»	—	»	—	»
Parapluies	—	610	—	50 »	—	5 »
Ombrelles	—	317	—	25 »	—	2 50
Chapeaux de paille	—	»	—	»	—	»

N° 117 BIS — PRIX MOYEN DES PRODUITS LOCAUX A TULÉAR PENDANT L'ANNÉE 1905

DÉSIGNATION des MARCHANDISES	UNITÉ	PRIX fr. c.	DÉSIGNATION des MARCHANDISES	UNITÉ	PRIX fr. c.
Céréales.			**Viande** *(suite)*.		
Riz — blanc	vata 20 litres	7 »	Vache	pièce	35 »
Riz — rouge	—	4 »	Veau	—	25 »
Paddy	—	2 »	Mouton	—	6 »
Maïs	—	1 80	Porc	—	20 »
			Chèvre	—	4 »
Légumes.			Lapin	—	1 50
Choux — gros	pièce	0 50	Viande — de bœuf	kilo	0 60
Choux — petits	—	0 30	Viande — — (filet)	—	1 50
Carottes	sobika	»	Cervelle de bœuf	pièce	0 40
Navets	—	»	Langue —	—	1 »
Haricots	—	»	Veau	kilo	0 80
Oignons	paquet	0 10	Porc	—	1 »
Aulx	—	0 10	Mouton	—	1 »
Radis	—	»	Côtelette — de veau	—	1 »
Salades	pied	0 10	Côtelette — de mouton	—	1 »
Tomates	les 5	0 05	Côtelette — de porc	—	1 »
Aubergines	—	0 10	**Volailles.**		
Citrouilles	pièce	0 10	Poularde	pièce	»
Cresson	paquet	»	Poulet	—	0 60
Patates	sobika	0 60	Canard	—	1 20
Manioc	—	1 »	Oie	—	1 30
			Dinde	—	4 »
Fruits.			Pigeons	paire	1 »
Oranges	douzaine	»	Œufs — de poule	douzaine	1 20
Citrons	—	0 20	Œufs — de cane	—	1 20
Bananes	—	0 15			
Mangues	—	1 20	**Produits de la pêche.**		
Ananas	—	»	Poissons	kilo	0 20
Pêches	—	1 20	Anguilles	—	»
			Tortues	pièce	0 60
Viande.			**Quincaillerie malgache.**		
Bœuf vivant — gros	pièce	100 »	Serrure	pièce	1 »
Bœuf vivant — moyen	—	75 »	Marteau	—	3 »
Bœuf vivant — petit	—	30 »			

N° 117 BIS PRIX MOYEN DES PRODUITS LOCAUX A TULÉAR PENDANT L'ANNÉE 1905

DÉSIGNATION des MARCHANDISES	UNITÉ	PRIX fr. c.
Quincaillerie malgache (*suite*).		
Lime	pièce	0 50
Cadenas	—	0 60
Angady	—	1 20
Hache	—	5 »
Couteau	—	0 50
Clous	les 100	0 20
Ferblanterie.		
Malle en fer-blanc	pièce	7 »
Arrosoir	—	3 »
Seau	—	»
Lanterne	—	»
Meubles. — Bois.		
Lit en bois	pièce	2 50
Armoire	—	18 »
Table	—	10 »
Chaise	—	4 »
Fauteuil	—	12 »
Malle en bois	—	10 »
Planche	—	0 50
Madrier	—	»
Bois carré	—	»
Poterie.		
Gargoulette	pièce	0 80
Cruche	—	0 50
Pot	—	»
Marmite en terre	—	»
Soies.		
Fils de soie	les 500	»
Cocons de soie	les 240	»
Soies (*suite*).		
Lambamena (linceuls en soie)	pièce	»
Dentelle de soie	mètre	»
Produits divers.		
Savon	barre de 15 kilos	»
Canne à sucre	les 20	1 »
Sucre	kilo	0 90
Charbon	—	0 10
Café	—	4 »
Cire	—	»
Miel	—	0 80
Raphia	100 kilos	»
Vanille	kilo	»
Girofle	—	»
Cacao	—	»
Crin végétal	100 kilos	»
Rabanes... fines	pièce	»
Rabanes... ordinaires	—	»
Tabac	20 feuilles	0 25
Cigares	les 100	»
Objets divers.		
Souliers	paire	»
Cuillères... en bois	pièce	0 10
Cuillères... en corne	—	»
Fourchettes. en corne	—	»
Fourchettes. en bois	—	»
Salière en corne	—	»
Nattes..... fines	—	0 60
Nattes..... ordinaires	—	1 50
Sobika	—	»
Chapeau... fin	—	»
Chapeau... ordinaire	—	»

N° 118 — PRIX MOYEN A MAJUNGA DES PRODUITS D'IMPORTATION AU 1er JANVIER 1906

DÉSIGNATION des MARCHANDISES	GROS		DEMI-GROS		DÉTAIL	
	UNITÉ	PRIX	UNITÉ	PRIX	UNITÉ	PRIX
		francs.		fr. c.		fr. c.
Tissus. (1)						
Toile de coton écrue. 1re qualité	balle	425	pièce	17 »	mètre	0 55
Toile de coton écrue. 2e qualité	—	410	—	16 »	—	0 45
Toile de coton écrue. 3e qualité	—	380	—	15 »	—	0 40
Toile blanche ou calicot. 1re qualité	—	400	—	16 »	—	0 50
Toile blanche ou calicot. 2e qualité	—	370	—	15 50	—	0 40
Toile blanche ou calicot. 3e qualité	—	330	—	14 »	—	0 35
Indiennes. 1re qualité	—	550	—	22 50	—	0 60
Indiennes. 2e qualité	—	500	—	21 50	—	0 50
Indiennes. 3e qualité	—	450	—	19 »	—	0 45
Flanelles	»	»	»	»	»	»
Patnas (balle de 500 patnas)	balle	900	»	»	l'unité	2 »
Satinette	—	750	»	»	mètre	0 65
Mousseline	—	250	»	»	—	0 45
Boissons.						
Vin rouge	barrique	110	d.-jeanne	14 »	bouteille	0 70
Vin blanc	—	125	—	16 »	—	1 »
Champagne Moët et Chandon	»	»	caisse	80 »	—	8 »
Champagne Mumm et Cie	»	»	—	100 »	—	12 »
Bière	»	»	—	40 »	—	1 25
Absinthe Pernod	»	»	—	49 »	—	4 75
Absinthe suisse (de traite)	»	»	—	19 »	—	2 »
Eau-de-vie anisée	barrique	»	—	19 »	—	2 »

DÉSIGNATION des MARCHANDISES	GROS		DEMI-GROS		DÉTAIL	
	UNITÉ	PRIX	UNITÉ	PRIX	UNITÉ	PRIX
		francs.		fr. c.		fr. c.
Boissons (*suite*).						
Rhum de la Réunion	barrique	500	caisse	»	bouteille	2 50
Cognac	»	»	—	70 »	—	7 »
Vermouth Noilly	»	»	—	26 »	—	2 25
Amer Picon	»	»	—	36 »	—	3 25
Bitter Secrestat	»	»	—	41 »	—	4 25
Produits alimentaires.						
Farine	100 kilos	48	caisse	»	kilo	0 60
Sel	—	10	sac 25 k.	2 50	—	0 15
Huile d'olive (Plagniol)	»	»	caisse	30 »	litre	3 »
Huile — (Artaud)	»	»	—	20 »	—	2 »
Vinaigre	»	»	—	10 »	—	0 75
Café (Réunion)	100 kilos	300	50 kilos	150 »	kilo	3 50
Saindoux	—	175	boîte 2 k. 500	4 50	—	2 25
Beurre	»	»	caisse	80 »	boîte	2 25
Sardines à l'huile	»	»	—	32 »	—	0 40
Saucisson	»	»	»	»	l'un	2 00
Jambon	»	»	»	»	—	14 »
Sucre en morceaux	100 kilos	90	caisse	45 »	kilo	1 15
Sucre cristallisé	—	80	»	»	—	0 90
Poivre en grains	»	»	»	»	—	3 25
Chocolat	»	»	caisse	80 »	—	3 50
Thé	100 kilos	320	—	110 »	paquet de 250 gr	1 50

(1) Plusieurs qualités et marques différentes existant pour chaque article, il a été donné un prix moyen pour chacun de ceux-ci. Pour les tissus, les balles sont calculées à raison de 25 pièces de 36.60 l'une.

N° 118 — PRIX MOYEN A MAJUNGA DES PRODUITS D'IMPORTATION AU 1er JANVIER 1906

DÉSIGNATION des MARCHANDISE	GROS		DEMI-GROS		DÉTAIL	
	UNITÉ	PRIX	UNITÉ	PRIX	UNITÉ	PRIX
		francs		fr. c.		fr. c.
Divers.						
Pétrole	caisse	15	bidon	7 50	litre	0 50
Bougies	—	19	»	»	paquet	1 »
Savon	100 kilos	70	barre	»	kilo	0 75
Quincaillerie.						
Serrure... grande	grosse	»	douzaine	»	pièce	1 50 à 15 »
Serrure... petite	»	»	»	»	—	1 25
Cadenas... grand	»	»	»	»	—	1 »
Cadenas... petit	»	»	»	»	—	0 50
Marteaux	»	»	»	»	—	3 »
Tenailles	»	»	»	»	—	2 50
Limes	»	»	»	»	—	0 50 à 2 50
Clous ordinaires	100 kilos	50	»	»	kilo	0 55
Scies à main	grosse	»	douzaine	»	pièce	5 »
Vis... grosses	—	21	—	1 80	kilo	»
Vis... petites	—	7	—	0 00	—	»
Pelles	grosse	»	douzaine	»	pièce	1 25
Pioches	»	»	»	»	—	2 50
Angady	»	»	»	»	—	1 25 à 5 »
Couteaux... de table	»	»	douzaine	12 »	—	1 »
Couteaux... de cuisine	»	»	»	»	—	1 50
Cuillères en fer battu / Fourchettes	grosse	24	douzaine	2 »	—	0 20
Ciseaux	»	»	»	»	—	3 50
Rasoirs	»	»	»	»	—	3 50

DÉSIGNATION des MARCHANDISES	GROS		DEMI-GROS		DÉTAIL	
	UNITÉ	PRIX	UNITÉ	PRIX	UNITÉ	PRIX
		francs		fr. c.		fr. c.
Articles de ménage.						
Marmites en fer. grandes	grosse	35 fr. les 100 pts.	douzaine	»	pièce	(12 pts.) 4 20
Marmites en fer. moyennes	—		»	»	—	(6 pts.) 2 10
Marmites en fer. petites	—		»	»	—	(3 pts.) 1 05
Assiettes... couleur faïence ou porcelaine	10 douz.	100	douzaine	8 à 12 »	—	1 »
Assiettes... blanches	»	»	—	4 »	—	0 45
Assiettes... émaillées creuses	»	»	—	9 »	—	0 80
Assiettes... — plates	»	»	—	9 »	—	0 80
Bols... en faïence	»	»	—	8 »	—	0 75
Bols... en fer émaillé	»	»	—	10 »	—	1 »
Carafes en verre	»	»	»	»	—	1 50
Verres... grands	»	»	douzaine	8 »	—	0 70
Verres... petits	»	»	—	2 20	—	0 20
Cuvettes en fer émaillé	»	»	—	24 »	—	2 10
Tasses... à thé avec soucoupes	»	»	—	8 »	—	0 75
Tasses... à café — —	»	»	—	8 »	—	0 75
Peignes	grosse	70	—	6 »	—	0 50
Balais	»	»	—	21 »	—	1 75
Brosses... à cheveux	»	»	—	13 »	—	1 25
Brosses... à habits	»	»	—	17 50	—	1 50
Brosses... à souliers	»	»	—	9 »	—	0 75
Glaces... carrées	»	»	—	9 »	—	0 75
Glaces... rondes	»	»	—	10 50	—	0 90
Parapluies	»	»	—	»	—	5 à 7 50
Ombrelles	»	»	—	»	—	5 à 7 50
Chapeaux de paille	»	»	—	35 »	—	3 »

N° 118 BIS — PRIX MOYEN A MAJUNGA DES PRODUITS LOCAUX AU 1ER JANVIER 1906

DÉSIGNATION des MARCHANDISES	UNITÉ	PRIX fr. c.
Céréales.		
Riz — blanc	le kilo	0 30
Riz — rouge	la tonne	170 »
Paddy	—	80 »
Maïs	—	100 »
Légumes.		
Choux — gros	pièce	1 50
Choux — petits	—	0 80
Carottes	le paquet de 10 à 12	0 10
Navets	le paquet de 10 à 12	0 40
Haricots verts	par 12 gousses	0 10
Oignons	le paquet	0 10
Aulx	—	0 10
Radis	—	0 10
Salades	pied	0 10
Tomates	les 5	0 10
Aubergines	—	0 35
Citrouilles	pièce	0 40
Cresson	le paquet	0 40
Patates	sobika	1 50
Manioc	—	1 30
Fruits.		
Oranges	douzaine	1 20
Citrons	—	0 25
Bananes	—	0 20
Mangues	—	0 40
Ananas	l'un	0 60
Pêches	»	»
Viande.		
Bœuf vivant — gros	pièce	90 »
Bœuf vivant — moyen	—	70 »
Bœuf vivant — petit	—	40 »

DÉSIGNATION des MARCHANDISES	UNITÉ	PRIX fr. c.
Viande (*suite*).		
Vache suitée	pièce	40 »
Veau	—	20 »
Mouton	—	15 »
Porc	—	35 »
Chèvre	—	15 »
Lapin	—	3 »
Viande — de bœuf	kilo	0 40
Viande — — (filet)	—	1 75
Cervelle de bœuf	pièce	0 80
Langue —	—	0 60
Veau	kilo	2 50
Porc	—	1 50
Mouton	—	2 »
Côtelette — de veau	pièce	0 50
Côtelette — de mouton	—	0 30
Côtelette — de porc	—	0 40
Volailles.		
Poularde	pièce	1 25
Poulet	—	0 80
Canard	—	1 60
Oie	—	5 »
Dinde	—	5 »
Pigeons	paire	1 25
Œufs — de poule	douzaine	1 50
Œufs — de cane	—	1 20
Produits de la pêche.		
Poissons	l'unité	0 40
Anguilles	—	0 60
Tortues	kilo	0 50
Quincaillerie malgache.		
Serrure	pièce	1 »
Marteau	—	1 25

N° 118bis — PRIX MOYEN A MAJUNGA DES PRODUITS LOCAUX AU 1er JANVIER 1906

DÉSIGNATION des MARCHANDISES	UNITÉ	PRIX fr. c.
Quincaillerie malgache (*suite*).		
Lime	pièce	0 40
Cadenas	—	0 60
Angady	—	5 50
Hache	—	3 »
Couteau	—	0 75
Clous	les 100	1 60
Ferblanterie.		
Malle en fer-blanc	pièce	12 »
Arrosoir	—	6 »
Seau	—	4 »
Lanterne	—	2 50
Meubles. — Bois.		
Lit en bois	pièce	»
Armoire	»	»
Table	»	»
Chaise	»	»
Fauteuil	»	»
Malle en bois	»	»
Planche	»	»
Madrier	»	»
Bois carré	»	»
Poterie.		
Gargoulette	pièce	0 60
Cruche Iatjoa	—	0 50
Pot	—	0 50
Marmite en terre	—	1 25
Soies.		
Fils de soie	les 500	»
Cocons de soie d'Afia	le kilo	3 75

DÉSIGNATION des MARCHANDISES	UNITÉ	PRIX fr. c.
Soies (*suite*).		
Lambamena (Linceuls de soie)	pièce	»
Dentelle de soie	mètre	»
Produits divers.		
Savon	kilo	0 50
Canne à sucre	les 20	5 »
Sucre	kilo	0 75
Charbon de bois	sac de 25 kilos	2 50
Café	»	»
Cire	kilo	2 85
Miel	la bouteille	0 75
Raphia	100 kilos	40 »
Vanille	kilo	»
Girofle	»	»
Cacao	»	»
Crin végétal	100 kilos	»
Rabanes { fines	pièce	»
Rabanes { ordinaires	—	»
Tabac	kilo	2 »
Cigares	les 100	4 50
Caoutchouc	kilo	6 50
Objets divers.		
Souliers	paire	17 50
Cuillère { en bois	pièce	0 25
Cuillère { en corne	—	»
Fourchette { en bois	—	0 30
Fourchette { en corne	—	»
Salière en corne	—	»
Nattes { fines	—	3 »
Nattes { ordinaires	—	2 »
Sobika	—	0 60
Chapeau { fin	—	»
Chapeau { ordinaire	—	»

TABLE DES MATIÈRES

I — POPULATION

II — PROFESSIONS

II — PROFESSIONS (Suite.)

III — PERSONNEL ADMINISTRATIF, FRANÇAIS ET INDIGÈNE

IV — RECETTES ET DÉPENSES

V — JUSTICE

VI — ENSEIGNEMENT

VII — MISSIONS RELIGIEUSES

VIII — ASSISTANCE MÉDICALE

IX — RÉGIME FONCIER

X — CONCESSIONS DE TERRES

XI — CULTURES EUROPÉENNES ET INDIGÈNES — MAIN-D'ŒUVRE

XII — ÉLEVAGE

XIII — INDUSTRIE FORESTIÈRE

XIV — INDUSTRIE MINIÈRE

XV — MOYENS DE TRANSPORT

XVI — COMMERCE ET NAVIGATION

XVI — COMMERCE ET NAVIGATION (Suite.)

MELUN. IMPRIMERIE ADMINISTRATIVE. — O.C. 222 Y

www.ingramcontent.com/pod-product-compliance
Ingram Content Group UK Ltd.
Pitfield, Milton Keynes, MK11 3LW, UK
UKHW022207120726
13694UKWH00002B/438

9 782013 744393